人體
全解剖圖鑑

監修　有賀　誠司　東海大學運動醫學
　　　　　　　　　研究所教授
　　　岩川愛一郎　醫學博士

著　水嶋　章陽　九州醫療運動專門學校 理事長

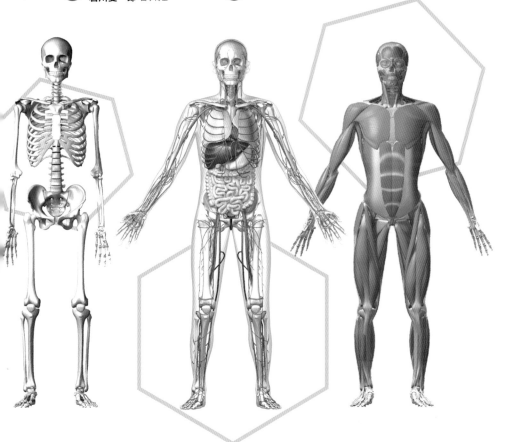

三悅文化

根據日本厚生勞動省在2015年8月公布的數據，男性的平均壽命為80.50歲，排名從前一年的世界第4上升到世界第3。當然，女性平均壽命更高，以86.83歲連續三年蟬聯世界第1。不過，在另一方面，全年醫療費用則達到了40兆日圓。

在完全高齡化社會中，用來解決各種問題的最佳對策就是，讓人們從單純的長壽轉變為，既長壽又擁有能夠自在活動的健康身體，並重視健康壽命的重要性。

因此，我最近覺得，有助於預防生病、防止病情惡化、防止病情復發的「預防醫學」，應該是非常有必要的吧。

多年以來，我一直在提倡透過名為「STREX」的綜合性整骨療法來消除疾病起因的「未病狀態」（位於健康與生病之間的狀態），進而維持健康。而為了能使今後的治療師（體能訓練師、柔道整骨師、針灸師、物理治療師等）有教科書可參考，也為了幫助一般人了解自己的身體，維持健康，我便以此為宗旨，先後陸續出版了《筋肉のしくみとはたらき（肌肉的構造與作用）》、《骨と関節のしくみとはたらき（骨骼與關節的構造與作用）》、《内臓のしくみとはたらき（內臟的構造與作用）》（日本文藝社）共三本書籍。

這次，在彙整這三本書的同時，更網羅了可說是人體中樞的腦部、細胞、神經的相關內容。衷心希望僅憑這一本書就能幫助大家了解身體的一切，並且幫助大家維持身體健康。

學校法人國際學園　九州醫療體育專門學校

理事長　水嶋　章陽

人體全解剖圖鑑 contents

序言 ··· 2

本書的使用方式 ································· 10

第1章 細胞的構造與作用

細胞的的構造 ································· 12

基因的構造 ····································· 14

細胞分裂的原理① ························· 16

細胞分裂的原理② ························· 18

組織的構造① ································· 20

組織的構造② ································· 22

　細胞‧基因的疾病 ······················ 24

第2章 腦部的構造與作用

整個腦部的構造與作用 ····················· 26

大腦的構造與作用 ····························· 28

依照功能來劃分大腦皮質的區域 ·············· 30

大腦邊緣系統的構造 ························· 32

大腦基底核的構造 ····························· 34

海馬與扁桃體的構造與作用 ·················· 36

間腦的構造與作用 ····························· 38

小腦的構造與作用 ····························· 40

腦幹的中腦‧腦橋‧延腦的構造 ············ 42

脊髓的構造與作用 ····························· 44

神經系統的構造與作用 ····················· 46

運動神經與感覺神經的構造 ·················· 48

自律神經的構造與作用 ····················· 50

　腦部的主要疾病 ·························· 52

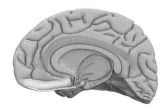

第3章 骨頭與關節的構造與作用

全身骨骼的構造⋯⋯⋯⋯⋯⋯⋯⋯ 54

骨頭的作用與分類⋯⋯⋯⋯⋯⋯ 56

骨頭的構造⋯⋯⋯⋯⋯⋯⋯⋯⋯ 58

骨頭從產生到成長⋯⋯⋯⋯⋯⋯ 60

骨頭的連結⋯⋯⋯⋯⋯⋯⋯⋯⋯ 62

全身關節的分類⋯⋯⋯⋯⋯⋯⋯ 64

骨頭的各部位名稱⋯⋯⋯⋯⋯⋯ 66

頭部的骨骼

顱骨（頭蓋骨）⋯⋯⋯⋯⋯⋯⋯⋯ 68

顱骨・鼻竇⋯⋯⋯⋯⋯⋯⋯⋯⋯⋯ 70

骨縫與囟門⋯⋯⋯⋯⋯⋯⋯⋯⋯⋯ 71

眼眶⋯⋯⋯⋯⋯⋯⋯⋯⋯⋯⋯⋯⋯ 72

聽小骨與耳朵的構造⋯⋯⋯⋯⋯⋯ 73

蝶骨⋯⋯⋯⋯⋯⋯⋯⋯⋯⋯⋯⋯⋯ 74

篩骨⋯⋯⋯⋯⋯⋯⋯⋯⋯⋯⋯⋯⋯ 75

顴骨・鼻骨・淚骨・犁骨⋯⋯⋯⋯ 76

顎骨・舌骨⋯⋯⋯⋯⋯⋯⋯⋯⋯⋯ 77

上頜骨・下頜骨⋯⋯⋯⋯⋯⋯⋯⋯ 78

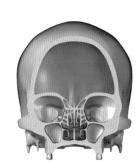

上肢的骨骼與關節

上肢的骨骼與關節⋯⋯⋯⋯⋯⋯⋯ 80

上肢表面與鎖骨・肩胛骨⋯⋯⋯⋯ 82

肱骨・橈骨・尺骨⋯⋯⋯⋯⋯⋯⋯ 83

肩胛區的關節構造⋯⋯⋯⋯⋯⋯⋯ 84

肩關節・肩鎖關節・胸鎖關節的韌帶⋯⋯ 85

肘關節與韌帶・橈尺關節・骨間膜⋯⋯ 86

腕骨・掌骨・指骨⋯⋯⋯⋯⋯⋯⋯ 87

手腕關節・指間關節・手部韌帶⋯⋯ 88

軀幹的骨骼與關節

軀幹的骨骼與關節⋯⋯⋯⋯⋯⋯⋯⋯⋯90

脊柱與脊椎骨⋯⋯⋯⋯⋯⋯⋯⋯⋯⋯92

頸椎與寰椎・樞椎⋯⋯⋯⋯⋯⋯⋯⋯93

胸椎・腰椎⋯⋯⋯⋯⋯⋯⋯⋯⋯⋯⋯94

薦骨・尾骨⋯⋯⋯⋯⋯⋯⋯⋯⋯⋯⋯95

胸廓・胸骨⋯⋯⋯⋯⋯⋯⋯⋯⋯⋯⋯96

肋骨⋯⋯⋯⋯⋯⋯⋯⋯⋯⋯⋯⋯⋯⋯97

脊椎的正確曲線（alignment）⋯⋯⋯⋯98

肋椎關節・胸肋關節⋯⋯⋯⋯⋯⋯⋯99

脊柱・上段頸椎的韌帶⋯⋯⋯⋯⋯⋯100

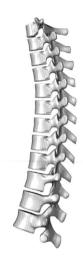

下肢的骨骼與關節

下肢的骨骼與關節⋯⋯⋯⋯⋯⋯⋯⋯⋯⋯⋯102

骨盆⋯⋯⋯⋯⋯⋯⋯⋯⋯⋯⋯⋯⋯⋯⋯⋯104

骨盆的直徑⋯⋯⋯⋯⋯⋯⋯⋯⋯⋯⋯⋯⋯105

髖骨（髂骨・坐骨・恥骨）⋯⋯⋯⋯⋯⋯106

股骨・脛骨・腓骨⋯⋯⋯⋯⋯⋯⋯⋯⋯⋯107

髕骨・足骨⋯⋯⋯⋯⋯⋯⋯⋯⋯⋯⋯⋯⋯108

膝關節・膝蓋的韌帶⋯⋯⋯⋯⋯⋯⋯⋯⋯110

髖關節・骶髂關節・骨盆與髖關節的韌帶⋯⋯⋯111

腳部的關節與韌帶⋯⋯⋯⋯⋯⋯⋯⋯⋯⋯⋯112

第4章 肌肉的構造與作用

全身的肌肉⋯⋯⋯⋯⋯⋯⋯⋯⋯⋯⋯⋯114

肌肉的作用與分類⋯⋯⋯⋯⋯⋯⋯⋯⋯116

骨骼肌的構造與輔助裝置⋯⋯⋯⋯⋯⋯118

肌肉收縮與鬆弛的原理⋯⋯⋯⋯⋯⋯⋯120

頭部‧頸部的肌肉

頭部‧頸部的肌肉 ······················· 122

胸鎖乳突肌‧前斜角肌 ····················· 123

中斜角肌‧後斜角肌‧嚼肌 ················· 124

顳肌‧外側翼狀肌‧內側翼狀肌 ·········· 125

眼部肌肉 ·································· 126

上肢的肌肉

上肢帶骨‧肩關節的肌肉 ····················· 128

前鋸肌‧胸小肌‧鎖骨下肌 ··················· 130

提肩胛肌‧小菱形肌‧大菱形肌 ··············· 131

棘上肌‧棘下肌‧小圓肌 ····················· 132

大圓肌‧喙肱肌‧肩胛下肌 ··················· 133

斜方肌‧胸大肌 ······························ 134

背闊肌‧三角肌 ······························ 135

上臂‧前臂‧手部的肌肉 ····················· 136

肱二頭肌‧肱三頭肌 ·························· 138

肱肌‧肘肌‧肱橈肌 ·························· 139

旋前圓肌‧旋後肌‧旋前方肌 ················· 140

橈側屈腕肌‧尺側屈腕肌‧掌長肌‧屈指淺肌 ········· 141

橈側伸腕長肌‧橈側伸腕短肌‧尺側伸腕肌 ········· 142

伸小指肌‧伸拇長肌‧外展拇長肌 ············· 143

拇對指肌‧小指對指肌‧伸拇短肌‧屈拇短肌 ········· 144

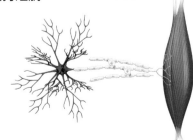

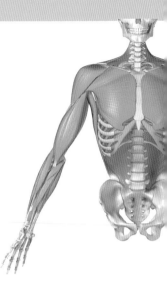

軀幹的肌肉

軀幹的肌肉 ················· 146

頸棘肌・胸棘肌・頸最長肌 ················· 148

胸最長肌・胸髂肋肌・腰髂肋肌 ················· 149

頭夾肌・頸夾肌・多裂肌 ················· 150

頭半棘肌・頸半棘肌・胸半棘肌・迴旋肌 ········ 151

肋間外肌・肋間內肌・後上鋸肌・後下鋸肌 ······ 152

橫膈膜・腹直肌・腹外斜肌 ················· 153

腹內斜肌・腹橫肌・腰方肌 ················· 154

下肢・腳部的肌肉

骨盆帶・大腿的肌肉 ················· 156

髂肌・腰大肌・腰小肌 ················· 158

臀大肌・臀中肌・臀小肌 ················· 159

闊筋膜張肌・梨狀肌・股方肌 ················· 160

閉孔外肌・閉孔內肌・孖上肌・孖下肌 ········· 161

內收長肌・內收短肌・內收大肌 ················· 162

股直肌・股中間肌・股外側肌 ················· 163

股內側肌・縫匠肌・股薄肌・恥骨肌 ················· 164

股二頭肌・半膜肌・半腱肌 ················· 165

小腿・腳部的肌肉 ················· 166

腓腸肌・比目魚肌・蹠肌 ················· 168

膕肌・脛前肌・腓骨長肌 ················· 169

腓骨短肌・第三腓骨肌・伸趾長肌 ················· 170

脛後肌・伸足拇長肌・屈足拇長肌 ················· 171

屈趾長肌・屈足拇短肌・外展小指肌 ················· 172

屈趾短肌・外展足拇肌・蚓狀肌 ················· 173

蹠方肌・伸趾短肌・伸足拇短肌 ················· 174

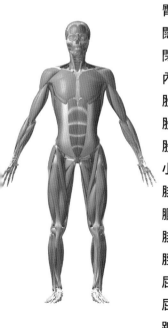

第5章 內臟的構造與功能

消化系統的概要 ……………………… 176

胃腸道的構造與功能 ……………… 178

口腔的構造與功能 ………………… 179

牙齒的構造 …………………………… 180

咽喉的構造與功能 ………………… 182

食道的構造與功能 ………………… 184

胃的構造與功能 …………………… 186

小腸的構造與功能 ………………… 188

大腸的構造與功能 ………………… 190

直腸與肛門的構造與功能 ………… 192

肝臟的構造與功能 ………………… 194

膽囊的構造與功能 ………………… 197

脾臟的構造與功能 ………………… 198

消化系統的主要疾病 ……………… 199

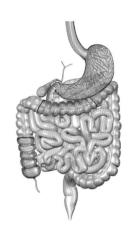

呼吸系統&循環系統

呼吸系統的概要 …………………… 202

呼吸的原理 ………………………… 203

氣體交換的原理 …………………… 204

鼻腔的構造與功能 ………………… 205

喉頭與氣管的構造與功能 ………… 206

胸腔的構造與功能 ………………… 208

肺臟的構造與功能 ………………… 209

橫膈膜的構造與功能 ……………… 210

呼吸系統的主要疾病 ……………… 211

循環系統的概要 …………………… 214

體循環與肺循環的原理 …………… 215

全身的動脈 ………………………… 216

全身的靜脈 ………………………… 217

血管的構造 ………………………… 218

血液成分與血液的功能 …………… 220

全身淋巴系統的流動與功能……………222

免疫機制………………………………223

心臟的構造與功能………………………224

心房與心室的構造………………………226

心臟電傳導系統與心臟跳動的原理……228

心臟的血管………………………………230

軀幹的動脈………………………………232

軀幹的靜脈………………………………233

頭部・頸部的動脈………………………234

頭部・頸部的靜脈………………………235

上肢・下肢的動脈………………………236

上肢・下肢的靜脈………………………238

循環系統的主要疾病……………………240

生殖系統・泌尿系統・感覺系統

腎臟的構造與功能………………………244

膀胱的構造與功能………………………246

男性生殖器的構造………………………248

女性生殖器與受精原理…………………250

胎盤的構造………………………………252

內分泌系統與激素的功能………………254

胰臟的構造與功能………………………257

乳房的功能與淋巴結……………………259

生殖系統・泌尿系統的主要疾病………260

皮膚的構造與功能………………………262

毛與指甲的構造…………………………264

眼睛的構造………………………………266

耳朵的構造與功能………………………270

聽覺的產生原理…………………………272

平衡感的原理……………………………274

嗅覺與味覺的原理………………………276

感覺系統的主要疾病……………………278

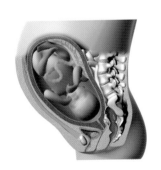

索引……………280

◆第1章　細胞的構造與作用

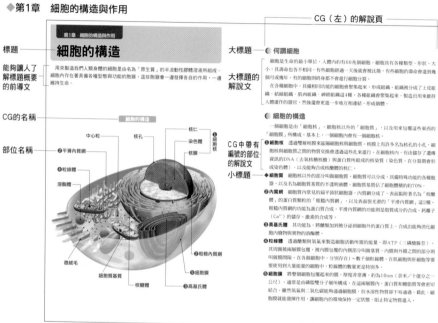

標題

細胞的構造

能夠讓人了解標題概要的前導文

用來製造我們人類身體的細胞是名為「原生質」的半流動性膠體溶液所組成。細胞內存在著具備各種型態與功能的胞器，這些胞器會一邊發揮各自的作用，一邊維持生命。

CG的名稱

細胞的構造

部位名稱

中心粒　　核孔　　核仁

平滑內質網　　染色體

粒線體　　核膜　　❶細胞核

溶酶體

微絨毛

細胞質基質　　❷粗糙內質網

核糖體　　❺細胞膜

❸高基氏體

CG（左）的解說頁

大標題　　**❶何謂細胞**

大標題的解說文

細胞是生命的最小單位，人體內約有60兆個細胞。細胞具有各種類型、形狀、大小，其壽命也各不相同，有些細胞經過一天後就會被汰換，有些細胞的壽命會達到幾個月或幾年中。有的細胞則終身都不會進行細胞分裂。

在各種細胞中，具備相形功能的細胞會聚集起來，形成組織。組織被分成了上皮組織、結締組織、肌肉組織、神經組織這4種，各種組織會聚集起來，製造出用來維持人體運作的器官，然後還會更進一步地互相連結，形成個體。

❷ 細胞的構造

一個細胞是由「細胞核」、細胞核以外的「細胞質」，以及用來包覆這些東西的「細胞膜」所構成，基本上，一個細胞內會有一個細胞核。

CG中帶有編號的部位的解說文

小標題　　❶**細胞核**　　透過雙層核膜來區隔細胞核與細胞質。細胞核上有許多名為核孔的小孔。細胞核與細胞質之間的物質交換會透過這些孔來進行。在細胞核內，有由排存了遺傳資訊的DNA（去氧核糖核酸）與蛋白質組成的核染質（染色質，在分裂期會呈現成染色體），以及能夠合成核糖體的核仁。

❷**細胞質**　　細胞質以外的部分叫做細胞質，細胞質可以分成，其屬特殊功能的各種胞器，以及為細胞質基質的半透明液體。細胞質基質佔了細胞體積的約70%。

❸**內質網**　　細胞質內常見的扁平袋狀細胞器，內質網分成了，表面附著著名為「核醣體」的蛋白質顆粒的「粗糙內質網」，以及表面無粗糙的「平滑內質網」這兩種，粗糙內質網的功能為蛋白質合成，平滑內質網的功能則是脂質成分的合成，鈣離子（Ca^{2+}）的儲存、激素的合成等。

❹**高基氏體**　　其的能為，將醣類加到被分泌到細胞外的蛋白質上。合成出能夠消化細胞內廢物的異物的溶酶體。

❺**核糖體**　　透過醣類與氧氣來製造細胞活動所需的能量，即ATP（三磷酸腺苷）。其周圍由兩層摺壘包覆，被內膜包覆的內側部分叫做基質，內膜與外膜之間的部分則叫做膜間隙。在各個細胞中，分別存在1～數千個核糖體，在肌細胞與肝細胞等需要使用到大量能量的細胞中，粒線體的數量更是特別的多。

❺**細胞膜**　　將整個細胞膜包覆起來的膜，厚度非常薄，約為10nm（奈米／十億分之一公尺），通常是由磷脂分子2層所構成，在這兩層膜內，蛋白質和醣脂質等會密切結合。雖然氧氣與二氧化碳能夠通過細胞膜，但水溶性物質卻不易通過，藉此，細胞膜就能發揮作用，讓細胞內的環境保持一定狀態，阻止特定物質進入。

◆第4章　肌肉的構造與作用

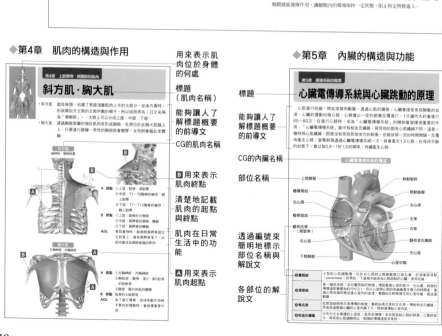

用來表示肌肉位於身體的何處

標題（肌肉名稱）

斜方肌・胸大肌

能夠讓人了解標題概要的前導文

・斜方肌　起自後頸，佔據了背部淺層肌肉上半的大部分。從後方看時，形狀類似天主教教士戴的帽子，所以因國得名（日文名稱為「僧帽肌」）。大致上可以分成上部、中部、下部。

・胸大肌　透過胸部表層的強壯肌肉來形成胸和、乳房位於胸大肌胸大肌之上。只要鍛鍊鍛鍊，男性的胸板就會變厚，女性則會翹起來等。

CG的肌肉名稱

斜方肌

斜方肌・胸大肌的構造

Ⓑ 用來表示肌肉終點

清楚地記載肌肉的起點與終點

斜方肌

A・起點：〔上部〕枕骨・項韌帶
　　　　　〔中部〕T1～T6胸椎的棘突
　　　　　上胸椎
　　　　　〔下部〕T7～T12胸椎的棘突
B・終點：〔上部〕鎖骨的外側
　　　　　〔中部〕肩峰・肩胛棘
　　　　　〔下部〕肩胛棘的根部
ADL　來取姿勢時、起胸展肩的動作。扛起肩膀
　　　在肩背上，還能讓肩胛骨下壓。此
　　　肌肉會成為聳肩縮脖的原因。

胸大肌

A・起點：〔中部〕鎖骨的內側半部
　　　　　〔中部〕胸骨・第一第6肋骨
　　　　　的肋軟骨
　　　　　〔下部〕腹直肌鞘的前葉
B・終點：肱骨的大結節脊
ADL　為了取用高處、投球等等動作，將手
　　　手臂向前推出的動作、會發揮重要作用

肌肉在日常生活中的功能

Ⓐ 用來表示肌肉起點

◆第5章　內臟的構造與功能

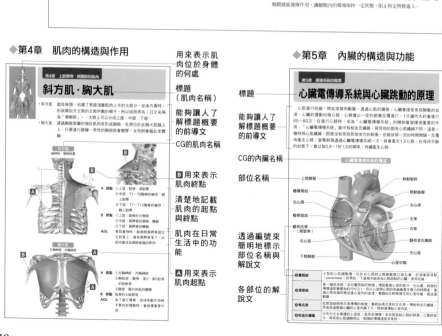

標題

心臟電傳導系統與心臟跳動的原理

能夠讓人了解標題概要的前導文

心臟進行收縮，將血液推向動脈，透過心肌的擴張，心臟會接受自靜脈的血液。心臟的運動叫做心跳，心臟會以一定的節奏反覆進行，1分鐘內大約會進行60～80次。在進行心跳時，心臟與「心臟電傳導系統」的機制會發揮重要的作用。心臟電傳導系統，當中有始自竇房結、與其他的心肌連結而成的心肌纖維分佈，這是一種特殊心肌，即便沒有受到其他地方的刺激，也會自行發出興奮訊號。只要竇房結產生之心臟電傳導系統一次，就會產生1次心跳，在保持平衡的狀態下，會以0.8～1秒1次的頻率，持續進行心跳。

CG的內臟名稱

心臟電傳導系統的構造

部位名稱

上腔靜脈　　肺動脈幹
　　　　　　肺動脈瓣
❶竇房結　　左心房
右心房　　　左束
❷房室結　　右束
❸希氏束
　（房室束）
❹浦金氏纖維
　　　　　　❺柏金氏纖維
❶右心室　　左心室
下腔靜脈
　　　　　　心室中隔

透過編號來標明地標示部位名稱與解說文

各部位的解說文

❶**竇房結**　　小型的心肌纖維塊，位於右心房的上腔靜脈口的附近。又稱為節律點（pacemaker），不受其他部分的影響，下達指令給各心肌起點的心臟，使心收縮。

❷**房室結**　　第一個經由竇房結傳遞過來的刺激會在此接收，位於在右心房的後下方、三尖瓣附近的心房中隔下部。由房室結發出的刺激，會經由希氏束，傳送到左右心室的心尖處，傳送途中竇房結所發出的刺激之傳導途徑。

❸**希氏束**　　從房室結延伸出去的特殊心肌纖維束，會將由竇房結發出之刺激傳遞過來的，會分布在左右心室間的心室中隔。傳送始自竇房結的刺激。

❹**柏金氏纖維**　　分布於左右心室的心室壁，將始自竇房結的刺激，傳遞給心室心肌的細小纖維。

第1章

細胞的構造與作用

細胞的構造

用來製造我們人類身體的細胞是由名為「原生質」的半流動性膠體溶液所組成。細胞內存在著具備各種型態與功能的胞器，這些胞器會一邊發揮各自的作用，一邊維持生命。

細胞的構造

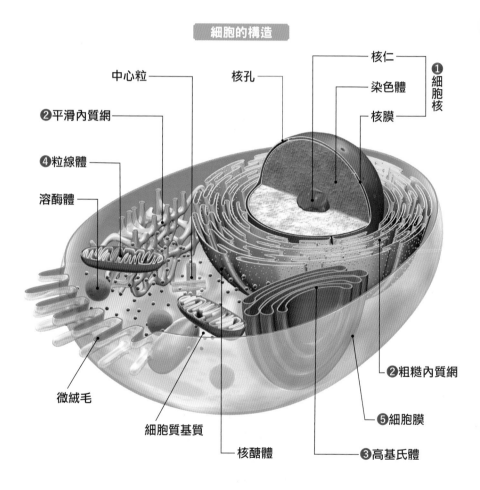

中心粒

核孔

核仁

染色體

核膜

❶細胞核

❷平滑內質網

❹粒線體

溶酶體

微絨毛

細胞質基質

核醣體

❷粗糙內質網

❺細胞膜

❸高基氏體

● 何謂細胞

　　細胞是生命的最小單位，人體內約有60兆個細胞。細胞具有各種類型、形狀、大小，其壽命也各不相同，有些細胞經過一天後就會被汰換，有些細胞的壽命會達到幾個月或幾年，有的細胞則終身都不會進行細胞分裂。

　　在各種細胞中，具備相同功能的細胞會聚集起來，形成組織。組織被分成了上皮組織‧結締組織‧肌肉組織‧神經組織這4種。各種組織會聚集起來，製造出用來維持人體運作的器官，然後還會更進一步地互相連結，形成個體。

● 細胞的構造

　　一個細胞是由「細胞核」、細胞核以外的「細胞質」，以及用來包覆這些東西的「細胞膜」所構成。基本上，一個細胞內會有一個細胞核。

❶細胞核　透過雙層核膜來區隔細胞核與細胞質。核膜上有許多名為核孔的小孔，細胞核與細胞質之間的物質交換會透過這些孔來進行。在細胞核內，有由儲存了遺傳資訊的DNA（去氧核糖核酸）與蛋白質所組成的核染質（染色質。在分裂期會形成染色體），以及能夠合成核醣體的核仁。

◆細胞質　細胞核以外的部分叫做細胞質。細胞質可以分成，具備特殊功能的各種胞器，以及名為細胞質基質的半透明液體。細胞質基質佔了細胞體積的約70%。

❷內質網　細胞質內常見的扁平袋狀細胞器。內質網分成了，表面黏附著名為「核醣體」的蛋白質顆粒的「粗糙內質網」，以及表面很光滑的「平滑內質網」這2種。粗糙內質網的功能為蛋白質合成，平滑內質網的功能則是脂質成分的合成、鈣離子（Ca^{2+}）的儲存、激素的合成等。

❸高基氏體　其功能為，將醣類加到被分泌到細胞外的蛋白質上，合成出能夠消化細胞內廢物與異物的溶酶體。

❹粒線體　透過醣類與氧氣來製造細胞活動所需的能量，即ATP（三磷酸腺苷）。其周圍被兩層膜包覆，被內膜包覆的內側部分叫做基質，內膜與外膜之間的部分則叫做膜間隙。在各個細胞中，分別存在1～數千個粒線體。在肌細胞與肝細胞等需要使用到大量能量的細胞中，粒線體的數量更是特別多。

❺細胞膜　將整個細胞包覆起來的膜，厚度非常薄，約為10nm（奈米／十億分之一公尺）。通常是由磷脂雙分子層所構成。在這兩層膜內，蛋白質和糖脂質等會密切結合。雖然氧氣與二氧化碳能夠通過細胞膜，但水溶性物質卻不易通過。藉此，細胞膜就能發揮作用，讓細胞內的環境保持一定狀態，阻止特定物質進入。

基因的構造

　　在染色體上排成長列的DNA儲存著每個人都不同的遺傳資訊，成為了「生命的設計圖」。DNA是Deoxyribonucleic acid的縮寫，意思是「含有去氧核糖這種糖的酸性物質」，所以在日文中被稱為「去氧糖核酸」。DNA會一邊持續進行自體複製，一邊在46條染色體上傳遞遺傳資訊。

DNA的雙股螺旋結構

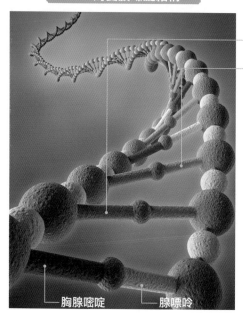

胞嘧啶

鳥嘌呤

胸腺嘧啶

腺嘌呤

用來組成DNA的鹼基的種類

名稱	化學式
腺嘌呤（A）	$C_5H_5N_5$
鳥嘌呤（G）	$C_5H_5N_5O$
胞嘧啶（C）	$C_4H_5N_3O$
胸腺嘧啶（T）	$C_5H_6N_2O_2$

染色體的構造

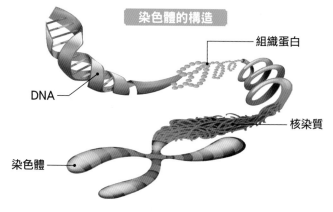

組織蛋白

DNA

核染質

染色體

DNA與基因

細胞核內含有基因，基因會對人類的外表、腦部功能、壽命等產生影響。雙親會將各種遺傳資訊遺傳給孩子。

基因的主體是由（A）腺嘌呤、（G）鳥嘌呤、（C）胞嘧啶、（T）胸腺嘧啶這4種鹼基所組成。不過，DNA並不等於基因。在DNA當中，記錄了遺傳資訊的部分（＝基因）僅占全體的約2%。而且，含有一個生命的所有遺傳資訊的完整DNA鹼基序列稱為「基因組」。

◆**雙股螺旋結構** 人類的身體始於一個受精卵，受精卵會反覆分裂，形成60兆個細胞，形成人體。含有受精卵的DNA每次在進行細胞分裂時，都會進行複製，並傳遞相同的遺傳資訊。此時，能夠發揮重要作用的就是雙股螺旋結構。透過這種雙股結構，DNA在進行分裂時，會將其中一邊的DNA保存起來，並將另一邊當成複製時所需的轉錄用材料，正確地保存遺傳資訊。另外，當遺傳資訊罕見地受損時，保存良好的DNA對於修復損傷也很有用。

染色體的構造

藉由DNA的複製，記錄在DNA中的遺傳資訊就能在細胞之間傳遞。負責管理遺傳資訊的就是「染色體」。

在染色體中，DNA會纏繞在名為組織蛋白的蛋白質上，呈現棒狀。DNA通常會以摺疊的核染質（染色質）的狀態存在於細胞核中。只要到了細胞分裂期，核染質就會凝聚在一起，成為形狀明確的棒狀染色體。

用來決定男女性別的染色體

人類的染色體有46條，皆兩兩成對，其中44條（22對）是男女皆相同的「常染色體」，剩下的2條（1對）則是用來決定性別的「性染色體」。性染色體分成X染色體與Y染色體。女性擁有2條X染色體，所以是「XX」，男性則擁有各1條X染色體與Y染色體，所以是「XY」。也就是說，男女的性別是由此染色體的組合來決定的。

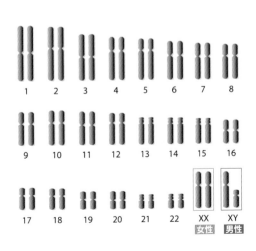

細胞分裂的原理①

人類每天都會一邊反覆地進行細胞分裂，一邊成長，維持生命。細胞分裂分成體細胞分裂和減數分裂，大部分的細胞分裂都是透過體細胞分裂來進行。在體細胞分裂中，擁有相同染色體的細胞核會一分為二。

體細胞分裂的原理

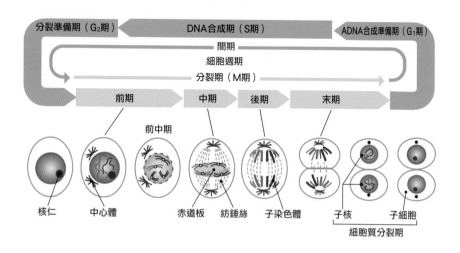

| 分裂準備期（G_2期） | DNA合成期（S期） | ADNA合成準備期（G_1期） |

間期

細胞週期

分裂期（M期）

前期　　中期　　後期　　末期

前中期

核仁　中心體　　赤道板　紡錘絲　子染色體　　子核　　子細胞

細胞質分裂期

體細胞分裂的顯微鏡圖

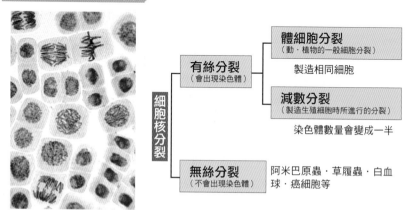

細胞核分裂

有絲分裂（會出現染色體）
- 體細胞分裂（動・植物的一般細胞分裂）　製造相同細胞
- 減數分裂（製造生殖細胞時所進行的分裂）　染色體數量會變成一半

無絲分裂（不會出現染色體）　阿米巴原蟲・草履蟲・白血球・癌細胞等

● 細胞分裂的原理

在身體中，每天都會有許多細胞死去，並誕生新細胞。1個細胞會透過分裂來製造2個以上的新細胞，這就叫做「細胞分裂」。

在細胞分裂過程中，一開始會發生「細胞核分裂」，使細胞核進行分裂，然後會透過細胞質分裂，讓「子細胞」從舊的「母細胞」中誕生，完成細胞分裂。兩次分裂之間的過程叫做「細胞週期」，一次細胞週期所需花費的時間叫做世代時間。細胞會一邊反覆地在細胞週期中成長與分裂，一邊增生。

以人體來說，細胞分裂的基礎為，分裂時會出現染色體的有絲分裂。有絲分裂可以分成「體細胞分裂」與「減數分裂」。體細胞分裂能夠製造出與分裂前完全相同的細胞。進行減數分裂時，染色體數量會變成一半。

● 體細胞分裂

細胞週期可以分成分裂期（M期）、跟隨在其後的間期（G_1期）、DNA合成期（S期），以及第二次間期（G_2期）。分裂期還可以再分成前期、中期、後期、末期、細胞質分裂期。

- **前期** 在細胞核中，原本看起來有如絲線的核染質（染色質）會變粗，引發染色體凝聚現象，製造出染色體。核仁會消失，由微管與各種蛋白質所組成的紡錘體則會開始形成。接著，核膜會散開，從紡錘體中分裂出來的中心體則會移動到細胞的兩端，從該處開始延伸的細絲狀微管會連接染色體。

- **中期** 染色體會移動到中央，在紡錘體的赤道板上排成列。此染色體是由擁有相同DNA的2條姊妹染色體（染色單體）縱向地相連而成，各個姊妹染色體都擁有在S期時所複製而來的相同遺傳資訊。

- **後期** 姊妹染色體會縱向地分開，成為各自獨立的子染色體。然後，兩者會各自分裂成23條，宛如被從中心體延伸出來的微管拉住似地，朝著兩端移動。

- **末期** 當2組子染色體聚集在兩端後，微管就會消失，染色體的形狀潰散，形成一團細絲。接著，各自的周圍會形成新的核膜，並重新形成核仁與高基氏體。如此一來，2個細胞核就完成了，細胞核分裂也結束了。

- **◆細胞質分裂期** 只要進入細胞核分裂的末期，就會同時發生「細胞質分裂」現象。細胞會在赤道板上收縮，使中間變細，分裂成2個。像這樣，體細胞分裂屬於，能讓擁有相同染色體的細胞核變成2個細胞的「倍數分裂」。

細胞分裂的原理②

　　生殖細胞的細胞分裂是透過減數分裂來進行的。在一個細胞核中，藉由受精，原本含有23條染色體的細胞，會成為擁有23對（46條）染色體的細胞，能夠均等地繼承來自雙親的基因。

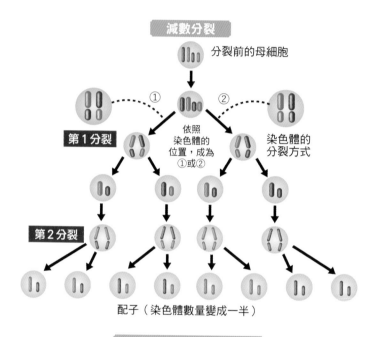

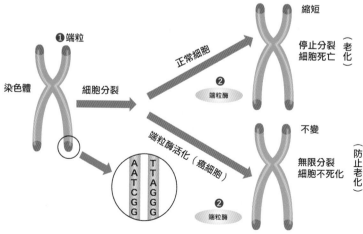

● 減數分裂

　　相較於體細胞分裂，在精巢與卵巢等生殖細胞中發生的細胞分裂則叫做「減數分裂」。在減數分裂中，藉由2次分裂，就會產生4個擁有23條染色體的細胞。在分裂之前，直到兩兩成對的「同源染色體」的DNA被複製為止，過程都與體細胞分裂相同。

◆**第1分裂**　在進行第一次分裂前，同源染色體彼此黏在一起，形成由4條染色體所組成的「二價染色體」後，就會進行染色體的「轉換」。轉換也被稱為「交叉」，意思是，當同源染色體的同一處被切斷時，為了進行修復，就會將染色體接在一起，因此DNA的排列方式就會變得與母細胞不同。藉由這種更換一部分排列方式的「重組」，就能讓基因產生各種組合，即使是相同雙親所生下的兄弟姊妹，也會各自具備不同的容貌與性格，呈現出遺傳多樣性。

◆**第2分裂**　只要發生第二次分裂，2個擁有46條染色體的細胞，就會分裂成4個擁有23條染色體（每種染色體各擁有1條）的細胞。這種染色體數量只有平常一半的細胞在受精時，2個細胞會結合，成為擁有23對（46條）染色體的細胞，如此一來，孩子就會接收來自雙親的各半遺傳資訊。

▌細胞分裂與端粒

　　人類會一邊反覆地進行這種細胞分裂，一邊成長，並維持身體機能。不過，在反覆多次分裂的過程中，會出現無法隨著年齡進行分裂的細胞。掌握其關鍵的就是，擁有TTAGGG這種鹼基序列的「端粒」。

❶**端粒**　在染色體中，DNA的末端有個被稱為「端粒」部分。人們認為，端粒能夠防止複製時所造成的損傷，維持穩定性。不過，每當DNA進行複製時，端粒就會變短，只要短於某個長度，就會變得無法進行複製。就這樣，壽命到了盡頭的細胞會依照程序迎接細胞凋亡（細胞死亡）。細胞的可分裂次數是有限的，據說人類細胞的可分裂次數約為50次。也就是說，端粒負責計算細胞分裂的次數，只要超過一定次數，就會停止增生。這就叫做「細胞老化」，也可以說是一種用來防止細胞癌化的防衛反應。

❷**端粒酶**　人們已知，卵巢與精巢等生殖細胞即使反覆進行分裂，端粒也不會變短。因此，人的壽命與雙親的年齡無關，會保持一定的長度。這就是名為「端粒酶」的酵素所造成的，作為一種能夠延長端粒的壽命，防止老化的物質，端粒酶相當受到矚目，專家也正在對其進行各種研究。

組織的構造①

在組成人體的細胞中，光是有名稱的細胞，就有200種以上，其形狀與作用也各有不同。具備相同構造與類似作用的細胞群體稱為「組織」，組織分成「上皮組織」、「肌肉組織」、「神經組織」、「結締組織（支撐組織）」這4種。除了這4種以外，也有人會再加上包含血液與淋巴等的「液態組織」。

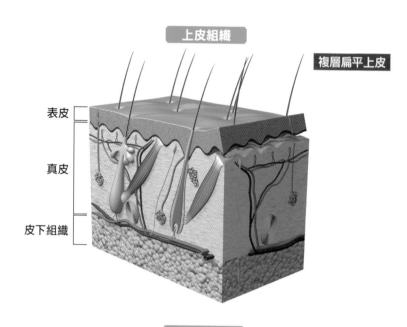

上皮組織

複層扁平上皮

表皮

真皮

皮下組織

肌肉組織

骨骼肌（隨意肌）

【橫紋肌】

心肌（不隨意肌）

【橫紋肌】

內臟肌（不隨意肌）

【平滑肌】

◖ 上皮組織

◆構造・作用 　上皮組織是由負責包覆身體表面與器官內、外表面的「上皮細胞」所構成的組織。指的是，細胞彼此緊貼，在平面上擴大，形成細胞群體。依照所組成的上皮細胞的種類，排列方式與作用也會有所差異，除了保護身體表面以外，還有吸收養分、分泌消化液、感覺作用等功能。

◆分類 　依照形態、形狀、功能，上皮組織可以分成各種類型。將這些上皮組織組合在一起後，就會被稱為「單層（形態）扁平（形狀）上皮＝由一層平坦的細胞排列而成的上皮」或「複層（形態）柱狀（形狀）上皮＝由細胞堆疊成好幾層的上皮」等。

- **單層扁平上皮** 　血管的內皮、肺部的肺泡等。
- **複層柱狀上皮** 　特殊的上皮、眼部的結膜與其內部、尿道的一部分。
- **●腺** 　因為上皮特化而變得具備分泌功能的上皮組織叫做「腺」。腺可以分成，擁有導管的唾腺、淚腺、汗腺等「外分泌腺」，以及如同甲狀腺、腦下垂體那樣，沒有導管，會將物質分泌到血液中的「內分泌腺」。

◖ 肌肉組織

◆構造・作用 　如同其名，肌肉組織是由會收縮的肌細胞所構成。肌細胞的特色為，擁有直徑約1公釐的肌原纖維，由蛋白質所組成的肌原纖維能夠伸縮。藉由讓肌原纖維朝著一定方向來排列，就能產生力量。由於呈現細長紡錘狀，所以也被稱為「肌纖維」。

◆分類 　在肌肉組織的分類中，在細胞內看起來像橫紋的肌肉叫做「橫紋肌」，看起來不像橫紋的肌肉叫做「平滑肌」，能夠依照自己的意志來進行收縮的肌肉叫做「隨意肌」，無法依照自己的意志來活動的肌肉叫做「不隨意肌」。

另外，依照肌肉所在位置可分成：

- **骨骼肌** 　指的是除了心肌、平滑肌以外的一般肌肉。皆為橫紋肌，大部分為隨意肌，由於兩端與用來製造骨頭的骨骼相連，所以有此名稱。
- **心肌** 　用來製造心壁的肌肉。屬於橫紋肌與不隨意肌，雖然與骨骼肌有許多共通點，不同之處在於，心肌由單核細胞所構成，含有很多粒線體。
- **內臟肌** 　位於消化道、血管壁、內臟等處的肌肉。由於是由平滑肌所構成，所以被這樣稱呼。內臟肌屬於由自律神經來控制的不隨意肌。

組織的構造②

　　「上皮組織」、「肌肉組織」、「神經組織」、「結締組織（支撐組織）」這4種組織還能進一步地分成各種組織，形成各種器官與內臟。因此，對於用來簡單明瞭地整理一個組織的分類法，人們也有各種看法。

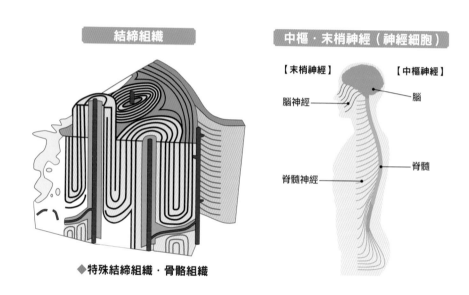

結締組織

◆特殊結締組織‧骨骼組織

中樞‧末梢神經（神經細胞）

【末梢神經】　　　　　　【中樞神經】

腦神經　　　　　　　　　腦

脊髓神經　　　　　　　　脊髓

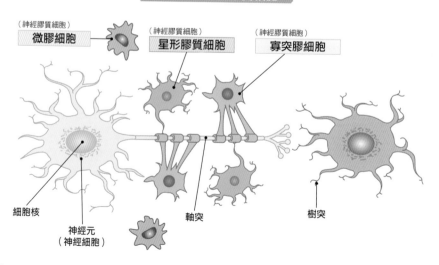

神經元與神經膠質細胞

（神經膠質細胞）
微膠細胞

（神經膠質細胞）
星形膠質細胞

（神經膠質細胞）
寡突膠細胞

細胞核

神經元
（神經細胞）

軸突

樹突

● 結締組織（支撐組織）

◆**構造・作用**　結締組織的作用為，在組織與器官之中或其周圍，支撐身體，維持形狀，填補空隙。根據其作用，也被稱為支撐組織。結締組織的特色在於，不僅是由細胞所構成，也是由細胞與細胞所生成的物質（細胞間基質）共同構成。許多細胞間基質是由纖維母細胞所製成，這些被儲存在細胞周圍的物質所組成的群體則被稱為細胞外基質（Extracellular Matrix）。

◆**分類**

- **緻密結締組織**　含有許多膠原纖維之類的纖維成分，性質堅韌，分布在肌腱、韌帶、皮膚的真皮等處。
- **疏鬆結締組織**　纖維含量較少，各種細胞排列在組織之間。分布在淋巴組織、消化道的黏膜、骨髓、皮下組織等處。
- **脂肪組織**　疏鬆結締組織的特殊形態之一。含有大量能夠儲存脂肪的脂肪細胞，並能製造各種用來調整代謝的激素。
- **骨骼組織**　在成骨細胞周圍，除了膠原纖維絲（collagen fibril），還會儲存大量的無機物。
- **軟骨組織**　硫酸軟骨素等蛋白聚醣會儲存在軟骨組織的周圍。
- **血液**　特殊結締組織之一。血漿被視為細胞外基質。

● 神經組織

　　神經組織會依外界或身體內部所產生的刺激傳達給腦部，然後再將來自腦部的指令傳達給適當的部位，調整身體的活動。神經組織由神經元與神經膠質細胞所構成。神經元（神經細胞）的作用為傳達刺激，而神經膠質細胞的作用則是協助神經元。

　　神經組織大致上可以分成，由腦與脊髓所組成的「中樞神經系統」，以及分布在腦與脊髓以外的全身各處的「末梢神經系統」。另外，神經細胞的特色為，與心肌細胞一樣，在形成・成長的初期階段進行增生後，就會成為終身不分裂的細胞。最近，人們已得知，海馬之類的一部分神經細胞會進行「細胞新生」。

◆**神經元**　由細胞體，以及從細胞體延伸出來的軸突與樹突所構成。軸突負責傳送信號，樹突負責接收信號。神經元的形狀很大，會伸出神經纖維，製造其他的神經元與突觸。

◆**神經膠質細胞**　神經組織以外的神經系統組成成分的總稱。與神經細胞不同，沒有傳遞訊息的作用。由微膠細胞（小神經膠細胞）、星形膠質細胞（星狀神經膠細胞）、寡突膠細胞（寡樹突神經膠細胞）、室管膜細胞、許旺氏細胞（神經鞘細胞）等所構成。其特徵為，形狀較小，突起部分也較短。

細胞‧基因的疾病

唐氏症

體細胞第21對染色體有3條所引發的先天性遺傳疾病，也被稱為「21-三體症候群」。唐氏症兒在外表上的特徵為，眼角上挑、鼻子較寬且扁平、下顎與耳朵較小等，而且身體成長速度較緩慢，並會出現中輕度的智能障礙等症狀。約有50%的病童會罹患先天性心臟病，此外也會併發聽力障礙、眼部疾病、甲狀腺疾病等各種症狀。目前我們已知，在比例上，每800～1000名新生兒，就會出現一名病童，而且母親年齡愈高，生出病童的機率就愈高。

唐氏症大致上可以分成「標準型第21對染色體三體變異」、「染色體易位型」、「無色體型」這3種。在減數分裂中，由於第21對染色體沒有分離所導致的「標準型第21對染色體三體變異」占了全體的90～95%。「染色體易位型」是第21對染色體的其中一條附著在其他染色體上所造成的，占了全體的5～6%。有一半是染色體未分離所造成的，另一半則是遺傳造成的，只要雙親其中一人是易位型染色體帶因者，就會發病。「無色體型」的原因則是，在一個人的細胞中，正常細胞與帶有第21對三體變異染色體的細胞混在一起。其特徵為症狀比較輕微。

以新生兒來說，會透過身體的異常來進行診斷，並藉由核型分析來確認是否為病童。在出生前的診斷中，只要懷孕15～16週，就能透過「母親血清標記物篩檢」與「新型產檢（非侵入性胎兒染色體檢測，NIPT）」來診斷出機率，並藉由羊膜穿刺術來做出確定診斷。沒有根治療法，要依照各症狀來進行治療。

愛德華氏症候群

體細胞第18對染色體的三體變異所引發的先天性遺傳疾病，也被稱為「18-三體症候群」。在症狀方面，除了體重很輕、頭部非常小、較小的口部與下顎、耳朵位置較低、手指重疊等外觀上的特徵以外，也很有可能會罹患重度心臟病。愛德華氏症候群是發生率僅次於唐氏症的染色體疾病。根據不同資料，發生機率有所差異，據說在5000～8000人，會出現1名患者。有50～90%的胎兒會在懷孕期間流產，死產的情況也不少。即使出生了，在2個月內，就會有半數嬰兒死亡，據說1年存活率約為10%。由於男嬰的流產率特別高，因此症狀多出現於女嬰身上。在產檢中，可以透過超音波檢查與母親血液篩檢來進行診斷，出生後，會透過身體異常與染色體檢查來確認。

蘭格罕氏細胞組織球增生症（LCH）

此疾病也被稱為「LCH」，發病原因為，在屬於免疫細胞之一的樹突細胞中，主要位於表皮的蘭格罕氏細胞，在皮膚、骨頭、骨髓、淋巴結、肺部、肝臟等處異常增生。

大致上可以分成，病變只出現在單一部位的「單一器官型」，以及有複數個病變部位的「多重器官型」。多重器官型幾乎都發生在未滿3歲的嬰幼兒身上。其特徵為，雖然常見於15歲以下的孩童，但成人與高齡者也會發病，多見於男性。

若是單一器官型的話，大部分症狀皆為骨頭病變，但在多重器官型中，除了骨頭病變以外，各種器官也會出現病變，並會引發腫瘤與器官衰竭。在症狀方面，單一器官型常會出現骨頭疼痛或腫脹、發燒等症狀，在多重器官型當中，除了這些症狀以外，還會出現淋巴結腫脹、病變器官腫脹等症狀。

由於症狀會隨著病變部位而有所不同，所以為了確定病情，必須透過活組織切片檢查（活檢）來進行病理檢查。

肌肉萎縮症

此疾病是一種遺傳性肌肉疾病的總稱。骨骼筋（肌肉）的變性或壞死會導致肌肉萎縮與肌肉無力症狀持續惡化。

其原因為基因的異常導致人體缺少蛋白質、身體功能異常，進而使肌肉細胞失去正常功能。除了「先天性」的疾病以外，依照遺傳方式與症狀，可以分成十幾種類型，像是會導致軀幹肌肉無力，只發生在男性身上的「杜興氏肌肉營養不良症」與「貝克型肌肉萎縮症」，以及主要發生在顏面、肩胛區、上臂這些部位的「面肩胛肱型肌營養不良症」，發生在成人身上的「肌強直性營養不良症」，以及不屬於上述任一種的「肢節型肌營養不良症」等。其中，大部分的進行性肌肉萎縮症都屬於「杜興氏肌肉營養不良症」，此疾病會在幼兒期發病，一邊使肌力退化，一邊使人變得難以步行與呼吸，許多患者在二十多歲就會死亡。沒有根治療法，只能採取各種對症治療，像是對「杜興氏肌肉營養不良症」患者使用腎上腺皮質激素（類固醇），或是透過復健治療來維持肌肉功能。近年，人們也對基因療法抱持高度期待。

第2章

腦部的構造與作用

整個腦部的構造與作用

與脊髓一起構成中樞神經系統的腦部，被顱骨與三層腦膜所保護。組成腦部的大腦、小腦、腦幹分別擁有不同的功能，掌控人體的所有活動。

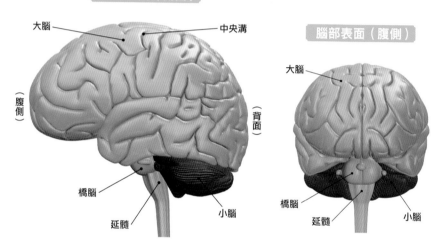

腦部表面（側面）

大腦　　　中央溝

（腹側）　　　（背面）

橋腦

延髓　　　小腦

腦部表面（腹側）

大腦

橋腦

延髓　　　小腦

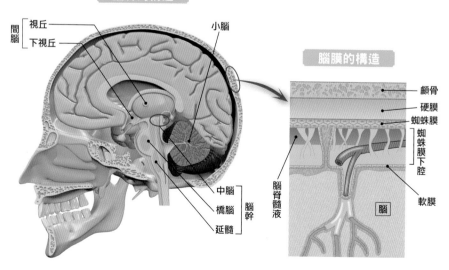

腦幹的構造

間腦　視丘　　　　小腦
　　　下視丘

中腦
橋腦　腦幹
延髓

腦膜的構造

顱骨
硬膜
蜘蛛膜
蜘蛛膜下腔
腦脊髓液
軟膜

腦

26

🌑 腦的功能

　　腦部宛如一座指揮塔，掌管人體的所有功能，像是傳遞‧處理來自身體各器官的資訊、維持生命、語言、思考、記憶、運動等。負責執行腦部功能的是，名為「神經元」的神經細胞。神經元能夠發出電子信號，交換資訊。在整個腦部中，神經元的數量多達一千幾百億個。因此，腦部所消耗的能量也很多，約佔全身消耗能量的20%。

🌑 腦的構造

　　腦部占了顱腔的大部分空間，以成人來說，腦部的重量約為體重的2%，相當於重量1200～1500g的中樞神經系統器官。另外，腦部也是神經細胞的集合體，腦部組織約有85%是由水分所構成，相當柔軟、纖細，人們常用豆腐來比喻。

■ 大腦‧小腦‧腦幹

　　腦部大致上是由大腦、小腦、腦幹（在廣義上，腦幹包含間腦）這3個部位所構成。

- **大腦**　佔了腦部總腦容量的8成以上，神經細胞緊密地排列，其表面被由灰質所組成的「大腦皮質」所包覆。在大腦皮質內側，神經細胞彼此相連，形成神經纖維，成束的神經纖維就是「大腦髓質」，也被稱為白質。大腦髓質下方有名為大腦基底核的白質群體。中央區域有名為大腦邊緣系統的神經纖維，此處是人類智能的中樞，掌管著以運動、思考、語言等為首的各種功能。

- **小腦**　與大腦一樣是由灰質（神經細胞）和白質（神經纖維）所構成。以成人來說，其重量為120～140g，佔腦部整體約10%。小腦的神經細胞約有千億個，是大腦的7倍以上，表面被又細又深的腦溝所包覆。如果將各腦溝的腦溝拉開來，大小就相當於大腦的四分之三。在功能方面，小腦掌控著身體的運動功能與腦幹等腦部其他部分。

- **腦幹**　由延髓、橋腦、中腦、間腦構成，位於腦的中央區域。與大腦和脊髓結合，將從腦部傳遞過來的資訊傳送給身體各器官。腦幹非常重要，具備維持生命所需的功能，像是呼吸、心跳、體溫調整等。在腦幹中，間腦也是最接近大腦的部位，可以分成視丘與下視丘。中腦位於間腦內側，與大腦皮質、小腦、脊髓等處相連。

- ◆**腦膜**　用來保護腦部的堅硬顱骨與位於其內側的三層膜。用來包覆腦部周圍的是柔軟的「軟膜」，位於中間的是「蜘蛛膜」，最外側的是緊貼著顱骨的「硬膜」。軟膜與蜘蛛膜之間有名為「蜘蛛膜下腔」的空隙，此處會透過腦脊髓液來吸收來自外部的衝擊。

大腦的構造與作用

　　大腦佔據了腦的大部分容量。大腦可以分成大腦皮質（灰質）與大腦髓質（白質）。人類大腦的特徵為，很發達的大腦皮質。在中央區域的舊・古皮質中，有大腦邊緣系統與大腦基底核。

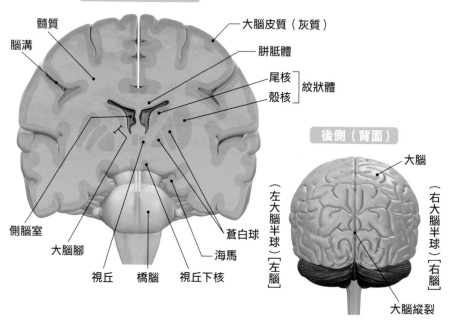

大腦的剖面構造

髓質
腦溝
大腦皮質（灰質）
胼胝體
尾核
殼核
} 紋狀體
側腦室
大腦腳
蒼白球
海馬
視丘　橋腦　視丘下核

後側（背面）

大腦
（左大腦半球）[左腦]
（右大腦半球）[右腦]
大腦縱裂

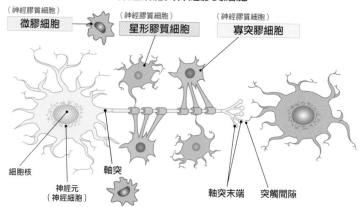

神經細胞與神經膠質細胞

（神經膠質細胞）
微膠細胞
（神經膠質細胞）
星形膠質細胞
（神經膠質細胞）
寡突膠細胞

細胞核
軸突
神經元
（神經細胞）
軸突末端　突觸間隙

🌑 大腦的構造

◆右腦‧左腦　大腦被縱貫中央區域的深溝（大腦縱裂）分成左右兩半，除了與中央的胼胝體相連的部分以外，可以分成右大腦半球（右腦）與左大腦半球（左腦）。在右腦與左腦中，從腦部通往全身各處的神經會在脊髓轉向，這種現象就是「交叉控制」，因此右腦會控制左半身的運動指令與感官知覺，左腦則會負責右半身的運動指令與感官知覺。

- **右腦**　具備「直覺地理解事物、有創意的想法、理解方向‧空間」這些功能，像是繪畫、演奏樂器、掌握空間中的相對位置等。

- **左腦**　掌控「使用語言來理性思考事物」的功能，像是聽、說、讀等語言能力、時間的觀念、計算等。

◆大腦皮質　大腦中，在進化的不同階段，會產生具有不同作用的新舊2種皮質。也就是，從魚類與兩棲類時就存在的「舊‧古皮質」，以及進化成哺乳類後才發展的「新皮質（大腦新皮質）」。

- **大腦邊緣系統**　屬於舊‧古皮質，位於大腦髓質的中央區域，包含了海馬、扁桃體、乳頭狀體、扣帶回、下視丘等。與「食慾、性慾等本能慾望」以及「憤怒、恐懼、快感等本能行為或原始情感」有關。

- **大腦皮質**　進化後的最新構造，人腦的特徵為，新皮質非常發達。新皮質包覆著舊‧古皮質，占了大腦皮質的90%以上。新皮質掌控著理性的思考與判斷、語言等「具有人性」的高度智能活動。另外，喜悅、悲傷這類生活中所產生的複雜情感，也是由此皮質來控制。

- **大腦基底核**　位於大腦髓質的深處，由紋狀體、黑質、豆狀核等若干個大型神經核所組成，與大腦皮質、視丘、腦幹相連。

▌神經細胞（神經元）與神經膠質細胞（神經膠細胞）

用來組成以大腦為首的中樞神經是，神經細胞（神經元）與被稱為「神經膠細胞」的神經膠質細胞。神經膠質細胞包含了星形膠質細胞（星狀神經膠細胞）、寡突膠細胞（寡樹突神經膠細胞）、微膠細胞等種類。在腦中，神經膠質細胞的數量約為神經細胞的50倍。

神經膠質細胞原本就是以「用來輔助神經細胞的細胞」而為人所知，其功能包含固定神經細胞、輸送養分等。不過，由於缺乏電活性，所以人們認為其與直接訊息傳遞無關。不過，近年有人發現，神經膠質細胞擁有神經遞質的受體，並認為此細胞應該具備類似神經細胞的作用，能夠維持記憶、學習之類的高功能。

依照功能來劃分大腦皮質的區域

　　大腦皮質可以分成額葉、頂葉、顳葉、枕葉這4個腦葉。各個腦葉還可以進一步地分成具備各種不同功能的「區域」。來自末梢的資訊會被運送到負責掌管各種資訊的區域，交由各區域來處理。

依照功能來劃分區域（左半球）

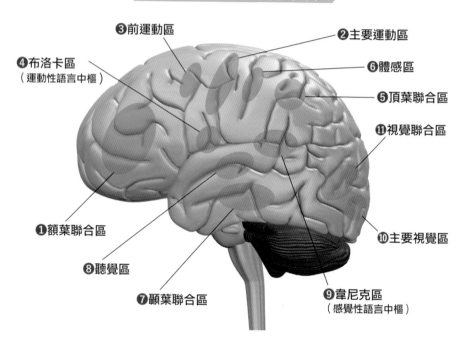

- ❸前運動區
- ❷主要運動區
- ❹布洛卡區（運動性語言中樞）
- ❻體感區
- ❺頂葉聯合區
- ❶額葉聯合區
- ❽聽覺區
- ❼顳葉聯合區
- ⑪視覺聯合區
- ⑩主要視覺區
- ❾韋尼克區（感覺性語言中樞）

大腦的4個腦葉

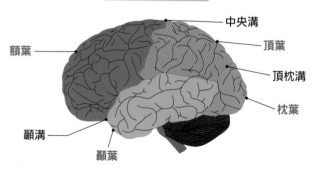

- 中央溝
- 頂葉
- 額葉
- 頂枕溝
- 枕葉
- 顳溝
- 顳葉

● 大腦的主要4個腦葉

包覆大腦表面的大腦皮質的厚度為數公厘。在大腦皮質上，名為「腦溝」的溝渠會不規則地分布，並與腦回（被腦溝隔開的隆起部分）一起形成所謂的「腦部皺褶」。如同中央溝與外側溝（薛氏腦裂）那樣，在所有人身上都能見到的一部分大型腦溝，會成為解剖腦部時的劃分標準。

大腦被腦溝分成了「額葉」、「頂葉」、「顳葉」、「枕葉」這4個主要腦葉（若加上島葉、邊緣葉的話，就有6個腦葉）。大腦被大腦縱裂分成了左右兩個半球，中央溝是額葉和頂葉的分界，位於後方的頂枕溝是頂葉和枕葉的分界，外側溝（顳溝）則是額葉和顳葉的交界。

● 分區與聯合區

在4個腦葉中，有具備各種特定功能，且名為「分區」的區域。這些分區會處理從身體各部位送過來的資訊，並針對資訊來傳送指令。

◆**額葉**　除了佔據大腦皮質約30%的額葉聯合區以外，還有與運動相關的「主要運動區」和「前運動區」、與說話能力相關的「布洛卡區（運動性語言區）」等區域。額葉除了進行主要用於思考或決策制定的創造性高度心理活動以外，也掌管全身的運動與說話能力。

❶**額葉聯合區**　位於大腦皮質的最前方，擔任腦部中樞的角色，像是制定、執行關於某項行動的計畫、行為抑制等。

❷**主要運動區**　制定與執行關於運動的計畫。

❸**前運動區**　除了主要運動區之外的運動區。負責處理運動資訊。

❹**布洛卡區（運動性語言中樞）**　和語言處理及說話能力有關。

◆**頂葉**　有「頂葉聯合區」與「體感區」，掌疼痛、溫度、壓力等體感與空間感。

❺**頂葉聯合區**　主要用來理解空間位置。

❻**體感區**　處理從感覺器官傳送過來的皮膚感覺相關資訊。

◆**顳葉**　包含了「顳葉聯合區」、「聽覺區」、「韋尼克區」，與記憶、語言、聽覺有關。

❼**顳葉聯合區**　同時與聽知覺、視知覺、形態視覺等能力以及記憶有關。

❽**聽覺區**　負責處理關於聲音的資訊。

❾**韋尼克區（感覺性語言中樞）**　掌管「理解他人言語」的能力。

◆**枕葉**　包含「主要視覺區」、「視覺聯合區」，掌管視覺。

❿**主要視覺區**　透過視網膜來接收、理解視覺資訊。

⓫**視覺聯合區**　整體地掌控視覺資訊。

大腦邊緣系統的構造

　　大腦邊緣系統屬於大腦新皮質深處的舊·古皮質，而且是指「在大腦中央區域將間腦包圍起來的複數個器官」的總稱。與動物的本能行為、情緒、記憶有關。

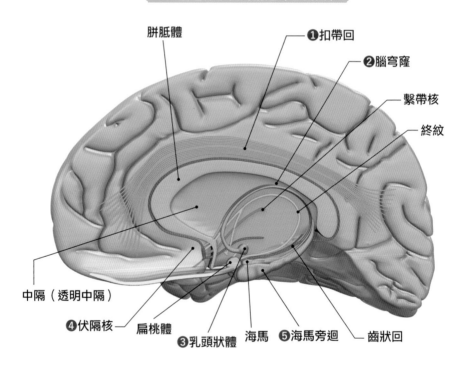

大腦邊緣系統的構造（左側面）

胼胝體

❶扣帶回

❷腦穹窿

繫帶核

終紋

中隔（透明中隔）

❹伏隔核　扁桃體

❸乳頭狀體　海馬　❺海馬旁迴　齒狀回

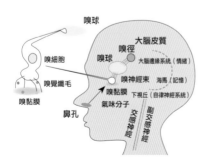

嗅球

嗅細胞

嗅覺纖毛

嗅黏膜

大腦皮質

嗅徑

嗅球　大腦邊緣系統（情緒）

嗅神經束　海馬（記憶）

嗅黏膜　下視丘（自律神經系統）

氣味分子

鼻孔

副交感神經　交感神經

▌嗅腦的構造

　　位於額葉的底側，掌管嗅覺，由「嗅球」、「嗅徑」等部位所組成。氣味資訊進入位於鼻腔上側的嗅覺上皮後，會通過顱底，進入嗅球，然後從該處經過嗅徑，傳送給海馬。

● 大腦邊緣系統的構造

大腦邊緣系統位於腦幹與大腦相連的部分，指的是將「與大腦左右半球相連的胼胝體」包圍起來的部位的總稱。位於很發達的大腦皮質深處的舊・古皮質。

◆**作用**　以食慾、性慾、睡眠慾等本能行為為首，與「愉快・不愉快、喜怒哀樂、恐懼、不安、熱情」這類情緒，以及情緒所引發的反應與行為有關。此外，人們已知，大腦邊緣系統也會對記憶和內分泌系統・自律神經系統產生影響。

◆**構造**　由扣帶回、海馬、海馬旁迴、海馬鉤回、齒狀回、扁桃體、腦穹窿、乳頭狀體、伏隔核、透明中隔等各種器官所組成。在廣義上，嗅腦的大部分區域也被稱為大腦邊緣系統。其中，作用特別重要的是，與記憶相關的海馬，以及與情緒相關的扁桃體（海馬與扁桃體請參閱P.36）。

由於大腦邊緣系統並未有明確的定義，其組成要素依照分類而有所不同。

▌大腦邊緣系統的主要部位（參照左圖）

❶**扣帶回**　縱貫胼胝體邊緣的腦回部分，可以分成「情緒區、認知區、中央認知區、記憶區」等區域。各區域具備各種不同作用，擔任「連接大腦邊緣系統的各個部位」的角色，並與「情感的形成與處理、學習、記憶」有關。人們已知，此區域也和「呼吸的調整」與「情感記憶」有關。

❷**腦穹窿**　位於胼胝體下方，起自海馬，止於乳頭狀體。呈現弓形的神經纖維。與空間學習、空間記憶有關。

❸**乳頭狀體**　從下視丘延伸出來的左右成對隆起，在記憶的形成方面，扮演著重要角色。在以大腦邊緣系統中央迴路而著稱的「巴貝茲迴路（Papez circuit）」中，資訊會從海馬、下視丘、中腦輸入，然後輸出到視丘、中腦，乳頭狀體則連接著腦穹窿與前視丘核。

❹**伏隔核**　位於扣帶回的前面部分，與額葉聯合區相連，此處聚集了與報酬、快感、成癮、恐懼等有關的神經細胞。專家認為，此部位是用來感受以「幸福物質」而著稱的多巴胺所產生的快樂中樞，且能製造用於抑制這種感覺的GABA（γ-胺基丁酸）。

❺**海馬旁迴**　位於海馬周圍的灰質區域。與大腦皮質、海馬相連，視覺、聽覺、味覺等資訊會通過此處，傳遞給海馬。在記憶的符號化與搜尋方面，扮演重要角色，和景象的理解有關。

●**海馬鉤回**　位於海馬旁迴前端後方的鉤狀部位，是一個與嗅覺有關的區域。也被稱為海馬鉤、鉤回。

大腦基底核的構造

大腦基底核位於大腦半球的基底部，是神經核的集合體，與大腦皮質、視丘、腦幹相連。此器官與認知功能、激勵式學習等有關，同時也以「具備與運動相關的功能」而為人所知。

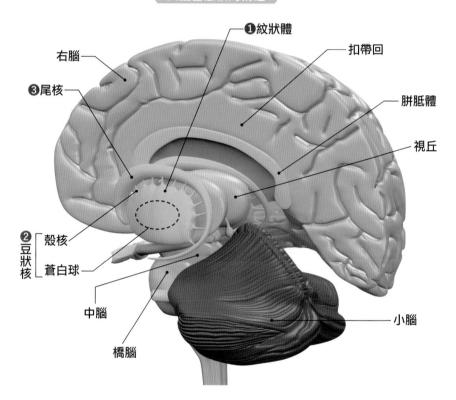

大腦基底核的構造

❶紋狀體

扣帶回

右腦

胼胝體

❸尾核

視丘

❷豆狀核 ┌ 殼核
        └ 蒼白球

中腦

小腦

橋腦

訊息傳遞的循環迴路

大腦皮質

視丘

大腦基底核

▌訊息傳遞路徑

從大腦皮質的運動區傳送過來的訊息，會依照「大腦皮質→大腦基底核→視丘→大腦皮質」的路徑來被處理，然後再度回到運動區，使肌肉維持緊張，控制不隨意肌，與小腦一起進行流暢的運動。

● 大腦基底核的構造

　　大腦基底核與大腦皮質、視丘、腦幹相連，是位於大腦半球基底部的神經核集合體。雖然是由紋狀體、蒼白球、視丘下核、黑質、豆狀核等神經核所組成，但在研究者之間，其詳細定義卻各不相同。

　　負責「運動的控制」這個重要作用，除了「認知功能、情感、激勵式學習」等功能以外，也和「根據記憶來進行預測或抱持期待」之類的行為有關。大腦的神經細胞基本上會集中在大腦表面，大腦基底核雖然位於腦部深處，但卻成為由神經細胞所組成的神經核（灰質），這點也是大腦基底核的重要特徵。

● 解剖學上的大腦基底核分區（參照左圖）

❶紋狀體　　大腦基底核當中最大的神經核。雖然在種系發生學上，與由「殼核」與「尾核」所組成的新紋體合稱為古老的「蒼白球（原紋體）」，但單純提到「紋狀體」時，大多是指新紋體。除了與運動功能有關以外，也和「依賴、快樂等決策制定」有關。

❷豆狀核　　蒼白球與殼核的總稱。兩者之間隔著內囊（來自大腦新皮質或視丘的軸突纖維束），位於視丘外側，由圓錐形的灰質所構成。能夠無意識地控制、調整骨骼肌的運動與緊張度。人們認為，原本合為一體的蒼白球與殼核是在進化的過程中被內囊區隔開來。

- **殼核**　　一邊與尾核一起形成紋狀體，一邊將蒼白球的外側包圍起來，形成豆狀核。

- **蒼白球**　　豆狀核內部比較明亮的灰質部分，也被稱為豆狀核蒼白部。分成外蒼白球與內蒼白球，皆與GABA作用、運動功能有關，而且也和決策制定之類的其他神經運作過程有關。

❸尾核　　在側腦室周圍呈現「つ」字形的神經核，前方是鼓起的尾狀核頭，從核頭到核體、核尾，形狀會逐漸變細。與學習和記憶有關。

●視丘下核　　能在運動時進行細微調整的神經核之一。從外蒼白球接收抑制性的輸入訊息，然後將興奮性的輸出訊息傳給外蒼白球‧內蒼白球、黑質網狀部。

●黑質　　佔據中腦一部分的神經核之一，富含黑色素的神經細胞聚集在此，看起來是黑色的，故因此得名。能夠調整橫紋肌的運動功能與緊張度。大致上可以分成，「將多巴胺送往紋狀體，抑制興奮作用的黑質緻密部」，以及「接收來自紋狀體與蒼白球內部的GABA，以及來自視丘下核的興奮性穀胺酸這些輸入訊息，並將抑制性神經遞質傳給視丘的黑質網狀部」。

海馬與扁桃體的構造與作用

　　在大腦邊緣系統當中，海馬與扁桃體也是既重要又特別的構造，近年愈來愈受到關注。海馬掌管記憶，扁桃體掌管情緒，且與記憶也有關聯。由於兩者的功能與作用也算是在說明為何「人之所以為人」，所以在中樞神經當中，也是很多人研究的腦部區域。

海馬與扁桃體

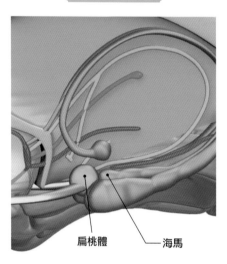

扁桃體　　　海馬

大腦剖面

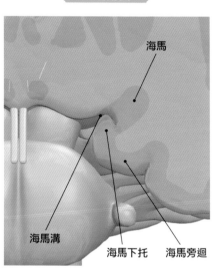

海馬

海馬溝

海馬下托　　海馬旁迴

海馬與扁桃體的記憶・情緒迴路

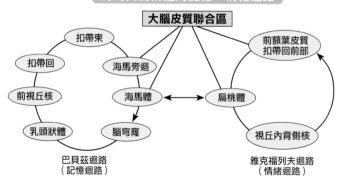

大腦皮質聯合區

扣帶束

扣帶迴　　海馬旁迴　　　　　　前額葉皮質
　　　　　　　　　　　　　　　扣帶迴前部

前視丘核　　海馬體　　←→　　扁桃體

乳頭狀體　　腦穹窿

　　　　　　　　　　　　　　視丘內背側核

巴貝茲迴路　　　　　　雅克福列夫迴路
（記憶迴路）　　　　　（情緒迴路）

＊核對過來自大腦皮質聯合區的情感訊息與來自海馬的記憶訊息後，扁桃體會輸出情緒訊息。

海馬的構造和語源

海馬是名為「海馬體」的大腦邊緣系統組成部位的一部分，朝向顳葉，大小與小指差不多。海馬體是由齒狀回、海馬、下托、前下托、傍下托、內嗅皮質等所組成，為了方便起見，許多人都將其稱作「海馬」。海馬這個名稱的由來有兩種：①由於形狀類似海馬（Seahorse），所以名字就這麼定了。②由於形狀類似神話中所出現的海神波塞頓所騎的海馬（註：馬身魚尾的神話生物）的尾巴，所以用希臘文中的馬（Hippo）和海怪（Kampos）這兩個字，將其命名為「Hippocampus」。

海馬的記憶迴路

海馬以「與記憶相關的區域」而著稱，也是著名的阿滋海默症最初病變部位。平時所發生的事會以數十秒～數分鐘的短期記憶儲存在海馬中，然後經過判斷，在這些資訊中找出重要的記憶，將其移往位於大腦新皮質的各聯合區，並以長期記憶的形式儲存在各個部位。

與記憶相關的神經迴路叫做「巴貝茲迴路」，記憶會依照「海馬→腦穹窿→乳頭狀體→前視丘核群→扣帶回的後部」這個路徑前進，必要的記憶會從此處移往大腦皮質聯合區，若非必要記憶的話，則會再次回到海馬。

另外，如果海馬的抗壓性弱，心理・生理的壓力導致號稱壓力激素的腎上腺皮質醇被分泌出來，就會引發神經細胞的萎縮，海馬的功能也會產生變化。

扁桃體的構造與功能

扁桃體是神經細胞的集合體，位於顳葉前部的內側深處，如同其名，呈現扁桃（杏仁的別名）狀，大小約1.5公分。扁桃體會處理透過五感而傳進腦中的資訊，是著名的情緒掌控部位，也和恐懼、不安等情感記憶有關。

以味覺、嗅覺、聽覺、視覺為首，身體所感受到的各種刺激會直接・間接地進入扁桃體。扁桃體的主要任務就是，處理這些訊息，以及從海馬傳送過來的記憶訊息，判斷訊息是否會讓人愉快（喜歡或討厭），然後再次將訊息送回海馬。相鄰的扁桃體與海馬會時常交換訊息，人們認為扁桃體也和「記憶穩固」的調整有關。舉例來說，「明明喜歡的事物不用努力記也記得住，但沒興趣的事物卻很難記住」，正是因為扁桃體的情緒處理作用與長期記憶有密切關聯，刺激扁桃體能夠加強記憶。扁桃體還跟「分辨人的長相、理解表情」等人類的社會性有密切關聯。

間腦的構造與作用

　　位於大腦中央區域的間腦，是由「負責處理嗅覺以外的所有感覺訊息的視丘」與「身為自律神經系統中樞的下視丘」所組成。下視丘還能管理相鄰的腦下垂體，控制激素的製造。

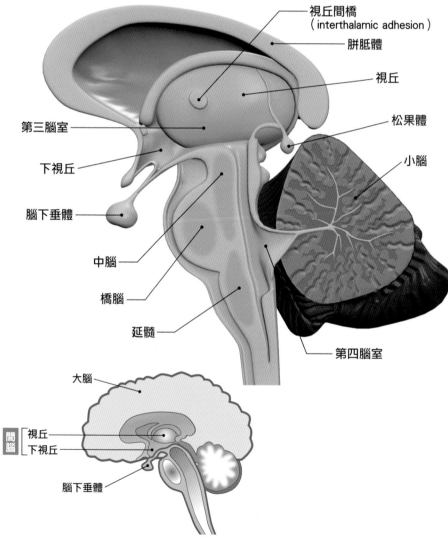

間腦的構造（正中央剖面）

- 視丘間橋（interthalamic adhesion）
- 胼胝體
- 視丘
- 松果體
- 小腦
- 第三腦室
- 下視丘
- 腦下垂體
- 中腦
- 橋腦
- 延髓
- 第四腦室

- 大腦
- 間腦〔視丘／下視丘〕
- 腦下垂體

● 間腦的構造與作用

◆ **構造**　間腦位於大腦半球與中腦之間，也就是大腦的中央附近。間腦的周圍被大腦
圍起來。間腦被中央的第三腦室分成左右兩半，連接大腦與中腦。由於位在被大腦
的左右半球包住的位置，所以大部分區域從表面上都看不到。間腦由視丘（廣義上
包含上視丘）與下視丘所組成。視丘是指位於「像是從左右兩側將第三腦室下部夾
住般」的位置部分，雖然可以分成背側視丘與腹側視丘，但一般提到「視丘」時，
指的幾乎都是背側視丘。

◆ **作用**　掌管自律神經的功能，是意識‧心理活動的中樞器官。與位於下視丘下方的
「腦下垂體」有密切關聯，一邊透過自律神經系統與內分泌系來控制全身的代謝
與發育，一邊藉由位於下視丘的自律神經核來控制交感神經與副交感神經。另外，
間腦會同樣地透過下視丘來掌管位於上視丘的腦下垂體，控制食慾、性慾、睡眠力
等本能慾望。

▍視丘的作用

視丘是一個負責將從脊髓傳送過來的所有感覺訊息（除了嗅覺以外）傳達給大腦新
皮質的中繼點，因此聚集了許多神經纖維。

另外，人們過去認為，視丘只會單方面地將這類訊息傳給大腦皮質，但近年人們已
發現「大腦皮質會對視丘進行反投射」，並逐漸弄清楚新功能，像是在視丘內也會處
理訊息，接收來自大腦皮質的訊息，然後再傳送到更高階的大腦皮質區。

視丘具備「整合感覺與細微的運動」的作用，視丘一旦受損，就會引發各種症狀，
另一側半身的感覺會變得遲鈍或麻痺，也可能會引發失智症、手腳顫抖之類的不隨意
運動。

▍下視丘的作用

與視丘一起形成間腦的下視丘，是一個約5g重的小器官，位在第三腦室下方。
負責的重要作用為，綜合地調整自律神經系統與內分泌系統的功能，維持「恆定性
（homeostasis）」。下視丘掌管代謝功能、體溫調整、心臟血管功能、內分泌功
能、性功能等，是維持生命不可或缺的自律神經中樞。

◆ **腦下垂體**　腦下垂體位於從下視丘下部往外突出的位置，在進化的過程中，下視丘
的一部分持續延伸，並發展成腦下垂體。因此，兩者的關係也很密切，腦下垂體會
依照下視丘的指令來製造‧分泌甲狀腺激素、性激素等各種激素。

小腦的構造與作用

　　小腦位在被大腦與腦幹夾住的後頭部。小腦會整理從大腦皮質傳送過來的訊息，掌管要傳達給骨骼肌等處的運動功能調整訊息。另外，最近人們也發現，小腦能夠「記憶」一連串的運動。

小腦的外部構造

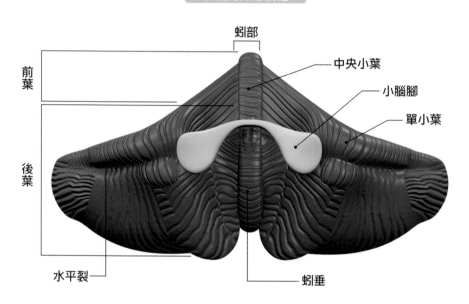

前葉

後葉

蚓部

中央小葉

小腦腳

單小葉

水平裂

蚓垂

小腦會進行運動的調整

小腦的水平剖面

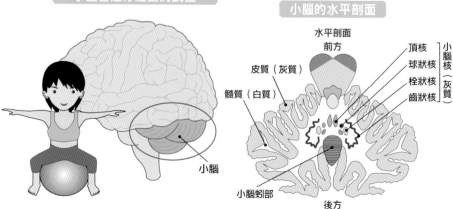

皮質（灰質）

髓質（白質）

小腦

水平剖面
前方

頂核
球狀核
栓狀核
齒狀核

小腦核（灰質）

小腦蚓部

後方

小腦的構造

　　小腦位於大腦後部下方，看起來像是從腦幹後方伸出來。小腦掌管知覺與運動功能。小腦由左右兩邊的「小腦半球」與位於中央的「小腦蚓部」所組成，小腦與腦幹之間有個名為第四腦室的腦腔。與大腦一樣，是由「聚集了神經細胞的灰質（小腦皮質）」與「聚集了神經纖維的白質（小腦髓質）」所構成，小腦的灰白質比大腦更細，小腦表面被一整面的「皺褶」所包覆。皺褶是平行延伸的腦溝與腦回所造成的。

　　小腦中有齒狀核、栓狀核、球狀核、頂核這4個核，並會透過上‧中‧小3種小腦腳來與外部的器官互相傳遞訊息。

◆**依照功能來分類**　依照功能，可以分成3個部位。最古老的古小腦被稱為「前庭小腦」，能夠調整身體的平衡與眼球運動，與姿勢的維持等有關。名為「脊髓小腦」的舊小腦掌管體感與四肢的運動，接收來自三叉神經、視覺系統、聽覺系統的訊號，與細微的運動調整有關。新小腦被稱為「大腦小腦」，會進行「動作的規劃」和「感覺訊息的評估」，將來自大腦皮質的訊息傳向視丘側。

小腦的作用

　　小腦能控制平衡感、緊張感、隨意肌運動的調整等。其中，掌管平衡感的是，小腦中央區域一個名為「蚓部」的部位。此處一旦受損，就會使運動和平衡感產生異常，使人出現「走路搖晃、無法進行細微動作」這類症狀。

　　小腦中有一種機制，會比較‧調整「來自大腦皮質的訊息」與「來自末梢神經的訊息」，使身體能夠開始順暢地運動。尤其是手腳與眼球的運動，人們已知，小腦不會將這類訊息傳送給大腦皮質，而是會透過腦幹與脊髓，直接對肌肉下達指令，並進行調整。而且，小腦不僅會處理這類訊息，還會檢查接收到指令的各個部位是否有確實運作，並藉由將訊息回饋給大腦皮質，來讓運動能夠持續地順利進行。

　　將手腳的一連串動作當成「一個程式」來記憶，也是小腦的功能。舉例來說，藉由小腦的運作，走路方式與拿筷子的方式等日常生活的動作就可以做得很好，不用一一去思考。而且，如同「即使長時間沒有騎自行車，但還是會騎」那樣，曾經記憶過的程式能夠長期保存，而且隨時都可以取出。

　　另外，在最近的研究中，專家指出，除此之外，小腦也可能與「短期記憶、認知能力、情緒控制等知覺訊息」有關。

腦幹的中腦·腦橋·延腦的構造

　　腦幹由中腦、腦橋、延腦所構成，具備調整心跳、呼吸、體溫的功能，也掌管激素、免疫系統等其他與維持生命有關的功能。在腦部中，是最原始的部分，也被稱為「用來維持生命的腦」。

腦幹的外部構造

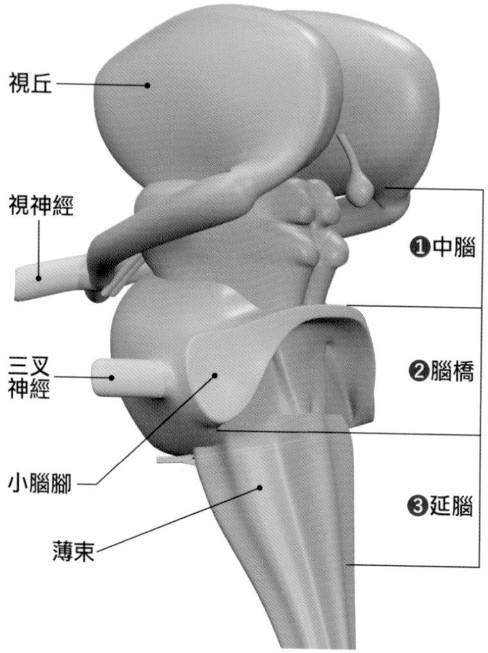

- 視丘
- 視神經
- 三叉神經
- 小腦腳
- 薄束
- ❶中腦
- ❷腦橋
- ❸延腦

腦幹的位置

- 大腦基底核
- 小腦
- 中腦
- 橋腦
- 延腦
- 大腦邊緣系統
- 視丘

腦幹

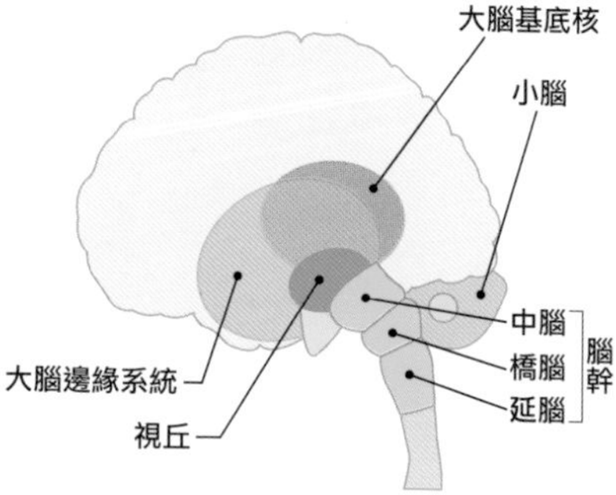

中腦的剖面圖

- 上丘：中腦的上部　（背面）
- 下丘：中腦的下部
- 中腦導水管
- 中央灰質
- 中腦網狀體
- 紅核
- 黑質
- 中腦頂蓋
- 中腦被蓋
- 大腦腳
- （腹側）

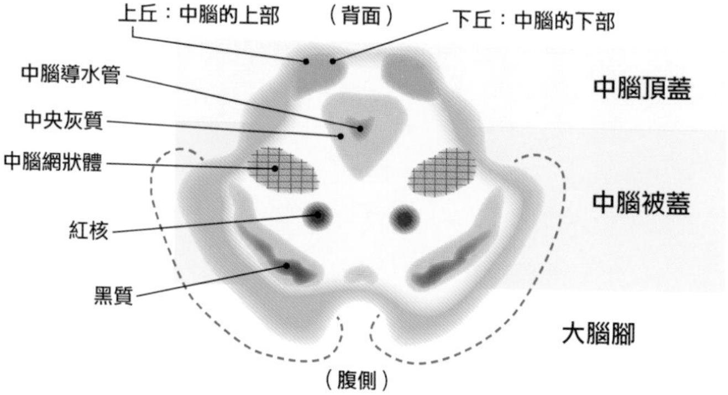

🌓 腦幹的構造

◆構造 位於間腦下方的腦幹是由中腦、橋腦、延腦所構成。此器官較粗部分的直徑為3～4公分，長度約10公分，形狀與大小都很類似拇指。腦幹內有從脊髓通往視丘的「感覺神經路徑」，以及從腦部通往脊髓的「運動神經路徑」，也具備聯繫大腦與脊髓的作用。

◆作用 由於許多腦神經在此出入，而且也存在許多神經核，因此其功能也很豐富。在腦幹的功能中，最重要的是自律神經功能的控制。

　　腦幹掌控著心跳、呼吸、體溫調整、血壓調整等維持人類生命不可或缺的功能，腦幹的正確作用是維持生命的關鍵。因此，在器官移植等情況中會造成問題的「腦死」，也是以「腦幹功能停止所引發的自主呼吸停止（腦幹死亡）」，以及「腦幹死亡之後發生的整個腦部功能停止（全腦死亡）」為前提。

🌓 中腦・橋腦・延腦的構造

❶中腦 位於腦幹最上方，可以分成大腦腳、被蓋、四疊體（中腦頂蓋）。背面有名為「中腦導水管」的細小腦室（空腔），成為連接第三腦室與第四腦室的腦脊髓液通道。

腹側的大腦腳有負責下達運動指令的「錐體束」等神經纖維束。在位於其後方的被蓋中，則有與眼球動作相關的「動眼神經核」、含有鐵質的「紅核」、含有黑色素的「黑質」等神經核，這些神經核也和肌肉的緊張度與運動的調整有關。位於中腦背面的兩對隆起部分被稱為四疊體（中腦頂蓋），分成上丘與下丘。上丘是與視覺相關的反射中樞，下丘則是與聽覺相關的反射中樞。

❷橋腦 在腦幹中，是隆起程度最大的部分。其背面與小腦之間隔著第四腦室。橋腦由從腹側隆起的「橋腦基底部」與位於後方的「橋腦背部（橋腦被蓋）」所構成。橋腦內有身為運動纖維中繼核的橋核（神經核），橋腦下部內有三叉神經、顏面神經、聽覺神經、外展神經等許多腦神經核，以及宛如神經纖維般零散的細胞體連結成網眼的「網狀體」。網狀體這種結構體不屬於白質，也不屬於灰質，會在整個腦幹內擴大。網狀體會經由迷走神經來調整呼吸、心跳、血壓等自律神經反射與運動神經反射。

❸延腦 位於腦幹最下方，連接脊髓。延腦除了掌管平衡感、細微運動、眼球運動等以外，也具備調整聲音與咽頭肌肉的功能，並能夠控制嘔吐、吞嚥、呼吸等動作，掌管維持生命不可或缺的功能。在正面的中央，「錐體」會隆起，負責下達隨意運動指令的錐體束會通過此處。在錐體外側，有個名為「橄欖核」的隆起部位，此部位是錐體外束的中繼點。

脊髓的構造與作用

　　與腦部一起構成中樞神經的脊髓，是一個從延腦延伸到腰椎的細長器官。與大腦相同，脊髓受到堅硬的腰椎與腦膜的保護。運動神經根與感覺神經根這兩條脊髓神經會連接腦部和末梢，掌控身體的運動。

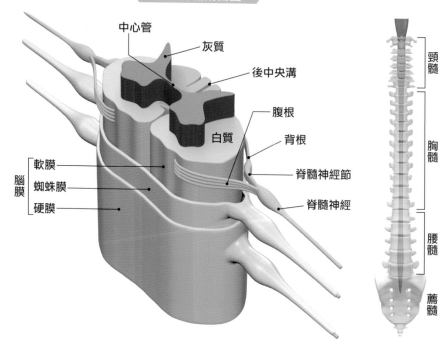

脊髓神經剖面圖

中心管

灰質

後中央溝

腹根

白質

背根

脊髓神經節

脊髓神經

軟膜
蜘蛛膜　腦膜
硬膜

頸髓

胸髓

腰髓

薦髓

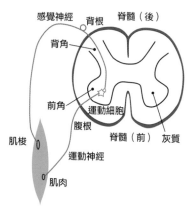

感覺神經　背根　脊髓（後）

背角

前角

運動細胞

腹根

脊髓（前）　灰質

肌梭

運動神經

肌肉

■ 脊髓連接腦部與全身

　　「運動神經根」的起點是位於灰質腹側的前角，「感覺神經根」的起點則是位於背面的背角。從腦部通往末梢的運動神經根會將來自腦部與脊髓的訊息傳送給肌肉，使肌肉產生運動。從末梢通往腦部的感覺神經根會將來自身體各部位的感覺訊息傳送給腦部。像這樣地，脊髓扮演著「將腦部與全身連接成網絡的關鍵角色」。

● 脊髓的構造

　　脊髓是從延腦往下延伸的細長圓柱狀器官，直徑約為1～1.5公分。其長度達40～50公分，在第1腰椎與第2腰椎之間，名為「脊髓圓錐」的隆起部位是脊髓的終點。脊髓與腦部一起構成中樞神經，且同樣由白質與灰質所組成。由於脊髓非常柔軟，容易受損，所以脊骨會將整個脊髓包圍起來，使脊髓受到保護。

◆**中心管／灰質／腦膜**　只要觀看脊髓的剖面圖，就能得知在中央區域有個從第4腦室延伸出來的「中心管」，中心管是腦脊髓液的通道，其周圍的灰質（神經細胞的集合體）會將中心管圍成一個H字形。其外側是由神經膠質細胞所組成的白質（髓質），白質的周圍則跟腦部一樣，被由硬膜、蜘蛛膜、腦膜所構成的3層腦膜所包覆，藉由位於蜘蛛膜內側的脊髓液，就能保護內部，對抗來自外部的衝擊。

● 脊髓的作用

　　脊髓是運動系統（腹部）、知覺系統（背部）、自律神經系統的神經傳導路徑，從此處衍生的神經會通向身體的各個部位。身為中樞神經的脊髓與其他末梢神經不同，即使受損也不會重生·被修復。因此，萬一脊髓的一部分受損，損傷部位以下的部分就無法接收來自腦部的指令，喪失運動功能，同時也無法將感覺訊息傳送給腦部，人體也會失去感覺與知覺功能。

▌脊髓神經的構造

　　從脊髓中伸出來的脊髓神經可以分成31個髓節（分段），由上往下可以分成「頸髓（8對）」、「胸髓（12對）」、「腰髓（5對）」、「薦髓（5對）」、「尾髓（1對）」這5個部分。由於從頸髓、腰髓到薦髓是連接四肢的部位，所以會有更多的神經細胞聚集起來，使脊髓變粗。這些變粗的部位分別被稱為「頸膨大部」與「腰膨大部」，負責處理與上肢和下肢相關的複雜訊息。

　　這31對從脊髓中出現的脊髓神經，會各自在包圍脊髓周圍的椎骨與椎骨之間形成「神經根」，持續延伸。為了進行區分，人們將從頸髓之間出現的神經稱為頸神經，從胸椎之間出現的神經則叫做胸神經。

◆**脊髓反射**　當人被東西絆倒、觸碰到很燙的東西時，身體在剎那之間所進行的運動叫做「脊髓反射」。這是為了從突然出現的危險中保護身體，在訊息被送到大腦前，脊髓就會代替腦部發揮中樞功能，迴避危險。脊髓反射的特徵為，與透過腦部來進行的反射相比，動作大多既單純又原始。

神經系統的構造與作用

身為神經系統基本單位的神經細胞（神經元），是由細胞核與其周圍的細胞質所構成。這種平均約10微米（1微米＝1/1000毫米）會透過突觸所製造的神經遞質，以秒速60～120公尺的速度來傳遞訊息。

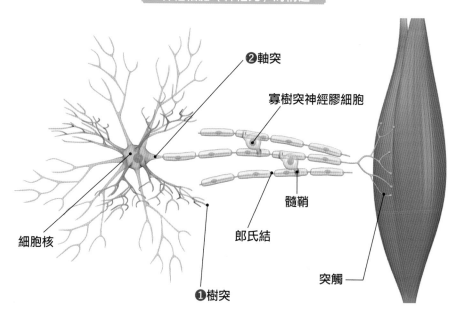

神經細胞（神經元）的構造

❷軸突

寡樹突神經膠細胞

髓鞘

郎氏結

細胞核

突觸

❶樹突

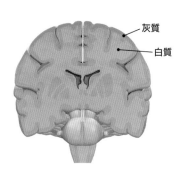

灰質

白質

▋腦部的灰質與白質

在神經細胞的中樞神經系統中，由核周質聚集而成的皮質叫做灰質，由神經纖維聚集而成的髓質則叫做白質。在脊髓中，皮質由白質所構成，髓質則由灰質所構成。

● 神經細胞的構造

在用來構成人體的細胞當中，專門用來處理訊息的細胞就是也被稱為「神經元」的「神經細胞」。神經細胞會將身體內外的訊息轉換成電子信號，進行傳輸。神經細胞是由「細胞體（核周質）」，以及從該處延伸出來的「樹突」與「軸突」這2種突觸所構成。細胞體則是由細胞核與細胞質所組成。

通常，一個細胞體會產生多條樹突與一條軸突，人們將兩者合稱為「神經纖維」。某些軸突的長度會超過1公尺，如果將軸突連接起來，長度會達到約100萬公里。

❶樹突　如同樹枝般分成許多枝節的短突觸，是一種負責接收來自其他神經細胞的電子信號的「接收器」。

❷軸突（神經突觸）　扮演著「輸出裝置」的角色，能夠伸得很長，將訊息送往其他神經細胞。在聚集了神經細胞的腦部中，為了避免電子信號混雜在一起，軸突會被名為「髓鞘（髓磷脂鞘）」的絕緣體包覆起來。髓鞘內到處都有縫隙，某些部分的髓鞘會外露。這叫做「郎氏結」，電子信號會一邊把身為絕緣體的髓鞘吹走，一邊通過郎氏結，進行傳導。像這樣，被髓鞘包覆的神經叫做「有髓神經纖維」，藉由髓鞘可以使電荷減少，提升傳導速度，其速度為秒速60公尺，快的時候，也能達到秒速120公尺。

▌突觸與神經遞質

當電子信號從神經細胞傳到相鄰的神經細胞時，會形成突觸（神經末梢）。腦內有一千幾百億的神經細胞，每個細胞各自擁有約1萬個突觸。在突觸與用來傳遞訊息的神經細胞之間，有大小約幾萬分之一毫米的空隙（突觸間隙）。只要電子信號傳送過來，神經遞質就會從突觸的「突觸囊泡」中被分泌到突觸間隙，與位於下個神經細胞的細胞膜中的受體結合，產生電子信號，傳遞訊息。

人們已在從突觸中產生的神經遞質中，發現到多巴胺、去甲基腎上腺素、血清素、穀胺酸、內啡肽等數十種物質。

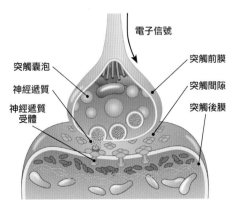

電子信號

突觸前膜

突觸間隙

突觸後膜

突觸囊泡

神經遞質

神經遞質受體

運動神經與感覺神經的構造

　　遍布全身的神經會透過神經元來互相連接，形成名為「神經系統」的神經網路。透過此神經網路，腦部變得能夠管理細胞與組織的功能，控制身體。

　　神經網路可以分成，由腦神經與脊髓神經構成的中樞神經系統，以及由體神經（知覺神經‧運動神經）與自律神經所構成的末梢神經系統。身體所感受到的感覺訊息，會藉由「通過脊髓神經背根的知覺神經」來被傳送到中樞，來自中樞的指令，則會藉由「通過脊髓神經腹根的運動神經」來被傳送到末梢器官。

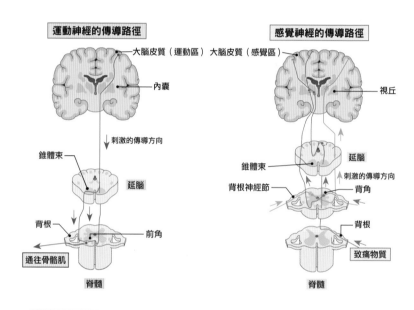

運動神經的傳導路徑

大腦皮質（運動區）　大腦皮質（感覺區）

內囊

↓ 刺激的傳導方向

錐體束

延腦

背根

前角

通往骨骼肌

脊髓

感覺神經的傳導路徑

視丘

延腦

錐體束

背根神經節

背角

↓ 刺激的傳導方向

背根

致痛物質

脊髓

大腦皮質的運動區與感覺區的地圖（潘斐德幻想小人）

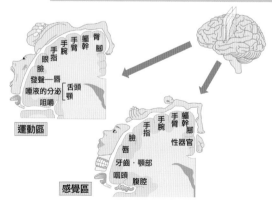

臀
軀幹
腳
手指
手腕
手臂
眼睛
臉
發聲─唇
唾液的分泌
咀嚼
舌頭
顎

運動區

臀
軀幹
腳
手指
手腕
手臂
臉
唇
性器官
牙齒‧顎部
咽頭
腹腔

感覺區

▌潘斐德的地圖

　　透過這張地圖，能夠知道在人體內，很少活動的軀幹與臀部所對應的腦部區域很狹小，手部與口部等會進行複雜動作的部位所對應的腦部區域則很寬敞。也就是說，這兩個區域和身體部位有密切關聯，腦部會依照各個部位來決定功能。

● 知覺神經的傳導路徑

知覺神經是負責將來自身體內外的訊息傳送到中樞的神經，由於是將透過皮膚、視覺、聽覺、觸覺、味覺等感覺器官所產生的刺激（體感）傳達給中樞，所以也被稱為「感覺神經」。由於知覺神經會通往腦神經與脊髓神經這類位於身體中心的中樞，所以也被稱為「向心性神經」。

知覺神經的神經細胞可以分成，擁有2條軸突的雙極神經元，以及1條軸突離開細胞體後會立刻一分為二的假單極神經元。在末梢側的軸突側枝被感受到的訊息，會沿著神經元，通過脊髓，傳送到腦部。知覺神經的神經元在進入脊髓之前，會製造出名為「脊髓神經節」或「背根神經節」的神經節，該軸突的集合體會形成背根，從位於灰質後方的背角進入，將訊息傳給腦部。

● 運動神經的傳導路徑

運動神經是負責傳達關於身體肌肉運動指令的神經。透過知覺神經所收集到的訊息會各自地在大腦皮質的運動區被進行分析、判斷，通過負責掌管運動的小腦・腦幹，被傳送到脊髓，然後從該處將指令傳達給必要的部位，讓末梢的各個部位進行有意識的運動。

運動神經通過脊髓時，會從灰質的前角形成腹根，然後離去。由於是從中樞通往末梢的神經，所以也被稱為「離心性神經」。

到脊髓為止的迴路叫做「錐體束」，由於大部分的神經纖維會在延腦下方交叉，所以來自右腦的指令會控制左半身，來自左腦的指令則會控制右半身。

直到青年期為止，隨著軸突的成長，髓鞘會被製造出來。運動神經會因為「軸突成熟」而變粗，訊息的傳遞速度也會變快。不過，隨著年齡增長，運動神經又會開始變細，反應也會變得遲鈍。

構成神經網路的神經系統

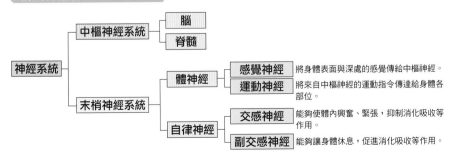

自律神經的構造與作用

在自律神經內，有作用相反的交感神經與副交感神經。這兩種神經能夠維持心跳、血壓、體溫等身體的恆定性（體內平衡），與維持生命有關。

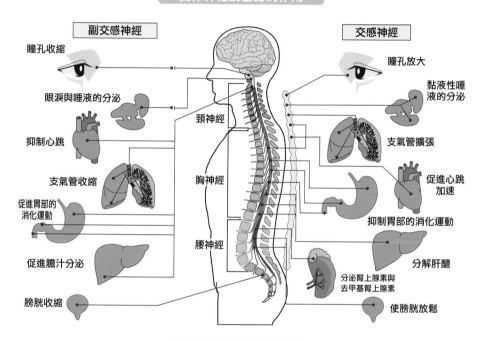

自律神經對全身的作用

副交感神經

- 瞳孔收縮
- 眼淚與唾液的分泌
- 抑制心跳
- 支氣管收縮
- 促進胃部的消化運動
- 促進膽汁分泌
- 膀胱收縮

頸神經
胸神經
腰神經

交感神經

- 瞳孔放大
- 黏液性唾液的分泌
- 支氣管擴張
- 促進心跳加速
- 抑制胃部的消化運動
- 分解肝醣
- 分泌腎上腺素與去甲基腎上腺素
- 使膀胱放鬆

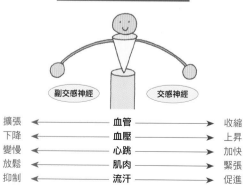

體內所出現的具體症狀

副交感神經　　　　交感神經

副交感神經		交感神經
擴張	血管	收縮
下降	血壓	上昇
變慢	心跳	加快
放鬆	肌肉	緊張
抑制	流汗	促進

◖ 自律神經的構造

　　自律神經位於腦神經與脊髓神經之中，能夠自動調整各種內臟與器官的功能。在運作方式與意志無關的不隨意肌當中，控制呼吸、心跳、血壓、體溫、流汗、排泄等功能，即使我們睡著時，仍會持續發揮作用，努力地維持身體平衡（恆定性）。

　　自律神經中有「交感神經」與「副交感神經」，雖然這2種神經的作用相反（拮抗作用），但在必要時其中一邊的作用會變強，藉此來調整內臟與器官的功能。

▌交感神經的作用

　　當身體活潑地運動時，或是情緒很激動時，交感神經會占優勢，也被稱為「鬥爭與逃跑的神經」。當人在運動或是感到興奮時，心跳與血壓會上升，且會流汗。這些全都是交感神經的作用造成的。

　　能夠刺激交感神經的神經遞質包含了腎上腺素與去甲基腎上腺素，藉由讓這些物質對 α 受體或 β 受體產生作用，心跳、血壓、排汗等就會產生變化。

　　交感神經的神經纖維會製造出縱貫顱骨底部到尾骨的脊椎兩側的「交感神經幹」。沿著交感神經幹出現的神經節被稱為「椎旁神經節」。

▌副交感神經的作用

　　副交感神經與交感神經相反，能夠緩解緊張，讓身體休息。當副交感神經處於優勢時，呼吸與心跳會變慢，血壓也會下降。從心理層面來看，也能讓人冷靜下來，是適合休息或睡眠的狀態。活潑的交感神經被稱為「白天的神經」，相較之下，副交感神經也被稱為「夜晚的神經」。

　　副交感神經會透過名為乙醯膽鹼的神經遞質來接收刺激，人們將乙醯膽鹼能產生作用的受體稱為「乙醯膽鹼受體（毒蕈鹼受體與尼古丁受體）」。

　　雖然副交感神經經常與交感神經一起控制一個器官（雙重神經支配），但含有副交感神經的部位只限於，腦神經中的動眼神經、顏面神經、舌咽神經、迷走神經，以及脊髓神經中由第2～第4薦骨神經所構成的骨盆內臟神經。腦神經負責從頭部到腹部內臟，骨盆內臟神經則負責其下方的生殖器與肛門，藉此來維持體內的恆定性。除了頭部以外，副交感神經的神經節幾乎都位在器官附近，或是器官內，這也是其特徵之一。

腦部的主要疾病

腦梗塞

　　腦梗塞的原因為，腦部血管變得狹窄，血栓（血塊）堵塞血管，造成血流停滯，無法將充分的氧氣與養分送到腦部，所以會導致腦細胞受損。依照血管的堵塞方式，可以分成腦部粗大血管受到阻塞的「大動脈粥狀硬化腦梗塞」、細小血管受到阻塞的「小洞性梗塞」，以及在心臟形成的血栓被運送到腦部，使粗大血管受到阻塞的「心因性腦梗塞」這3種類型。

　　症狀包含了身體麻痺、意識障礙、感覺遲鈍、頭痛、頭暈等。依照患部不同，症狀的個人差異很大，因此後遺症也有很多種。在腦梗塞的診斷與治療方面，盡早開始診斷與治療是很重要的。在診斷方法方面，除了頭部的電腦斷層掃描、核磁共振檢查、胸部X光檢查等影像診斷以外，也會透過血液檢查、心電圖等來判斷病情。

　　在治療方面，基本上會使用血栓溶解劑、抗凝劑、用來消除「受損腦細胞所產生的自由基（活性氧）」的護腦藥等內科療法。依照情況，有時也會進行外科手術，像是在患部插入球囊導管，確保血流暢通，透過開顱手術來使腦壓降低。

蜘蛛膜下腔出血

　　蜘蛛膜下腔出血是一種，在用來保護腦部的3層腦膜中，蜘蛛膜與內側軟膜之間產生的出血所導致的病狀。主要原因為，腦動脈內所形成的腦動脈瘤（若是年輕人的話，則是先天性的腦動脈畸形）的破裂。蜘蛛膜下腔出血一旦發病，就會產生宛如「被人用球棒毆打」般的激烈頭痛。由於死亡率約為50%，非常高，而且約有2成病患會再次出血，所以即使病情較輕微，也必須住院1～2個月。

　　診斷會透過腦脊髓液採檢來進行。由於要確認腦動脈瘤與出血情況，所以會進行腦血管攝影檢查與電腦斷層掃描。

　　在治療方面，基本上會採用外科手術。一開始會用夾子夾住腦動脈瘤，然後進行用來阻止血液流動的「動脈瘤頸夾手術」，或是放入導管，進行透過細線圈來包覆腦動脈瘤內部的「線圈栓塞手術」等，藉此來防止腦動脈破裂，阻止出血。因為高齡等理由而無法進行手術時，會使用降腦壓藥，讓患者靜養，透過觀察病情變化來決定治療法。

　　另外，像蜘蛛膜下腔出血那樣會導致腦部血管破裂的症狀，以及像腦梗塞這類會阻塞腦部血管的症狀，合稱為「腦中風」。

腦瘤

　　出現在腦部的腫瘤叫做腦瘤。腦瘤可以分成由腦組織所構成的「原發性腦瘤」，以及從腦部以外區域轉移過來的「轉移性腦瘤」。依照腦瘤所在部位，可以分成「腦膜瘤」、「腦下垂體腺瘤」、「神經膠質瘤」、「神經管母細胞瘤」。其中，神經管母細胞瘤是會發生在幼兒身上的小腦惡性腫瘤。

　　即使是良性腦瘤，由於顱骨內的空間很有限，所以腫瘤一旦變大，就會壓迫周圍的腦，阻礙血液流動。因此，症狀並不固定，會隨著腫瘤所在部位所具備的功能而產生差異。代表性的症狀包含了慢性頭痛、噁心感、語言障礙、視覺異常等。

　　診斷會透過電腦斷層掃描、核磁共振檢查等影像診斷來進行，並根據影像診斷來進行腫瘤組織檢查。

　　雖然最有效的治療法為，透過外科手術來切除腫瘤，但也能採取放射線療法或化學療法。

阿茲海默型失智症

　　一般被稱為阿茲海默症的「阿茲海默型失智症」是一種不可逆的進展性腦部疾病，約佔失智症的60%。雖然以「記不住新的事物」等記憶障礙為首，思考能力與判斷能力下降等基本症狀與其他失智症相同，但阿茲海默症一旦惡化，就可能會引發行走困難等運動障礙，變成臥床不起。基本上，此疾病會發生在65歲以上的高齡者身上，但發生於40～50多歲的「早發性阿茲海默症」也佔了約5%的比例。患者的腦內會出現由 β-類澱粉蛋白的積存所造成的老人斑（類澱粉蛋白斑），但人們尚未了解其原因。

　　在診斷方面，一開始會進行認知功能檢查，並會進行關於日常生活的檢查，以及功能評估、行為、心理症狀等各方面的檢查。同時，由於腦部會萎縮，所以也會透過電腦斷層掃描、核磁共振檢查等來進行影像檢查。

第3章

骨頭與關節的構造與作用

全身骨骼的構造

骨骼的構造

　　人體內有各種大小的骨頭，這些骨頭會互相連結，形成骨骼。在數量方面，除了有個人差異的尾骨與種子骨以外，有些癒合會隨著人體的成長而癒合成一大塊骨頭，所以其數量不是固定的。一般來說，成人的骨頭約有206塊（幼兒約有270塊）。這些骨頭大致上可以分成顱骨、胸廓、上肢、脊髓、骨盆、下肢，除了顱骨中的幾塊骨頭與脊髓以外，全都是左右成對。

全身的正面骨骼

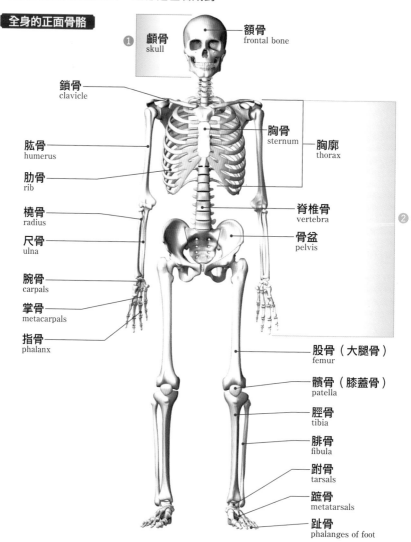

❶ 顱骨
skull

額骨
frontal bone

鎖骨
clavicle

肱骨
humerus

肋骨
rib

橈骨
radius

尺骨
ulna

腕骨
carpals

掌骨
metacarpals

指骨
phalanx

胸骨
sternum

胸廓
thorax

脊椎骨
vertebra

骨盆
pelvis

❷

股骨（大腿骨）
femur

髕骨（膝蓋骨）
patella

脛骨
tibia

腓骨
fibula

跗骨
tarsals

蹠骨
metatarsals

趾骨
phalanges of foot

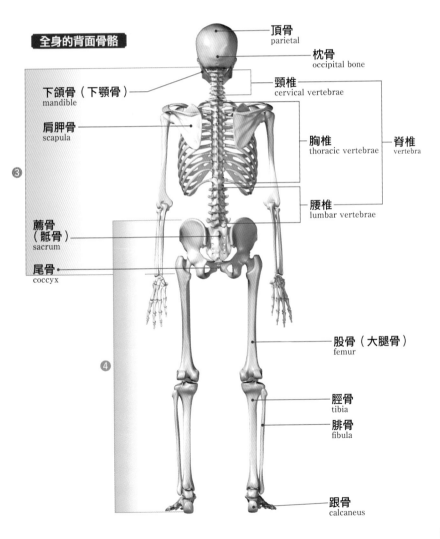

❶ 顱骨的骨頭與關節⋯⋯
❷ 上肢的骨頭與關節⋯⋯
❸ 軀幹的骨頭與關節⋯⋯
❹ 下肢的骨頭與關節⋯⋯

全身的背面骨骼

頂骨
parietal

枕骨
occipital bone

下頜骨（下顎骨）
mandible

頸椎
cervical vertebrae

肩胛骨
scapula

胸椎
thoracic vertebrae

脊椎
vertebra

腰椎
lumbar vertebrae

薦骨
（骶骨）
sacrum

尾骨
coccyx

股骨（大腿骨）
femur

脛骨
tibia

腓骨
fibula

跟骨
calcaneus

❸

❹

第3章　骨頭與關節的構造與作用

55

骨頭的作用與分類

依照形狀來分類的骨頭與實例

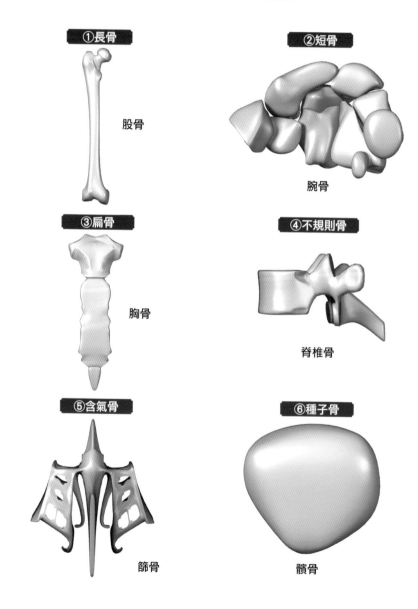

①長骨

股骨

②短骨

腕骨

③扁骨

胸骨

④不規則骨

脊椎骨

⑤含氣骨

篩骨

⑥種子骨

髕骨

● 骨頭的作用

◆**支撐身體**　支撐體重，維持身體姿勢。

• 脊椎・下肢的骨頭。

◆**保護內臟**　保護腦、心臟、肺部等器官不受外部衝擊影響。

• 顱骨　保護腦部。

• 脊柱　製造椎管，保護脊髓。

• 肋骨　保護胸部內部。

• 骨盆　製造骨盆腔，保護骨盆。

◆**讓身體運動**　組成關節，藉由附著在關節上肌肉的收縮來進行運動。

• 四肢的骨頭（肩關節・手肘與前臂關節・手腕關節・髖關節・膝關節・足關節）

◆**儲存鈣質**　體內的鈣質有99%都位於骨頭內，血液或細胞內的鈣質一旦不足，鈣質就會從骨頭中溶出。

◆**造血功能**　在骨頭內部的骨髓中，紅骨髓具備造血功能。停止造血功能的骨髓叫做黃骨髓。

• 髂骨、胸骨等扁骨。

▌依照骨頭形狀來分成6種

❶**長骨**　呈縱長形，兩端的骨骺會變粗，並與其他骨頭形成關節。在骨幹中，由於是中空的管狀，所以也被稱為「管狀骨」。

• 如同肱骨、股骨那樣，常見於四肢。

❷**短骨**　骨頭的長軸與短軸沒什麼差異的方塊狀短骨，骨頭與骨幹沒有區別。雖然缺乏運動性，但能製造出很有彈性的骨骼。

• 腕骨、跗骨。

❸**扁骨**　扁平的薄板狀骨頭。能製造出顱頂。

• 除了額骨、頂骨以外，還有胸骨。

❹**不規則骨**　形狀不規則，且不屬於長骨、短骨、扁骨的骨頭。

• 脊椎骨、臉部、顱骨的許多骨頭。

❺**含氣骨**　具有「與外部相通，能讓空氣進入的空腔」的骨頭。骨頭會因此而變輕。

• 額骨、上頜骨、篩骨等用來構成鼻竇的骨頭。

❻**種子骨**　位於肌腱等處之中，能夠減緩該肌腱與相連骨頭之間的摩擦。關節面被關節軟骨包覆，多見於手部與足部。

• 髕骨是最大的種子骨。

骨頭的構造

• **骨頭的基本構造**　骨頭是由骨膜、骨質、骨髓、軟骨膠等組織所構成，在軟骨膠以外的組織中，還有血管和神經。骨頭表面有1～數個名為營養孔的血管通道。透過與營養孔相連的管道，營養孔就能連接深入骨頭中的隧道狀營養管與髓腔。

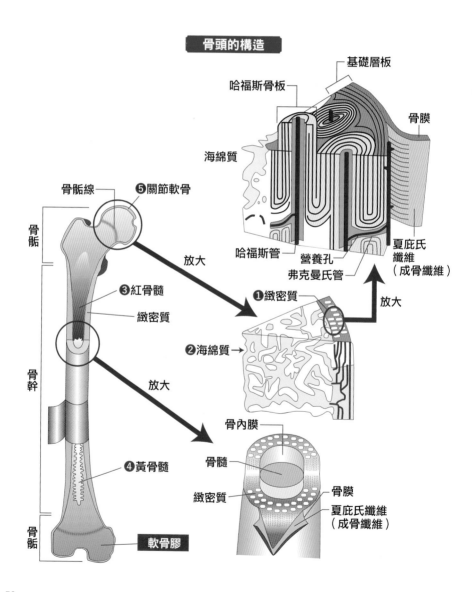

骨頭的構造

基礎層板

哈福斯骨板

骨膜

海綿質

骨骺線　❺關節軟骨

骨骺

放大

哈福斯管　營養孔　夏庇氏纖維（成骨纖維）

弗克曼氏管

❸紅骨髓

緻密質

❶緻密質

放大

❷海綿質→

骨幹

放大

骨內膜

骨髓

❹黃骨髓

緻密質

骨膜

夏庇氏纖維（成骨纖維）

骨骺

軟骨膠

骨膜

除了關節軟骨與肌肉附著部位以外，骨頭表面都會被骨膜這種薄層包覆。骨膜是一種由主要成分膠原纖維所聚集而成的膜狀物。透過名為夏庇氏纖維的結締組織纖維，骨膜能與骨質緊密結合，且能夠看到許多血管與感覺神經。骨膜的作用為，保護骨頭、骨頭粗細程度的成長、骨頭的重生，在骨膜的深層，有能夠製造骨骼組織的成骨細胞，會進行骨質重生。

骨質

❶緻密質　與被稱為緻密質骨層板的薄層互相重疊，形成堅硬的骨質表層。以血管、淋巴管、神經纖維所通過的哈福斯管為中心，被骨層板（哈福斯骨板）圍成同心圓層狀的圓柱狀物體叫做「骨元（osteon，亦稱哈福斯系統）」。另外，哈福斯管會與橫貫骨元之間的弗克曼氏管相連，並連接骨頭表面、髓腔，以及其他的哈福斯管。

❷海綿質　海綿質多見於骨頭內部與骨骺部位，是一種擁有很多空腔的骨骼組織。這些空腔是宛如將纖維仔細地解剖一般的骨小梁所造成的。骨小梁會沿著擠壓、扭曲、彎曲等外力的施加方向排列，將力量分散，提升骨頭強度，使骨頭變得更加柔軟。骨髓會進入骨小梁所造成的空腔，該空腔被稱為骨髓腔。

骨髓

骨髓是用來將「名為髓腔的骨幹內空隙與海綿質的空隙」填滿的細胞組織。大致上可以分成，擁有造血功能的紅骨髓，以及失去造血功能的黃骨髓。

❸紅骨髓　紅骨髓能夠製造紅血球、顆粒性白血球、血小板，由於有豐富的紅血球，所以看起來呈紅色。在誕生後一年，全身各骨骼都有造血作用，不過隨著人體成長，四肢的骨頭會逐漸失去造血功能。

❹黃骨髓　黃骨髓是由於骨髓失去造血功能，而且脂肪細胞增加，所以呈現黃色的骨髓。在成人體內，有約一半的骨髓都會變成黃骨髓。

軟骨膠

❺關節軟骨　如同其名，關節軟骨會包覆「用來連接骨頭與骨頭的關節部位」的表面。關節軟骨能夠一邊使關節的動作變得滑順，一邊減緩施加在關節上的壓力。

●骨骺軟骨　另外，位於成長中的骨頭的骨幹與骨骺之間的軟骨叫做骨骺軟骨。在成長期，骨骺軟骨的成長會導致骨頭的長軸變長。當骨幹逐漸變性，而且骨化過程結束，骨頭就會停止成長。

骨頭從產生到成長

• **骨頭的產生**　骨頭的產生可以分成「軟骨內骨化」與「膜內骨化」這2種系統。依照骨頭種類，產生與成長的速度也不同。人類的骨頭大約會在懷胎第7週開始骨骼化，胎兒出生時，骨骼尚未發育完成，會隨著年齡而持續成長。女性的骨骼大約會在15～16歲時發育完成，男性則是17～18歲。

• **骨頭的成長**　長度與骨骺部位的軟骨（骨骺軟骨）的增生有關，粗細度則與骨膜有關。

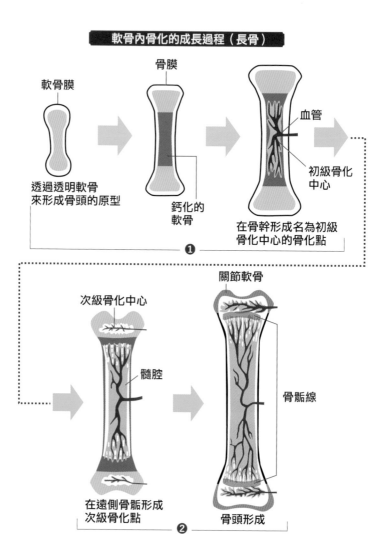

軟骨內骨化的成長過程（長骨）

軟骨膜

透過透明軟骨來形成骨頭的原型

骨膜

鈣化的軟骨

血管

初級骨化中心

在骨幹形成名為初級骨化中心的骨化點

❶

次級骨化中心

髓腔

在遠側骨骺形成次級骨化點

關節軟骨

骨骺線

骨頭形成

❷

◐ 軟骨內骨化

軟骨內骨化形成的原理為,在透明軟骨中產生的骨化點會逐漸地影響到周圍,使軟骨被骨頭取代。這種骨頭叫做「置換骨」、「軟骨性骨」。大部分的骨頭都是透過這種方式形成的。

❶ 透明軟骨產生,形成骨頭的原型

成骨細胞會分泌骨基質,將軟骨組織換成骨組織。像這樣,開始骨化的部分叫做「骨化點」,骨幹部位所產生的骨化點則叫做「初級骨化點」。

❷ 「次級骨化點」也在骨骺的軟骨內出現,骨化持續進行

從各個骨化點開始進行骨化後,殘留在被夾住部分的軟骨叫做「骨骺軟骨」,直到骨骺軟骨最終形成骨骺線為止,軟骨會反覆地增生‧骨化。

▌膜內骨化

膜內骨化的原理為,在骨頭所產生的部位中,名為「間葉」的原始結締組織細胞會分化成成骨細胞,直接發生骨化作用。也被稱為「覆蓋骨」、「膜性骨」。板狀的顱骨與鎖骨等是透過這種方式形成的。

▌骨頭的成長

◆ **長度** 透過骨骺軟骨的增生來提升長度。骨骺軟骨中所產生的成骨細胞會使軟骨組織骨化,骨頭會藉此朝著長軸方向成長。由於過了成長期後,直到骨頭停止成長為止,骨骺軟骨會持續維持一定狀態,所以骨骺軟骨也被稱為生長板。

◆ **粗細** 骨頭的粗細度與骨膜有關。成骨細胞從骨膜中出現後,會在骨膜內部製造骨質,藉由在骨頭表面補充新的骨質,來使骨頭變粗。同時,在骨頭中,破骨細胞會擴大骨頭的內腔,調整骨質的厚度。

▌骨頭的破壞與重生

骨頭也跟皮膚一樣,會進行新陳代謝,不斷地反覆進行破壞與重生。這些過程會透過破骨細胞與成骨細胞來進行,骨頭的破壞叫做「骨吸收」,骨頭的重生則叫做「骨形成」。

破骨細胞原本是一種血液細胞,會透過氧氣或酵素來將老化骨頭溶解,與血液一起運送出去。此過程結束後,成骨細胞就會出現,開始製造膠原蛋白,被血液運送過來的鈣質會沉積,並持續製造新的骨頭。

另外,當骨頭停止成長後,負責骨頭產生與成長的骨膜還是會具備造血功能,當人體出現骨折等緊急情況時,骨膜就會再次開始運作。

骨頭的連結

相鄰的2塊或數塊骨頭會製造用來連接彼此的關節。身為骨頭相連部位的關節大致上可以分成，骨頭能夠活動的可動性連結（可動關節），以及骨頭幾乎不能動的不可動性連結（不動關節）。一般來說，提到「關節」的時候，在狹義上是指這種可動性連結，不包含不可動性連結。

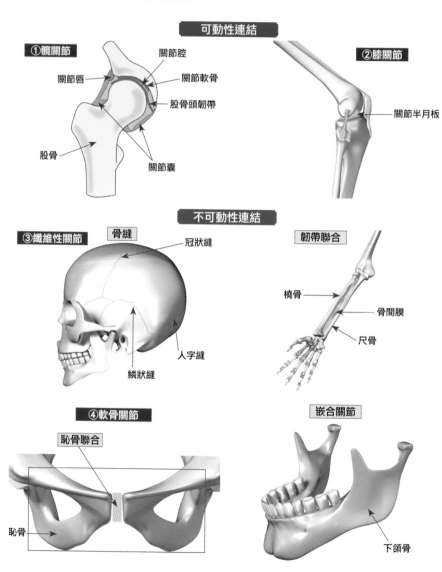

可動性連結

①髖關節

關節唇
關節腔
關節軟骨
股骨頭韌帶
股骨
關節囊

②膝關節

關節半月板

不可動性連結

③纖維性關節　　骨縫

冠狀縫
人字縫
鱗狀縫

韌帶聯合

橈骨
骨間膜
尺骨

④軟骨關節

恥骨聯合
恥骨

嵌合關節

下頜骨

● 可動性連結

在可動性連結中，相連的骨頭之間有縫隙，具備能夠進行彎曲、伸展、旋轉等運動的構造。在可動性連結中，相連的2塊骨頭會在關節面上互相正對。

❶ 凸起部分的關節頭嵌入凹面的關節窩，形成關節（髖關節）

整體被名為關節軟骨的輕薄軟骨層包覆，形成關節囊。關節囊內的空隙叫做關節腔，關節腔內充滿了黏稠性的滑液。因此，可動性連結也被稱為「滑膜性關節」。

❷ 關節的形狀不完整，關節面並非凹凸不平（膝關節）

在互相正對的骨頭之間，有半月狀的纖維軟骨（關節半月板）。半月板也能提升關節的協調性。膝關節的半月板就是這種關節半月板經過發展後所形成的圓盤狀部位。

● 不可動性連結

不可動性連接是指，完全或幾乎不能動的關節。大致上可以分成3種類型。

❸ 纖維性關節

骨頭與骨頭之間充滿了膠原纖維與彈性纖維等結締組織，關節內沒有空隙，幾乎無法動。

- **骨縫** 主要見於顱骨與面骨，透過少許的結締組織來相連。此結締組織一旦骨化，就會形成「骨性聯合」。
- **韌帶聯合** 出現在前臂與小腿骨等處。2塊骨頭之間會透過韌帶或膜性結締組織來相連。
- **嵌合關節** 出現在上頜骨與下頜骨，用來連接齒根與牙槽。如同打釘子般地埋著牙齒。

❹ 軟骨關節

- **纖維軟骨聯合** 將軟骨夾進骨頭與骨頭之間的軟骨關節。如同恥骨聯合等部位那樣，會透過纖維軟骨來連接，僅有些微的可動性。也被稱為「微動關節」。
- **透明軟骨聯合** 透過透明軟骨來連接的關節。也被稱為「軟骨聯合」。

▌骨性聯合

指的是，纖維或軟骨在骨化之後相連而成的部位。出現在額骨、髖骨、薦骨等處。

全身關節的分類

　　根據某種說法，人體全身的關節數量約有350個，有約6成的關節都集中在用來進行特別複雜動作的手腳部位。在這些關節當中，能夠運動的可動關節，可以依照「骨頭數量」、「運動軸」、「形狀」等來進行分類。

依照形狀來為關節分類

①樞紐關節

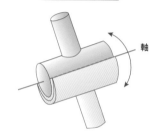

肱尺關節‧指間關節

②車軸關節

近端&遠端橈尺關節‧寰樞正中關節

③橢球關節

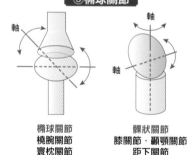

橢球關節
橈腕關節
寰枕關節

髁狀關節
膝關節‧顳顎關節
距下關節

④鞍狀關節

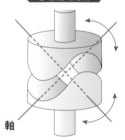

胸鎖關節‧拇指的腕掌關節

⑤球窩關節（杵臼關節）

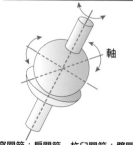

球窩關節：肩關節　　杵臼關節：髖關節

⑥平面關節

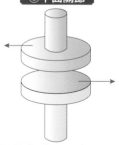

椎間關節（關節突關節）‧肩鎖關節

依照數量來分類

◆**單關節** 由2塊骨頭組成,是最普通的關節。包含了肩關節、髖關節、各指間關節等。

• 肘關節。

◆**複合關節** 由3塊以上骨頭組成的關節。包含了肘關節、膝關節、橈腕關節等。

依照運動軸來分類

◆**一軸關節(單軸關節)** 如同屈伸、前後彎曲等動作,只透過某一個軸來活動的關節。大多為各指間關節。

• 近端橈尺關節、肱尺關節等。

◆**雙軸關節** 如同朝向前後與側面屈伸那樣,以雙軸為中心來活動的關節。

• 寰枕關節、橈腕關節、中指指節的第一個關節等。

◆**多軸關節** 除了前後屈伸、側面屈伸以外,還能進行旋轉等動作。以3軸以上為中心來活動的關節。

• 肩關節、髖關節。

依照形狀來分類

依照關節頭與關節窩的形狀來進行分類。

❶**樞紐關節** 屬於單軸關節,圓柱狀的關節頭會宛如絞鍊般地以圓柱軸為中心,進行轉動。運動方向不是與骨頭的長軸成直角,而是呈現螺旋狀的「螺旋關節」,是樞紐關節的變形之一。

❷**車軸關節** 屬於單軸關節,其中一邊的關節面會宛如車軸般地對著其他關節面轉動。

❸**橢球關節** 關節頭與關節窩呈橢圓球狀(或是其中一部分),屬於不會旋轉的雙軸關節。關節頭並非球面,而且關節較淺的類型叫做「髁狀關節」。由於髁狀關節的運動會受到韌帶等處的限制,所以只能進行1或2個方向的運動。

❹**鞍狀關節** 關節頭與關節窩為馬鞍般的雙曲面,互相正對,關節窩很淺,受到韌帶的限制,只能朝1或2個方向運動。

❺**球窩關節(杵臼關節)** 關節頭呈球狀,關節窩很淺,可動範圍很大的多軸關節。

❻**平面關節** 關節面為平面的關節。可動範圍很小的微動關節也是平面關節的一種。

骨頭的各部位名稱

頭	骨頭前端變圓的部分	囊	將空間或器官包覆住的結構體
頸	在骨頭的頂部位置附近變細的部分	鞘	用來將（肌腱等的）細繩狀物體包起來的構造
體、主幹	長骨的中央長條部分	突（突起）	突出的部分
底	比較粗的骨骺	切跡	宛如被挖開般的切口部分
尖	骨頭前端變細的部分	弓	呈弓狀彎曲的部分
腔	骨頭內部，器官所在空間	脊（嵴）	表面宛如山稜線般的隆起部分
竇	骨頭內部，器官上的大凹陷	棘	宛如尖刺般的部分
蓋	宛如將空間蓋住般的蓋狀構造	髁狀突	骨頭上的圓滑隆起部分
口	通往腔的入口	結節	骨頭表面的瘤狀隆起部分
孔	從表面通往或貫穿內部的孔。主要為血管與神經的通道。	粗隆	骨頭的粗糙表面
窩（凹）	表面上較淺的凹陷	溝	位於髁狀突或稜等隆起部分之間的溝

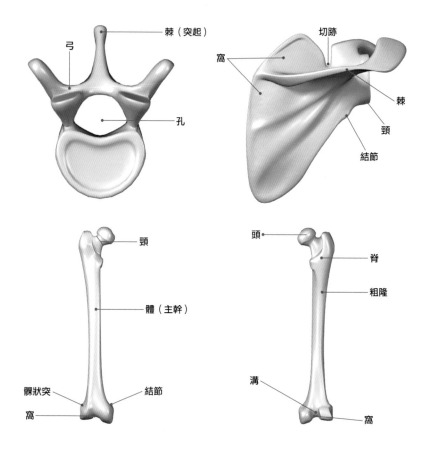

頭部的骨骼

顱骨（頭蓋骨）

- **顱骨的構造**　顱骨是由15種23塊骨頭所構成。可以分成10種用來保護腦部不受傷的「腦顱」，以及5種用來製造顏面骨骼的「面顱（咽顱）」。除了下頜骨與舌骨以外的所有骨頭，都是透過名為「骨縫」的緊密接合部位來互相連接。一般來說，人們習慣使用「頭蓋骨」這個名稱，但在解剖學上，則叫做「顱骨」。

顱骨

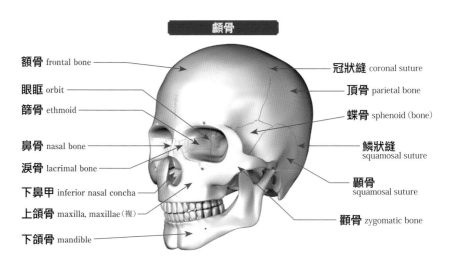

額骨 frontal bone
眼眶 orbit
篩骨 ethmoid
鼻骨 nasal bone
淚骨 lacrimal bone
下鼻甲 inferior nasal concha
上頜骨 maxilla, maxillae（複）
下頜骨 mandible

冠狀縫 coronal suture
頂骨 parietal bone
蝶骨 sphenoid（bone）
鱗狀縫 squamosal suture
顳骨 squamosal suture
顴骨 zygomatic bone

顱骨正面

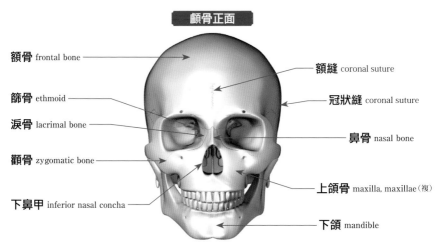

額骨 frontal bone
篩骨 ethmoid
淚骨 lacrimal bone
顴骨 zygomatic bone
下鼻甲 inferior nasal concha

額縫 coronal suture
冠狀縫 coronal suture
鼻骨 nasal bone
上頜骨 maxilla, maxillae（複）
下頜 mandible

腦顱 顱骨之一，主要為容納腦部的部分。
除了額骨、枕骨、蝶骨、篩骨以外，頂骨與顳骨都是成對。顱骨由6種8塊骨頭所構成，也叫做「神經顱骨」。

面顱（咽顱） 顱骨之一，用來形成臉部。
除了下頜骨與犁骨以外，還有成對的上頜骨、顎骨、顴骨、鼻骨、淚骨、下鼻甲，以及舌骨。面顱由9種15塊骨頭 所構成，也叫做「內臟顱骨」。

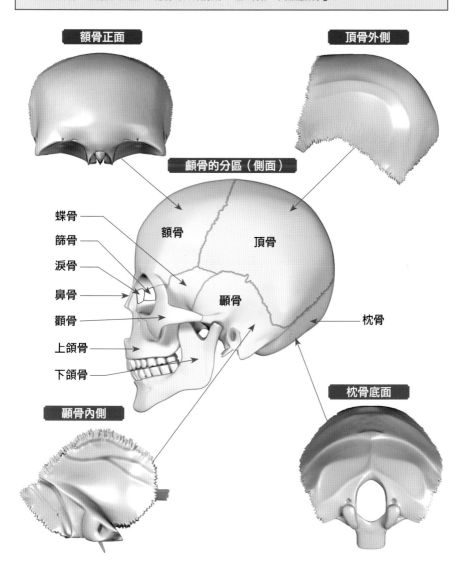

額骨正面

頂骨外側

顱骨的分區（側面）

蝶骨
篩骨
淚骨
鼻骨
顴骨
上頜骨
下頜骨

額骨

頂骨

顳骨

枕骨

顳骨內側

枕骨底面

顱骨・鼻竇

• **鼻竇** 是一個充滿空氣的空腔，位於將鼻腔周圍包圍起來的骨頭內。鼻竇內有上頜竇、額竇、篩竇、蝶竇等。這些部位都與鼻腔相通，而且其內側與鼻腔相同，皆被擁有纖毛的呼吸上皮所包覆。如同鼻腔那樣形成空腔的部分叫做「竇」。

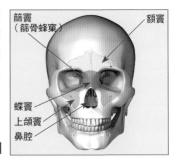

篩竇（篩骨蜂窠） 額竇
蝶竇
上頜竇
鼻腔

鼻竇

顱骨的冠狀剖面圖

從前方觀看太陽穴附近的冠狀面

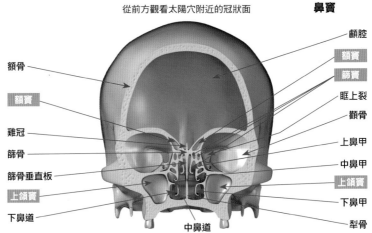

額骨

額竇

雞冠

篩骨

篩骨垂直板

上頜竇

下鼻道

中鼻道

顱腔

額竇

篩竇

眶上裂

顴骨

上鼻甲

中鼻甲

上頜竇

下鼻甲

犁骨

顱骨的矢狀剖面圖

透過矢狀面，從正中央將右側切斷，從內側進行觀察。

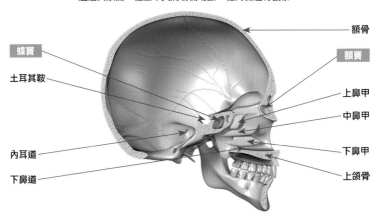

蝶竇

土耳其鞍

內耳道

下鼻道

額骨

額竇

上鼻甲

中鼻甲

下鼻甲

上頜骨

骨縫與囟門

• **骨縫** 顱骨經過骨化後，形成不規則線條的連結部分叫做骨縫。透過骨縫，可以讓骨頭緊緊地相連。

• **囟門** 在新生兒身上，用來組成顱骨的骨頭是不相連的。各個骨頭會隨著成長而逐漸相連。被膜堵塞住的骨頭間縫隙叫做囟門。

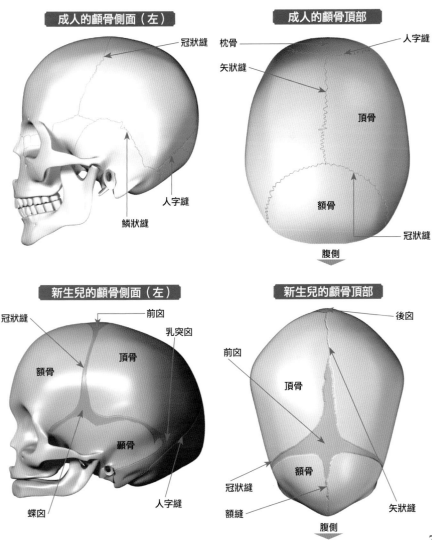

成人的顱骨側面（左）
冠狀縫
人字縫
鱗狀縫

成人的顱骨頂部
枕骨
人字縫
矢狀縫
頂骨
額骨
冠狀縫
腹側

新生兒的顱骨側面（左）
冠狀縫
前囟
乳突囟
頂骨
額骨
顳骨
蝶囟
人字縫

新生兒的顱骨頂部
後囟
前囟
頂骨
額骨
冠狀縫
額縫
矢狀縫
腹側

眼眶

• **眼眶的構造** 位於顱骨的正面中央,用來容納眼球與其附屬器官的成對凹陷骨頭。以額骨為首,與顴骨、篩骨、蝶骨、淚骨、上頜骨、顎骨這7種骨頭有關連。透過眶上裂、視神經管、眶下裂這3個孔來連接顱腔。

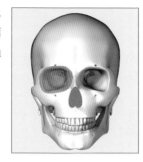

眼眶正面(右)

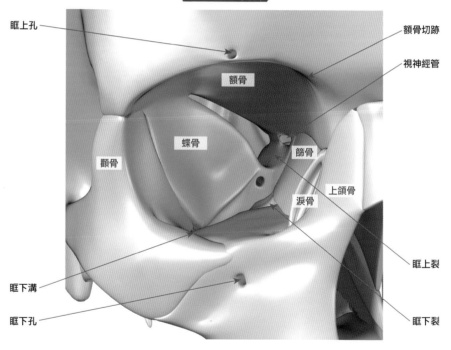

眶上孔
額骨切跡
視神經管
額骨
蝶骨
篩骨
顴骨
上頜骨
淚骨
眶上裂
眶下溝
眶下孔
眶下裂

構成眼眶的骨頭

眶口	額骨、上頜骨、顴骨這3塊骨頭		
眶上緣	額骨	眶下緣	上頜骨、顴骨
眶內側壁(鼻側)	篩骨、蝶骨、上頜骨、淚骨	眶上壁(眶頂)	額骨、蝶骨的一部分
眶下壁(眶底)	上頜骨、顴骨、顎骨	眶外側壁(顳部)	蝶骨、顴骨

聽小骨與耳朵的構造

• **耳朵的構造** ◆半規管 此器官連接內耳的前庭，掌管平衡感。◆前庭 內耳的骨性迷路，位於耳蝸與半規管之間。與半規管一起掌管平衡感。◆耳蝸 位於內耳的空腔，含有負責掌管聽覺的耳蝸管。

• **聽小骨** 位於中耳內的3種骨頭（錘骨、砧骨、鐙骨）的總稱。在人體當中是最小的骨頭。聽小骨相連之後，能夠將聲音的振動傳到內耳。

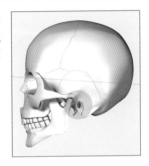

▌耳朵能聽到聲音的原理

◆**收集聲音（外耳）** 收集聲音的振動，使其通過外耳道，讓鼓膜振動。

◆**增強聲音（中耳）** 鼓膜的振動會傳給聽小骨，得到增幅。

◆**將聲音傳到腦部（內耳）** 由耳蝸、前庭、半規管這3個部分所構成，也被稱為「骨性迷路」。經由內耳神經，將聲音傳達到大腦，使聲音被大腦理解。

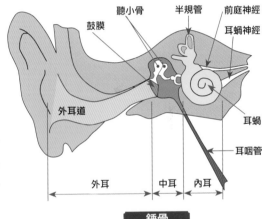

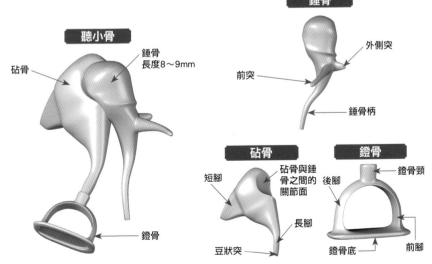

73

蝶骨

位於顱底中央，前方可達鼻腔。各種血管與神經所通過的孔貫穿了蝶骨。在中央的主體部位（蝶骨體），有大翼、小翼、翼狀突這3個呈現翼狀的部分。這些部分原本是分開的，在出生後一年內才癒合，形成一塊骨頭。由於看起來有如蝴蝶展翅，所以才有這個名稱。

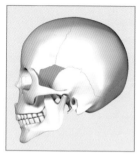

①蝶骨正面

小翼　蝶骨脊　蝶竇口

眶上裂

蝶骨體

翼管

大翼眶面

圓孔

外側板

內側板

翼狀突

正面

頂部

②蝶骨頂部

小翼

土耳其鞍

大翼

棘孔

卵圓孔

垂體窩

前床突

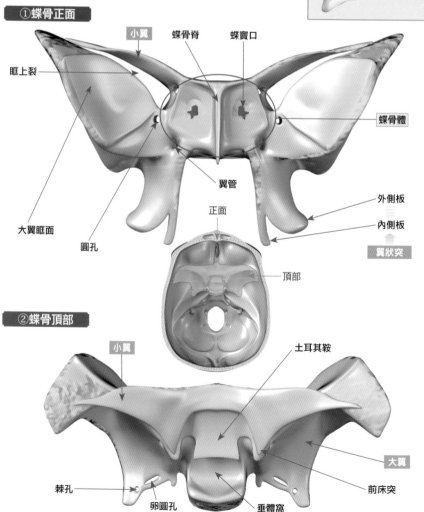

篩骨

　　與額骨眼眶部位的篩骨切跡吻合，構成鼻腔與眼眶的一部分。由「嗅神經的嗅球所附著的篩板」、「用來形成鼻中隔一部分的垂直板」、「被區分成蜂窩狀的骨性迷路」這3個部分所構成。如同「篩子」那樣，嗅神經所通過的孔是許多打開的孔，所以因此得名。

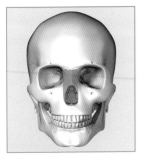

顱骨冠狀剖面圖（右）

雞冠
垂直板
中鼻甲
犁骨

顱骨矢狀剖面圖

土耳其鞍
雞冠
額竇
鼻骨
垂直板
犁骨
上頜骨

篩骨正面

雞冠
篩骨蜂窠
上鼻甲
眶板
中鼻甲
垂直板

篩骨頂部

垂直板
雞冠
篩板
篩骨蜂窠
眶板
篩骨迷路

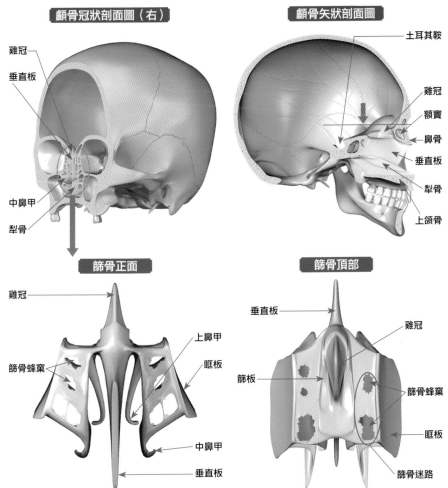

顴骨・鼻骨・淚骨・犁骨

- **顴骨**　也稱為「臉頰骨」，是臉頰上部的隆起所形成的骨頭。左右成對，有顴突與額突這2個突起部分，從正面看的話，會呈現菱形。
- **鼻骨**　從上前方將鼻腔包覆住的左右成對骨頭。位於眉間正下方，會打造出鼻根與鼻背上部的基礎。
- **淚骨**　用來構成眼眶內側壁與前下部的左右成對薄骨，與鼻腔和眼眶相連。
- **犁骨**　與篩骨一起組成鼻中隔的後下部。非常薄，呈現「鐵鏟」般的形狀。

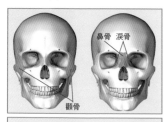

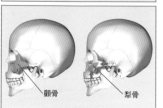

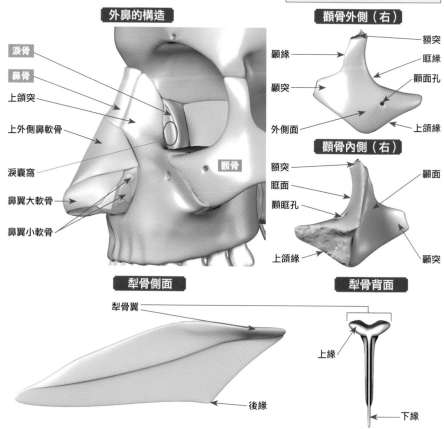

外鼻的構造

淚骨
鼻骨
上頜突
上外側鼻軟骨
淚囊窩
鼻翼大軟骨
鼻翼小軟骨
顴骨

顴骨外側（右）

顳緣
顴突
外側面
額突
眶緣
顴面孔
上頜緣

顴骨內側（右）

額突
眶面
顴眶孔
上頜緣
顳面
顳突

犁骨側面

犁骨翼
後緣

犁骨背面

上緣
下緣

顎骨・舌骨

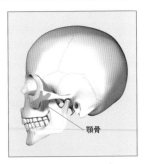

顎骨

• **顎骨** 位於臉部中央與上頜骨後方的左右對稱骨頭，用來構成骨顎與鼻腔側壁。由水平板與垂直板這2塊骨板，以及3個突起（錐突、眶突、蝶突）所組成。

• **舌骨** 呈U字形，位於甲狀軟骨（喉結）上方、下頜與咽頭之間，大約與第3頸椎一樣高。舌骨與其他骨頭之間沒有關節，而是被頸部的肌肉支撐著。舌骨本身則支撐著舌根。

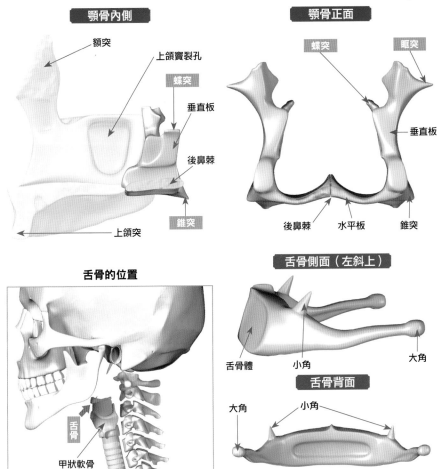

顎骨內側

額突

上頜竇裂孔

蝶突

垂直板

後鼻棘

錐突

上頜突

顎骨正面

蝶突　眶突

垂直板

後鼻棘　水平板　錐突

舌骨的位置

舌骨

甲狀軟骨

舌骨側面（左斜上）

舌骨體　小角　大角

舌骨背面

大角　小角

上頜骨・下頜骨

• **上頜骨**　與前頜骨癒合後所形成的骨頭，占了上頜的大部分。構成了眶底、鼻腔側壁、鼻腔底、口腔上顎，與下頜骨一起組成口腔。

• **下頜骨**　在顱骨的面骨當中，是最大塊的骨頭，呈現U字形。在左右兩端，會與顳骨一起形成顳顎關節。大致上可以分成中央的下頜體與兩端的下頜枝。

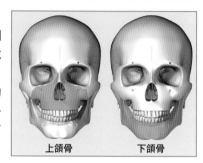

上頜骨　　　　　下頜骨

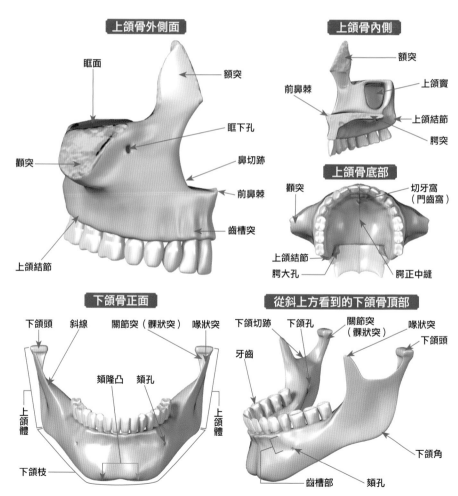

上頜骨外側面

眶面
額突
眶下孔
顴突
鼻切跡
前鼻棘
齒槽突
上頜結節

上頜骨內側

額突
前鼻棘
上頜竇
上頜結節
腭突

上頜骨底部

顴突
切牙窩（門齒窩）
上頜結節
腭大孔
腭正中縫

下頜骨正面

下頜頭　斜線　關節突（髁狀突）　喙狀突
頦隆凸　頦孔
上頜體
上頜體
下頜枝

從斜上方看到的下頜骨頂部

下頜切跡　下頜孔　關節突（髁狀突）　喙狀突
下頜頭
牙齒
下頜角
齒槽部　頦孔

上肢的骨骼與關節

上肢的骨骼與關節

　　上肢的骨骼可以分成上肢帶骨與自由上肢骨。上肢帶骨也叫做肩帶，指的是，用來將「肱骨以下的自由上肢骨」與軀幹的骨骼連接起來的骨頭的總稱。上肢帶骨由肩胛骨與鎖骨所組成。自由上肢骨指的是，從肱骨、前臂的橈骨、尺骨到手部的指尖。

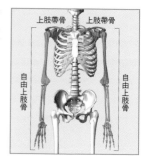

上肢帶骨　上肢帶骨
自由上肢骨　自由上肢骨

上肢正面（右）

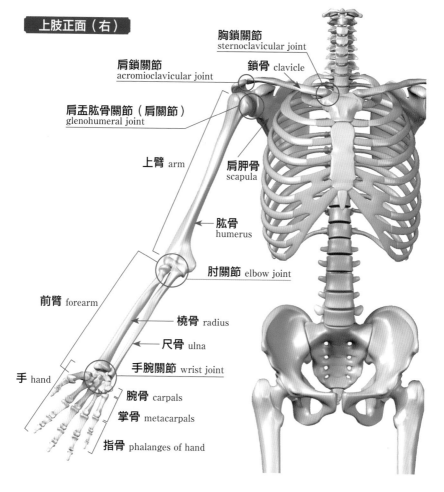

胸鎖關節　sternoclavicular joint

肩鎖關節　acromioclavicular joint

鎖骨　clavicle

肩盂肱骨關節（肩關節）　glenohumeral joint

上臂　arm

肩胛骨　scapula

肱骨　humerus

肘關節　elbow joint

前臂　forearm

橈骨　radius

尺骨　ulna

手　hand

手腕關節　wrist joint

腕骨　carpals

掌骨　metacarpals

指骨　phalanges of hand

| 上肢帶骨 | 鎖骨、肩胛骨 |

自由上肢骨
肱骨、橈骨、尺骨、腕骨、掌骨、指骨

上肢的關節
胸鎖關節、肩鎖關節、肩關節、肘關節、手腕關節

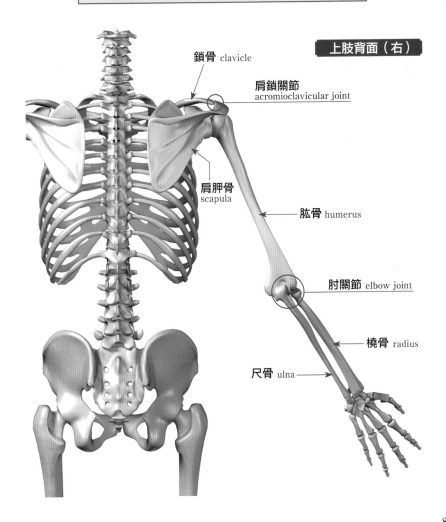

上肢背面（右）

鎖骨 clavicle

肩鎖關節
acromioclavicular joint

肩胛骨
scapula

肱骨 humerus

肘關節 elbow joint

橈骨 radius

尺骨 ulna

上肢表面與鎖骨・肩胛骨

• **鎖骨** 左右成對的骨頭，位於胸廓上方的正面，大致上呈水平，形狀為平緩的S形。與肩胛骨一起構成上肢帶骨，負責連接上肢與軀幹。

• **肩胛骨** 成對的三角形扁平骨，位於左右肩膀的背面。含有幾個突起，與肱骨頭之間形成肩盂肱骨關節（肩關節），與鎖骨之間形成肩鎖關節。

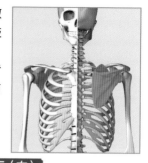

上肢表面與鎖骨

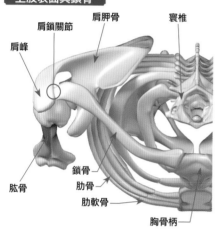

肩鎖關節　肩胛骨　　寰椎
肩峰
肩峰
肱骨
鎖骨
肋骨
肋軟骨
胸骨柄

肩胛骨外側面（右）

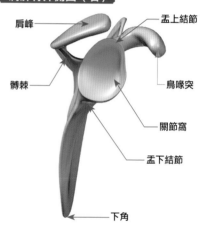

肩峰　　　　　盂上結節
髆棘　　　　　鳥喙突
　　　　　　　關節窩
　　　　　　　盂下結節
　　　　　　　下角

肩胛骨背面（右）

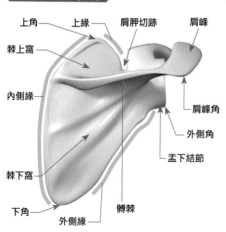

上角　上緣　肩胛切跡　肩峰
棘上窩
內側緣
　　　　　　肩峰角
　　　　　　外側角
　　　　　　盂下結節
棘下窩
下角　　髆棘
　外側緣

肩胛骨正面（右）

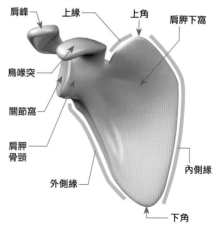

肩峰　上緣　　　上角
　　　　　　　　肩胛下窩
鳥喙突
關節窩
肩胛骨頸
外側緣
　　　　　　　內側緣
　　　　下角

肱骨・橈骨・尺骨

• **肱骨** 從上臂、肩關節往下延伸的自由上肢骨之一。屬於長骨，上方透過肩關節與肩胛骨相連，下方透過肘關節來連接橈骨和尺骨。

• **橈骨** 位於前臂拇指側的骨頭，近端與尺骨一起連接肱骨，形成肘關節，遠端則與腕骨相連，形成手腕關節。

• **尺骨** 位於前臂小指側的骨頭，與橈骨一起連接肱骨，形成肘關節。

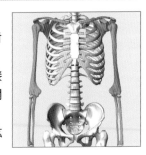

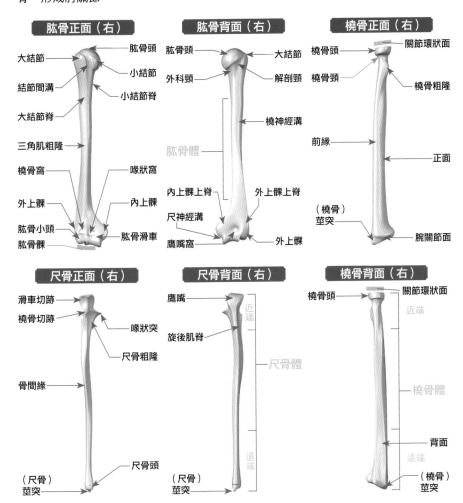

肱骨正面（右）

- 大結節
- 結節間溝
- 大結節脊
- 三角肌粗隆
- 橈骨窩
- 外上髁
- 肱骨小頭
- 肱骨髁
- 肱骨頭
- 小結節
- 小結節脊
- 喙狀窩
- 內上髁
- 肱骨滑車

肱骨背面（右）

- 肱骨頭
- 外科頸
- 肱骨體
- 內上髁上脊
- 尺神經溝
- 鷹嘴窩
- 大結節
- 解剖頸
- 橈神經溝
- 外上髁上脊
- 外上髁

橈骨正面（右）

- 橈骨頭
- 橈骨頸
- 前緣
- （橈骨）莖突
- 關節環狀面
- 橈骨粗隆
- 正面
- 腕關節面

尺骨正面（右）

- 滑車切跡
- 橈骨切跡
- 喙狀突
- 尺骨粗隆
- 骨間緣
- （尺骨）莖突
- 尺骨頭

尺骨背面（右）

- 鷹嘴
- 旋後肌脊
- 近端
- 尺骨體
- 遠端
- （尺骨）莖突

橈骨背面（右）

- 橈骨頭
- 關節環狀面
- 近端
- 橈骨體
- 背面
- 遠端
- （橈骨）莖突

83

肩胛區的關節構造

• **何謂肩關節**　用來進行「舉起、轉動手臂」等各種上肢動作的肩胛區關節，是由「肩盂肱骨關節、肩鎖關節、胸鎖關節」這3種解剖學關節（anatomical joint），以及「肩峰下關節、肩胛胸廓關節」這2種功能性關節所構成，並被稱為「肩部複合體」。一般來說，由肩部複合體所組成的關節叫做肩關節（廣義），在狹義上，則是指由肩胛骨與肱骨所構成的肩盂肱骨關節。肩關節雖然擁有很大的可動區域，但同時也是最容易脫臼的不穩定關節。

肩胛區的關節的各部位名稱

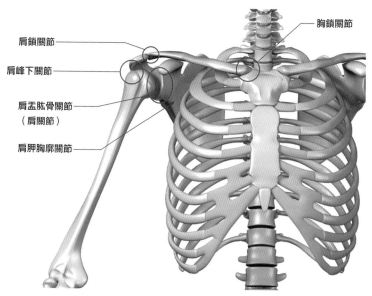

胸鎖關節

肩鎖關節

肩峰下關節

肩盂肱骨關節
（肩關節）

肩胛胸廓關節

**肩胛骨與肱骨是
不穩定的球窩關節**

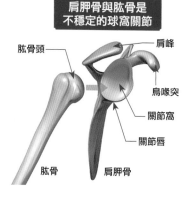

肱骨頭

肩峰

鳥喙突

關節窩

關節唇

肱骨　　肩胛骨

能夠提升穩定性的組織

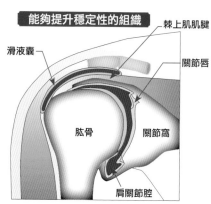

棘上肌肌腱

滑液囊

關節唇

肱骨

關節窩

肩關節腔

肩關節·肩鎖關節·胸鎖關節的韌帶

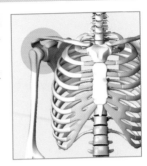

- **肩關節（肩盂肱骨關節）的韌帶** 由肩鎖韌帶、喙鎖韌帶、喙肩韌帶、盂肱韌帶等所構成。盂肱韌帶可以分成上、中、下3個區域。
- **肩鎖關節的韌帶** 在鎖骨與肩胛骨的連接處，有個平面關節，其正面會變得又硬又厚，並形成肩鎖韌帶。
- **胸鎖關節的韌帶** 胸鎖關節是一種較淺的鞍狀關節，透過關節盤，能夠發揮球窩關節般的作用。

肩關節正面（右）

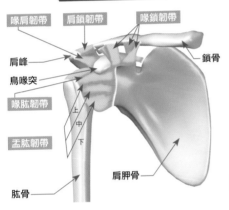

喙肩韌帶　肩鎖韌帶　喙鎖韌帶
肩峰
鳥喙突
喙肱韌帶
盂肱韌帶
上
中
下
肱骨
鎖骨
肩胛骨

肩鎖關節正面（右）

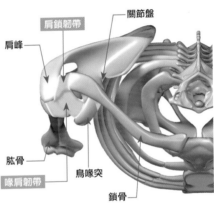

關節盤
肩鎖韌帶
肩峰
肱骨
喙肩韌帶
鳥喙突
鎖骨

胸鎖關節正面（右）

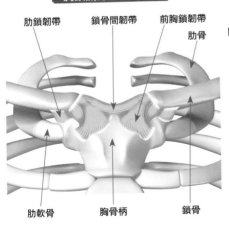

肋鎖韌帶　鎖骨間韌帶　前胸鎖韌帶
肋骨
肋軟骨　胸骨柄　鎖骨

胸鎖關節的冠狀剖面圖

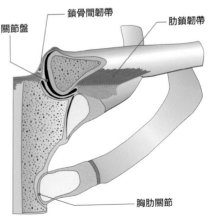

鎖骨間韌帶
關節盤
肋鎖韌帶
胸肋關節

肘關節與韌帶・橈尺關節・骨間膜

• **肘關節** 一般來說，人們將「由肱骨和尺骨所構成的肱尺關節」、「由肱骨和橈骨所構成的肱橈關節」這2者稱為肘關節。

• **橈尺關節** 用來連接前臂的橈骨與尺骨的2個關節。兩者皆為單軸的車軸關節，基本上，橈骨會圍繞在尺骨周圍。

• **骨間膜** 從橈骨朝著尺骨斜向延伸的纖維性堅固薄膜。

上肢正面（右）

肱骨

肱尺關節

肱橈關節

橈骨

前臂骨間膜

近端橈尺關節

遠端橈尺關節

運動軸

尺骨

莖突

肱橈關節與肱尺關節

肘關節 {肱尺關節 肱橈關節}

肱骨滑車

肱骨小頭

橈骨關節窩

尺骨滑車切跡

橈骨與尺骨的近端關節面

關節環狀面

鷹嘴

橈骨

尺骨

橈骨頭

近端橈尺關節

滑車切跡

肘關節正面

肱骨

橈側副韌帶

關節囊

橈骨環狀韌帶

內側副韌帶

橈骨

尺骨

肘關節外側面

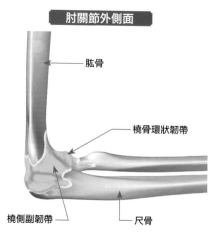

肱骨

橈骨環狀韌帶

橈側副韌帶

尺骨

腕骨・掌骨・指骨

• **腕骨** 排列在手根部上的8塊短骨的總稱。這8塊骨頭還可以再分成2組，每組4塊。橈骨・尺骨側的4塊骨頭叫做近側腕骨，掌骨側的4塊骨頭則叫做遠側腕骨。

• **掌骨** 所謂的「手部」骨頭是由，與遠側腕骨相連的第1～第5掌骨，以及用來連接各個掌骨的指骨所構成。指骨由近節指骨、中節指骨、遠節指骨所組成，各自可以分成基部、骨幹、頭部。

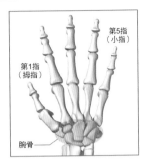

第5指（小指）

第1指（拇指）

腕骨

腕骨背側面（右）

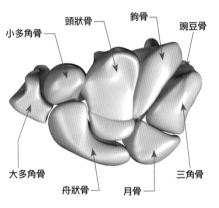

小多角骨
頭狀骨
鉤骨
豌豆骨
大多角骨
舟狀骨
月骨
三角骨

腕骨掌側面（右）

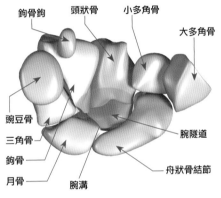

鉤骨鉤
頭狀骨
小多角骨
大多角骨
豌豆骨
三角骨
鉤骨
月骨
腕溝
腕隧道
舟狀骨結節

掌骨・指骨（右手的背側）

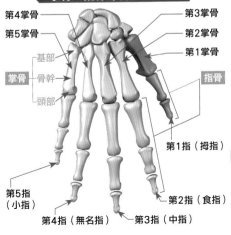

第4掌骨
第5掌骨
基部
掌骨
骨幹
頭部
第3掌骨
第2掌骨
第1掌骨
指骨
第1指（拇指）
第5指（小指）
第4指（無名指）
第3指（中指）
第2指（食指）

掌骨・指骨（右手的掌側）

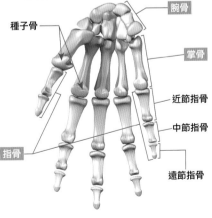

種子骨
腕骨
掌骨
近節指骨
中節指骨
指骨
遠節指骨

手腕關節・指間關節・手部韌帶

• **手腕關節**　由8塊腕骨與包含橈骨與尺骨在內的10塊骨頭所構成的手腕複合關節。5塊近節指骨、4塊中節指骨、5塊遠節指骨組成了5根手指的骨頭，以及手部各處的關節。

• **手部韌帶**　各個關節部位都帶有韌帶。韌帶比肌腱硬，而且不太會伸縮。韌帶能夠增強關節，協助關節進行動作。

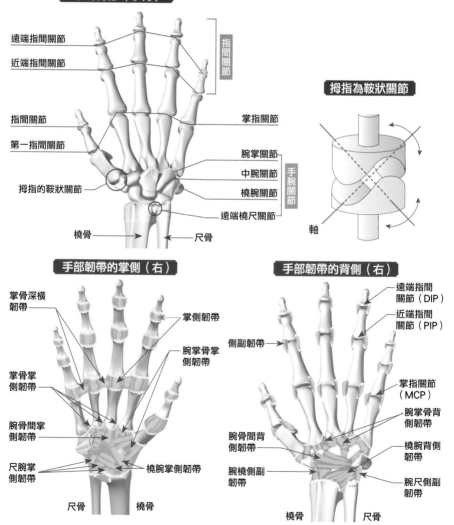

手的背部（手背）

遠端指間關節
近端指間關節
指間關節
第一指間關節
拇指的鞍狀關節
橈骨
尺骨
指間關節
掌指關節
腕掌關節
中腕關節
橈腕關節
遠端橈尺關節
手腕關節

拇指為鞍狀關節

軸

手部韌帶的掌側（右）

掌骨深橫韌帶
掌骨掌側韌帶
腕骨間掌側韌帶
尺腕掌側韌帶
掌側韌帶
腕掌骨掌側韌帶
橈腕掌側韌帶
尺骨
橈骨

手部韌帶的背側（右）

遠端指間關節（DIP）
近端指間關節（PIP）
側副韌帶
掌指關節（MCP）
腕掌骨背側韌帶
橈腕背側韌帶
腕橈側副韌帶
腕尺側副韌帶
腕骨間背側韌帶
橈骨
尺骨

軀幹的骨骼與關節

軀幹的骨骼與關節

• **何謂軀幹**　身體的中心部位大致上可以分成「脊柱」
與「胸廓」。脊柱是由頸椎、胸椎、腰椎、薦骨、尾骨
所構成，用來支撐頭部與軀幹。胸廓是由1塊胸骨與12
對胸椎‧肋骨所組成，用來保護肺部與心臟等器官。薦
骨會形成骨盆，擔任支撐身體的根基角色。

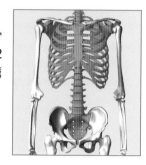

軀幹正面

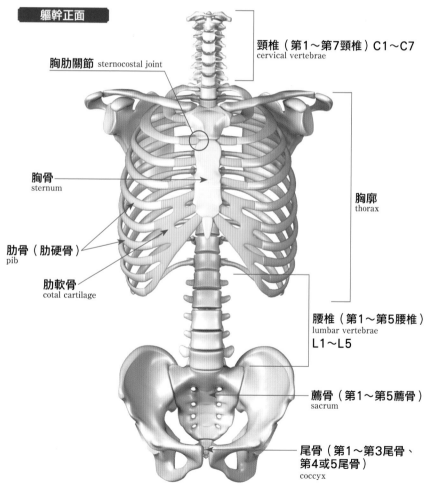

胸肋關節 sternocostal joint

頸椎（第1～第7頸椎）C1～C7
cervical vertebrae

胸骨
sternum

胸廓
thorax

肋骨（肋硬骨）
pib

肋軟骨
cotal cartilage

腰椎（第1～第5腰椎）
lumbar vertebrae
L1～L5

薦骨（第1～第5薦骨）
sacrum

尾骨（第1～第3尾骨、
第4或5尾骨）
coccyx

脊柱
頸椎‧7塊、胸椎‧12塊、腰椎‧5塊、薦骨‧1塊（5塊薦椎）、
尾骨‧1塊（3~5塊尾椎）

胸廓
胸骨‧1塊、胸椎‧12塊、肋骨‧12對

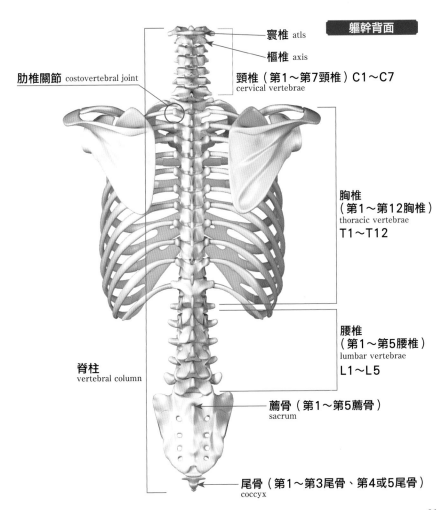

軀幹背面

寰椎 atls

樞椎 axis

頸椎（第1~第7頸椎）C1~C7
cervical vertebrae

肋椎關節 costovertebral joint

胸椎
（第1~第12胸椎）
thoracic vertebrae
T1~T12

腰椎
（第1~第5腰椎）
lumbar vertebrae
L1~L5

脊柱
vertebral column

薦骨（第1~第5薦骨）
sacrum

尾骨（第1~第3尾骨、第4或5尾骨）
coccyx

脊柱與脊椎骨

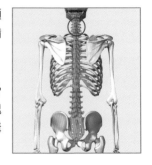

• **脊柱**　位於背部中央，用來支撐身體的脊骨。由7塊頸椎、12塊胸椎、5塊腰椎所構成。這些部位由24塊具備可動性的椎骨、薦骨、尾骨所組成。上方與顱骨相連，下方則連接髖骨。

• **脊椎骨**　用來組成脊柱的各個骨頭。32～34塊脊椎骨會透過椎間盤來互相連接。在頸椎、胸椎、腰椎的24塊脊椎骨當中，除了第1、第2頸椎以外，都擁有共通的構造。

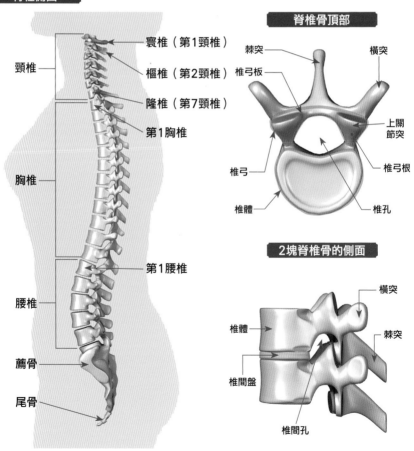

脊柱側面

頸椎

胸椎

腰椎

薦骨

尾骨

環椎（第1頸椎）
樞椎（第2頸椎）
隆椎（第7頸椎）
第1胸椎

第1腰椎

脊椎骨頂部

棘突
椎弓板
椎弓
椎體
橫突
上關節突
椎弓根
椎孔

2塊脊椎骨的側面

椎體
橫突
棘突
椎間盤
椎間孔

頸椎與寰椎・樞椎

• **頸椎** 由脊柱上部的7塊脊椎骨組成的「頸骨」。能夠讓頸部做出轉動與前後伸縮等動作，在脊柱中，是可動性最高的骨頭，因此第1與第2頸椎擁有特殊的構造。

• **寰椎、樞椎** 脊柱最上面第一個椎骨叫做寰椎，第二個則叫做樞椎。寰椎沒有椎體與棘突，呈現環狀。樞椎的特徵為，從椎體的頭部側面朝上方突出的「齒突」。

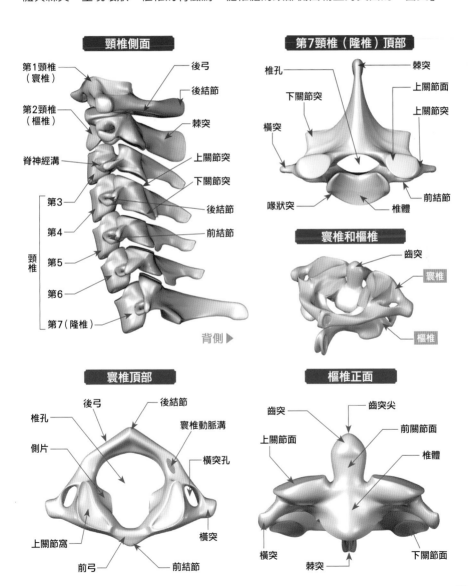

頸椎側面

- 第1頸椎（寰椎）
- 第2頸椎（樞椎）
- 脊神經溝
- 第3
- 第4
- 第5
- 第6
- 第7（隆椎）
- 頸椎
- 後弓
- 後結節
- 棘突
- 上關節突
- 下關節突
- 後結節
- 前結節
- 背側▶

第7頸椎（隆椎）頂部

- 椎孔
- 下關節突
- 橫突
- 喙狀突
- 棘突
- 上關節面
- 上關節突
- 前結節
- 椎體

寰椎和樞椎

- 齒突
- 寰椎
- 樞椎

寰椎頂部

- 後弓
- 後結節
- 椎孔
- 寰椎動脈溝
- 側片
- 橫突孔
- 上關節窩
- 橫突
- 前弓
- 前結節

樞椎正面

- 齒突
- 齒突尖
- 上關節面
- 前關節面
- 椎體
- 橫突
- 棘突
- 下關節面

胸椎·腰椎

• **胸椎**　連接頸椎的12塊脊椎骨。與肋骨、胸骨一起構成胸廓。透過位於側面的「肋凹」來連接肋骨。

• **腰椎**　位於胸椎下方（也就是所謂的腰部）的5塊脊椎骨。在脊椎骨當中，形狀最大。愈往下，椎體的寬度愈寬。在高度方面，則是第3、第4腰椎最高。

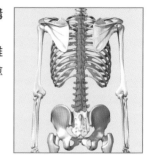

胸椎側面圖

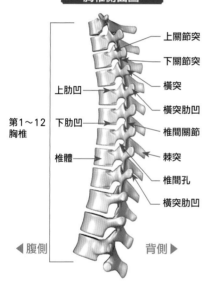

第1～12 胸椎

- 上關節突
- 下關節突
- 橫突
- 橫突肋凹
- 椎間關節
- 棘突
- 椎間孔
- 橫突肋凹

上肋凹
下肋凹
椎體

◀腹側　　背側▶

腰椎側面

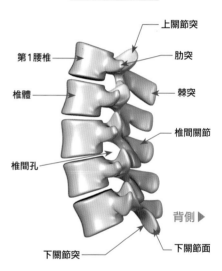

第1腰椎
椎體
椎間孔

- 上關節突
- 肋突
- 棘突
- 椎間關節

下關節突
下關節面

背側▶

●腰椎間盤突出症

在脊椎當中，腰椎是承受最多負荷的部位，也是腰痛原因所在的場所。椎間盤內的髓核會突出，引發「椎間盤突出」等症狀，壓迫神經。

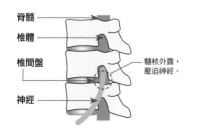

脊髓
椎體
椎間盤
神經

髓核外露，壓迫神經。

腰椎頂部

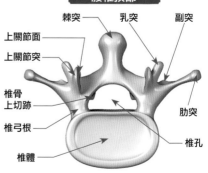

- 棘突
- 乳突
- 副突
- 上關節面
- 上關節突
- 椎骨上切跡
- 椎弓根
- 椎體
- 肋突
- 椎孔

薦骨・尾骨

• **薦骨**　倒三角形的薦骨位於脊柱最下方，與腰椎相連。在新生兒體內，5塊薦椎原本是分離的，後來才癒合，形成薦骨。

• **尾骨**　位於薦骨下方的骨頭，也被稱為「尾骶骨」。是由3～5塊尾椎所癒合而成。在成人體內，尾骨也會與薦骨癒合。與髖骨一起構成骨盆。

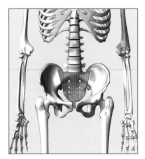

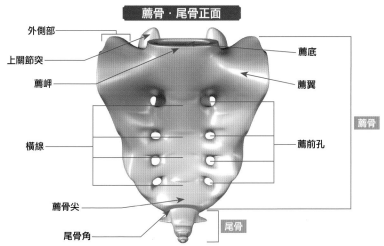

薦骨・尾骨正面

- 外側部
- 上關節突
- 薦岬
- 橫線
- 薦骨尖
- 尾骨角
- 薦底
- 薦翼
- 薦前孔
- 薦骨
- 尾骨

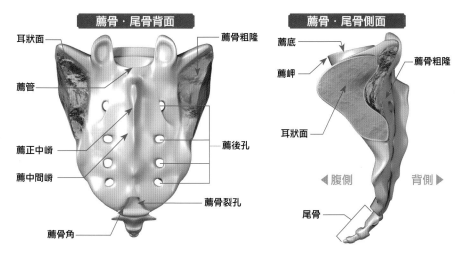

薦骨・尾骨背面

- 耳狀面
- 薦管
- 薦正中嵴
- 薦中間嵴
- 薦骨角
- 薦骨粗隆
- 薦後孔
- 薦骨裂孔

薦骨・尾骨側面

- 薦底
- 薦岬
- 耳狀面
- 薦骨粗隆
- ◀腹側
- 背側▶
- 尾骨

胸廓・胸骨

- **胸廓**　位於軀幹的上半部，用來保護心臟、肺臟等器官。由12個胸椎、與各個胸椎相連的12對（24根）肋骨、位於胸部中央的胸骨所構成。
- **胸骨**　位於胸廓中央的縱長形扁平骨。透過肋軟骨來連接肋骨。可以分成胸骨柄、胸骨體、劍突這3個部位。

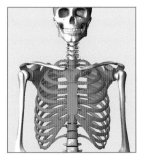

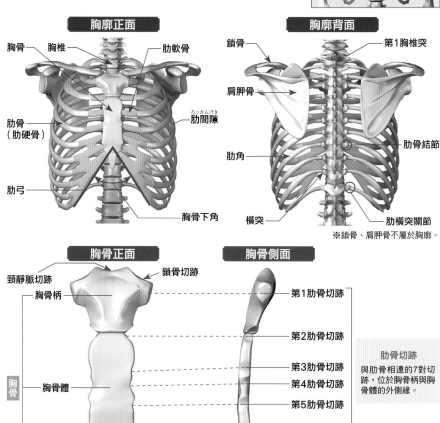

胸廓正面

胸骨　胸椎　肋軟骨　肋骨（肋硬骨）　肋間隙　肋弓　胸骨下角

胸廓背面

鎖骨　第1胸椎突　肩胛骨　肋骨結節　肋角　橫突　肋橫突關節

※鎖骨、肩胛骨不屬於胸廓。

胸骨正面

頸靜脈切跡　鎖骨切跡　胸骨柄　胸骨體　劍突　劍胸關節　胸骨

胸骨側面

第1肋骨切跡　第2肋骨切跡　第3肋骨切跡　第4肋骨切跡　第5肋骨切跡　第6肋骨切跡　第7肋骨切跡

肋骨切跡
與肋骨相連的7對切跡，位於胸骨柄與胸骨體的外側緣。

肋骨

• **肋骨** 就是所謂的「肋部」。左右各有12根，合計24根。在後側，會各自透過相同編號的胸椎來連接胸骨，在前側，則會透過肋軟骨來連接胸骨，藉此來構成胸廓。第1～第7肋骨叫做真肋，第8～第12肋骨則叫做假肋。第11與12肋骨特別被稱作浮動肋骨（浮肋），在腹壁中呈現游離狀態。

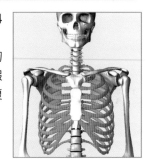

胸廓正面

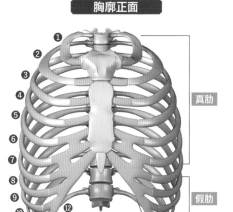

① ② ③ ④ ⑤ ⑥ ⑦ ⑧ ⑨ ⑩ ⑪ ⑫

真肋

假肋

浮動肋骨

肋骨後側面

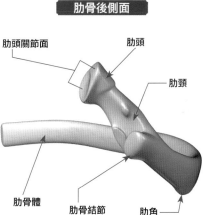

肋頭關節面　肋頭

肋頸

肋骨體　肋骨結節　肋角

肋骨外側面

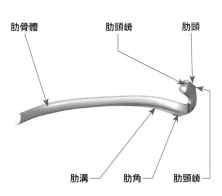

肋頭　鎖骨下動脈溝

肋骨結節　前斜角肌結節

肋骨內側面（右）

肋骨體　肋頭嵴　肋頭

肋溝　肋角　肋頸嵴

脊椎的正確曲線（alignment）

　　由約30塊骨頭所組成的脊柱會畫出一道名為「生理上的彎曲」的平緩曲線。此曲線也是用來支撐很重的頭部。理想的曲線為，薦骨的薦底與水平面之間呈現約30度的傾斜。如果持續採取不平衡的姿勢，生理上的彎曲就會變形，引發彎曲幅度很小的「平背」、胸椎後彎幅度很大的「駝背」、頸椎前彎幅度很小的「直頸症」等情況，導致肌肉、韌帶、骨頭、椎間盤等處受損。

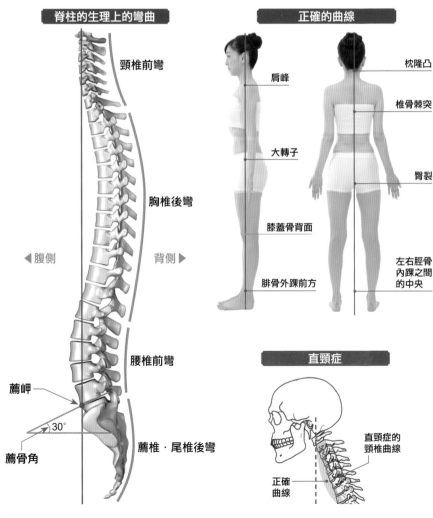

脊柱的生理上的彎曲

頸椎前彎

胸椎後彎

◀腹側　　　背側▶

腰椎前彎

薦岬

30°

薦骨角

薦椎‧尾椎後彎

正確的曲線

枕隆凸

肩峰

椎骨棘突

大轉子

臀裂

膝蓋骨背面

左右脛骨內踝之間的中央

腓骨外踝前方

直頸症

直頸症的頸椎曲線

正確曲線

肋椎關節・胸肋關節

• **肋椎關節** 由12對肋骨與胸椎所組成的關節，可以分成肋頭關節與肋橫突關節這2個關節。◆肋頭關節是位於胸椎體的肋頭與肋凹之間的關節。關節被關節囊輕輕地包住。◆肋橫突關節是「肋骨結節的關節部位」與「相同編號的胸椎的橫突前端」之間的關節，在第11、12肋骨中，沒有肋骨腔，並會形成韌帶聯合。

• **胸肋關節** 第1～第7肋骨的前方會形成肋軟骨，透過此關節來連接胸骨的肋骨切跡。其中，第1肋骨會與胸骨直接相連，所以被稱為「胸肋軟骨聯合」。

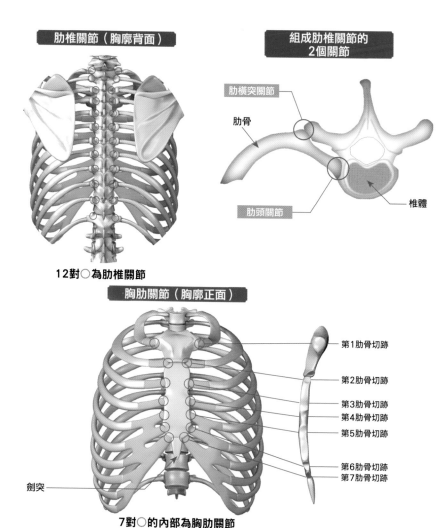

肋椎關節（胸廓背面）

12對○為肋椎關節

組成肋椎關節的2個關節

肋橫突關節
肋骨
肋頭關節
椎體

胸肋關節（胸廓正面）

第1肋骨切跡
第2肋骨切跡
第3肋骨切跡
第4肋骨切跡
第5肋骨切跡
第6肋骨切跡
第7肋骨切跡

劍突

7對○的內部為胸肋關節

脊柱・上段頸椎的韌帶

● **脊柱的韌帶**　韌帶是用來連接骨頭與骨頭的纖維束，
脊柱中有好幾條韌帶。椎體後方的部分與「椎弓根和椎
弓所製造的空間（椎孔）」相連，形成椎管，脊髓會在
椎管內移動。用來活動人類身體的各種指令會從腦部通
過脊髓，傳到全身，所以這是非常重要的部位。

● **上段頸椎的韌帶**　上段頸椎內有寰枕關節與寰樞關
節。寰樞關節是平面關節，可以增強翼狀韌帶與寰椎十
字韌帶。

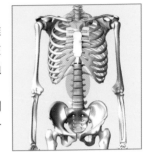

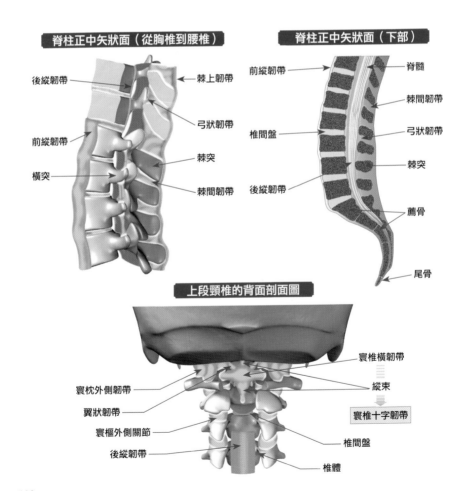

脊柱正中矢狀面（從胸椎到腰椎）

- 後縱韌帶
- 前縱韌帶
- 橫突
- 棘上韌帶
- 弓狀韌帶
- 棘突
- 棘間韌帶

脊柱正中矢狀面（下部）

- 前縱韌帶
- 椎間盤
- 後縱韌帶
- 脊髓
- 棘間韌帶
- 弓狀韌帶
- 棘突
- 薦骨
- 尾骨

上段頸椎的背面剖面圖

- 寰枕外側韌帶
- 翼狀韌帶
- 寰樞外側關節
- 後縱韌帶
- 寰椎橫韌帶
- 縱束
- 寰椎十字韌帶
- 椎間盤
- 椎體

下肢的骨骼與關節

下肢的骨骼與關節

下肢骨大致上可以分成，與軀幹相連的「骨盆帶」，以及與骨盆帶相連的「自由下肢骨」。骨盆帶是由3塊骨頭所構成的骨盆髖骨。自由下肢骨的範圍為，從股骨到趾骨，單側由7種不同的30塊骨頭所組成。關節包含了髖關節、膝關節、足部關節等。

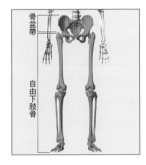

骨盆帶

自由下肢骨

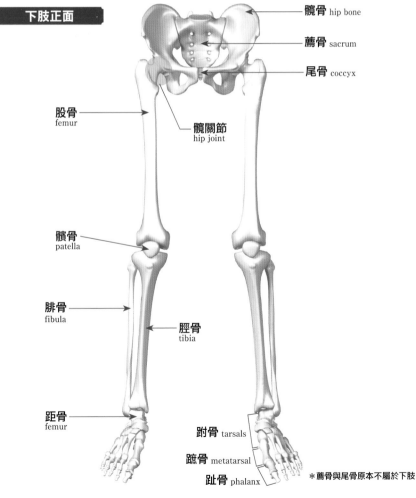

下肢正面

髖骨 hip bone

薦骨 sacrum

尾骨 coccyx

股骨
femur

髖關節
hip joint

髕骨
patella

腓骨
fibula

脛骨
tibia

距骨
femur

跗骨 tarsals

蹠骨 metatarsal

趾骨 phalanx

＊薦骨與尾骨原本不屬於下肢

骨盆帶的骨頭	髖骨（髂骨・坐骨・恥骨）・1塊

自由下肢骨

股骨・1塊、髕骨・1塊、脛骨・1塊

腓骨・1塊、跗骨・7塊、蹠骨・5塊、趾骨・14塊

＊自由下肢骨的骨頭數量是指單側的數量。總共有60塊。

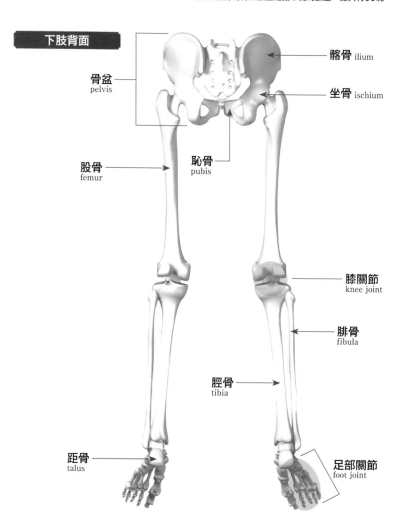

下肢背面

髂骨 ilium

骨盆
pelvis

坐骨 ischium

恥骨
pubis

股骨
femur

膝關節
knee joint

腓骨
fibula

脛骨
tibia

距骨
talus

足部關節
foot joint

骨盆

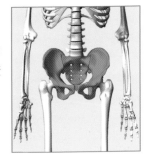

• **骨盆的構造**　由左右兩邊的髖骨、後方中央的薦骨、其下方的尾骨所組成,用來保護下腹部的內臟與器官,且能支撐自由下肢骨。以通過薦骨的岬角與恥骨聯合的面為分界線,其上側為大骨盆,下側為小骨盆。只比較骨骼時,男女差異最大的骨骼就是人類的骨盆。

骨盆頂部正面①

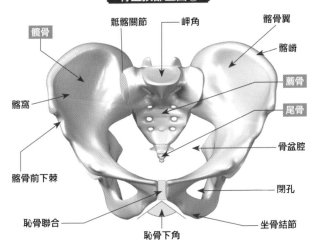

髖骨　骶髂關節　岬角　髂骨翼
髂峭
薦骨
髂窩　尾骨
骨盆腔
髂骨前下棘
閉孔
恥骨聯合　坐骨結節
恥骨下角

骨盆頂部正面②

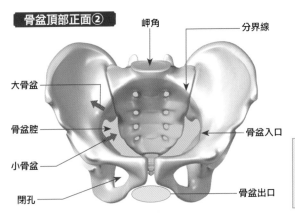

岬角　分界線
大骨盆
骨盆腔　骨盆入口
小骨盆
閉孔　骨盆出口

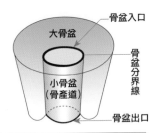

骨盆入口
大骨盆
骨盆分界線
小骨盆
(骨產道)
骨盆出口

大骨盆	分界線以上的部分
小骨盆	分界線以下的部分
骨盆入口	小骨盆的上部
骨盆出口	小骨盆的下部

骨盆的直徑

骨盆尺寸的測量對於了解「分娩時，胎兒的頭是否能通過產道」來說，是很重要的。

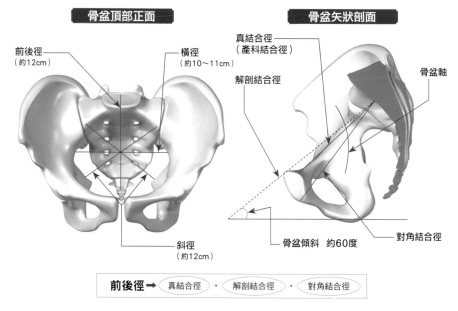

骨盆頂部正面

前後徑
（約12cm）

橫徑
（約10～11cm）

斜徑
（約12cm）

骨盆矢狀剖面

真結合徑
（產科結合徑）

解剖結合徑

骨盆軸

骨盆傾斜　約60度

對角結合徑

前後徑 ➡ 真結合徑 ・ 解剖結合徑 ・ 對角結合徑

男女的骨盆差異

	骨盆整體	恥骨下角	小骨盆入口
女	較低且寬敞（橫型）	鈍角	圓形
男	較高且狹窄（縱型）	銳角	心形

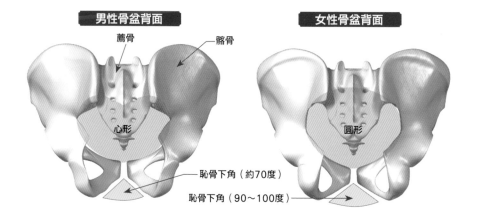

男性骨盆背面

薦骨

髂骨

心形

女性骨盆背面

圓形

恥骨下角（約70度）

恥骨下角（90～100度）

105

髖骨（髂骨・坐骨・恥骨）

- **髖骨**　「臀部」的部分，連接軀幹與自由下肢骨。與薦骨、尾骨一起構成骨盆。可以分成髂骨、坐骨、恥骨。只要長大成人，這三塊骨頭就會癒合，形成一塊骨頭。

  髂骨：佔據髖骨上部的扁平骨。在人體中，擁有最多骨髓。

  坐骨：髖骨的後下部。坐下時，用來支撐軀幹。

  恥骨：髖骨的前下部。與坐骨的一部分一起製造出閉孔，神經與血管會通過這個孔。

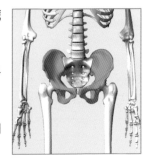

髖骨外側面（右）

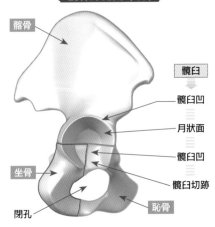

髂骨

髖臼

髖臼凹

月狀面

髖臼凹

髖臼切跡

坐骨

閉孔

恥骨

髂骨內側面（右）

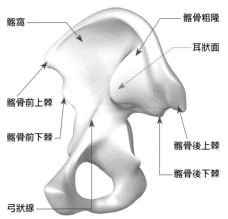

髂窩

髂骨粗隆

耳狀面

髂骨前上棘

髂骨前下棘

髂骨後上棘

髂骨後下棘

弓狀線

坐骨・恥骨外側面（右）

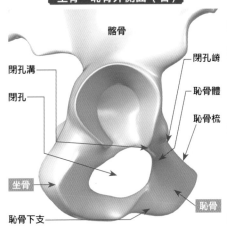

髂骨

閉孔溝

閉孔

閉孔嵴

恥骨體

恥骨梳

坐骨

恥骨下支

恥骨

恥骨內側面（右）

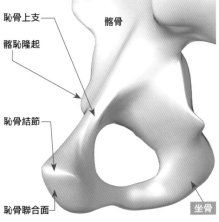

恥骨上支

髂恥隆起

髂骨

恥骨結節

恥骨聯合面

坐骨

股骨・脛骨・腓骨

- 股骨　大腿骨，長度約為身高4分之1的管狀骨。
- 脛骨　迎面骨，人體內第2長的長骨。
- 腓骨　靜止不動的三角狀骨，具有彈性。

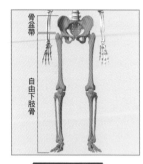

骨盆帶

自由下肢骨

股骨正面（右）

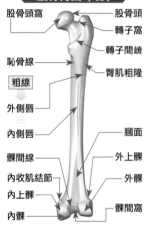

大轉子　　　　　　　股骨頭
轉子間線　　　　　　股骨頸
（粗隆間線）
　　　　　　　　　　小轉子
股骨體
　　　　　　　　　　內收肌結節
　　　　　　　　　　內上髁
外上髁
髕骨面

股骨背面（右）

股骨頭窩　　　　　　股骨頭
　　　　　　　　　　轉子窩
　　　　　　　　　　轉子間嵴
恥骨線　　　　　　　臀肌粗隆
粗線
外側唇
內側唇　　　　　　　膕面
髁間線　　　　　　　外上髁
內收肌結節　　　　　外髁
內上髁
內髁　　　　　　　　髁間窩

脛骨正面

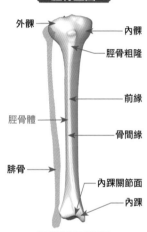

外髁　　　　　　　　內髁
　　　　　　　　　　脛骨粗隆
　　　　　　　　　　前緣
脛骨體　　　　　　　骨間緣
腓骨
　　　　　　　　　　內踝關節面
　　　　　　　　　　內踝

腓骨

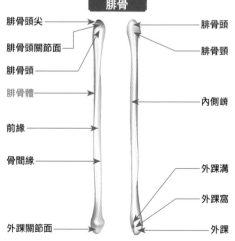

腓骨頭尖　　　　　　腓骨頭
腓骨頭關節面　　　　腓骨頸
腓骨頭
腓骨體
　　　　　　　　　　內側嵴
前緣
骨間緣
　　　　　　　　　　外踝溝
　　　　　　　　　　外踝窩
外踝關節面　　　　　外踝

脛骨背面

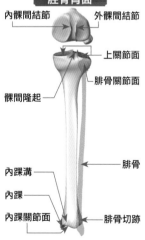

內髁間結節　　　　　外髁間結節
　　　　　　　　　　上關節面
　　　　　　　　　　腓骨關節面
髁間隆起
　　　　　　　　　　腓骨
內踝溝
內踝
內踝關節面　　　　　腓骨切跡

107

髕骨・足骨

- **髕骨** 也叫做膝蓋盤（註：膝の皿）。原本產生於股四頭肌的肌腱之中，是人體內最大的種子骨。髕骨能夠避免肌腱與股骨摩擦而斷裂，保護膝蓋正面。

- **足骨** 可以分成跗骨、蹠骨、趾骨這3個部分。在脛骨與腓骨下方，有7塊跗骨、5根蹠骨、14塊用來組成各腳趾的趾骨。

髕骨正面

髕骨底

髕骨正面

髕骨尖

髕骨的位置

髕骨

股骨

腓骨

脛骨

足骨

跗骨

蹠骨

中節趾骨

近節趾骨

遠節趾骨

足骨背面

跟骨

骰骨

外側楔骨

距骨

距骨體

距骨頸

距骨頭

舟狀骨

內側楔骨

中間楔骨

⑤ ④ ③ ② ❶

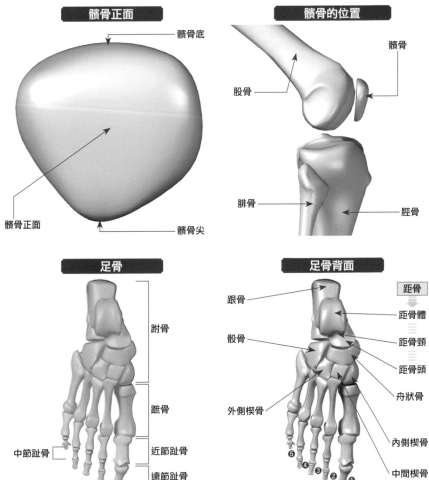

足骨底部

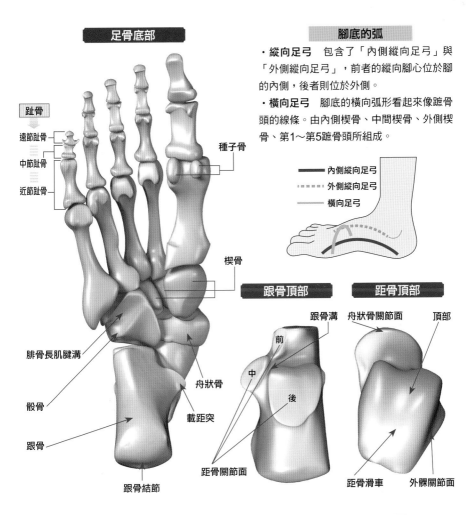

趾骨
- 遠節趾骨
- 中節趾骨
- 近節趾骨

種子骨

楔骨

腓骨長肌腱溝

骰骨

跟骨

舟狀骨

載距突

跟骨結節

腳底的弧

・**縱向足弓** 包含了「內側縱向足弓」與「外側縱向足弓」，前者的縱向腳心位於腳的內側，後者則位於外側。

・**橫向足弓** 腳底的橫向弧形看起來像蹠骨頭的線條。由內側楔骨、中間楔骨、外側楔骨、第1～第5蹠骨頭所組成。

—— 內側縱向足弓
····· 外側縱向足弓
—— 橫向足弓

跟骨頂部

跟骨溝

前

中

後

距骨關節面

距骨頂部

舟狀骨關節面

頂部

距骨滑車

外髁關節面

足骨外側面

距骨頸　距骨頭　舟狀骨

跟骨

第5遠節趾骨

骰骨

第5中節趾骨

跟骰關節

第5蹠骨

第5近節趾骨

足骨內側面

內側楔骨　舟狀骨　距骨頭

距骨體

第1近節趾骨

第1蹠骨
頭部　骨幹　基部

跟骨

第1遠節趾骨

載距突

跟骨結節

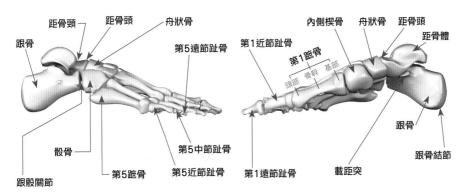

膝關節‧膝蓋的韌帶

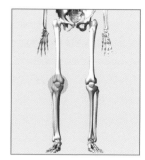

• **膝關節** 由股骨、脛骨、髕骨所構成。由股骨與脛骨所組成的脛股關節的關節面被軟骨所包覆，其目的在於，分散負重與提昇穩定性。髕股關節是由股骨髁間窩和髕骨關節面所組成。

• **膝關節的韌帶** 雖然膝關節既平坦又不穩定，但有許多條用來補強的韌帶。內側副韌帶特別重要。

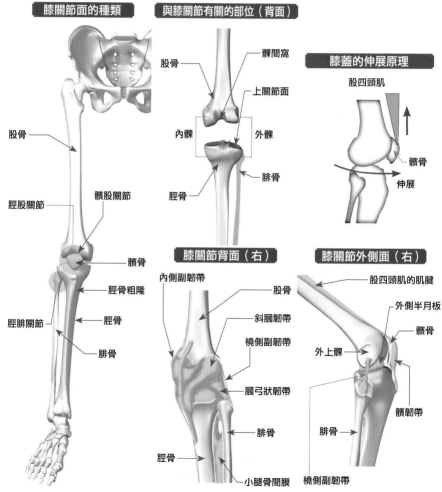

膝關節面的種類

股骨

脛股關節

髕股關節

髕骨

脛骨粗隆

脛腓關節

脛骨

腓骨

與膝關節有關的部位（背面）

股骨

髁間窩

上關節面

內髁

外髁

脛骨

腓骨

膝蓋的伸展原理

股四頭肌

髕骨

伸展

膝關節背面（右）

內側副韌帶

股骨

斜膕韌帶

橈側副韌帶

膕弓狀韌帶

腓骨

脛骨

小腿骨間膜

膝關節外側面（右）

股四頭肌的肌腱

外側半月板

髕骨

外上髁

髕韌帶

腓骨

橈側副韌帶

髖關節・骶髂關節・骨盆與髖關節的韌帶

• **髖關節** 由骨盆的髖臼與股骨的股骨頭所構成的球窩關節，用來連接骨盆與下肢。

• **骶髂關節** 位於薦骨與髂骨的各耳狀面之間的交接處。關節面被纖維軟骨所包覆，中間雖然有含有滑液的關節腔，但被結實的韌帶包覆著，可動性很低。

• **骨盆與髖關節的韌帶** 髖關節與用來支撐髖關節的韌帶最大且最強。關節囊也透過強韌的韌帶來增強，能夠發揮維持身體穩定性的重要作用。

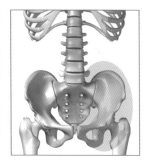

第3章 骨頭與關節的構造與作用

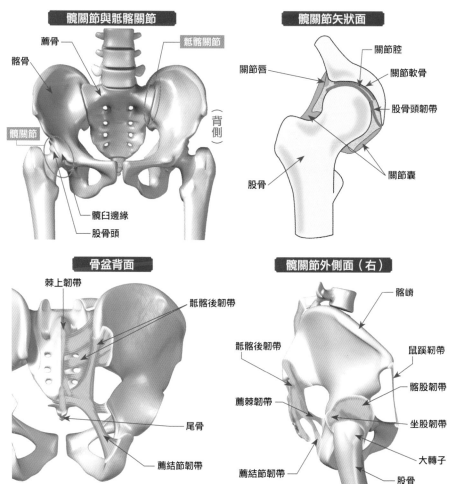

髖關節與骶髂關節

薦骨

髂骨

骶髂關節

（背側）

髖關節

髖臼邊緣

股骨頭

髖關節矢狀面

關節腔

關節唇

關節軟骨

股骨頭韌帶

關節囊

股骨

骨盆背面

棘上韌帶

骶髂後韌帶

尾骨

薦結節韌帶

髖關節外側面（右）

髂嵴

骶髂後韌帶

鼠蹊韌帶

薦棘韌帶

髂股韌帶

坐股韌帶

大轉子

薦結節韌帶

股骨

腳部的關節與韌帶

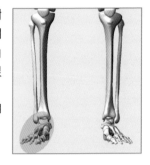

- **腳部的關節**　腳部有許多關節，這些關節是由7塊跗骨、5塊蹠骨、14塊趾骨所構成，大致上可以分成踝關節（距骨小腿關節）與下跳躍關節。下跳躍關節是由「用來構成後部的距下關節」與「用來構成前部的距跟舟關節」所組成，兩種關節會一起產生作用。
- **腳部的韌帶**　大致上可以分成內側、外側、背側、腳底。在內側的4塊跗骨中，有呈三角狀擴散的三角韌帶。

足骨內側面（右）

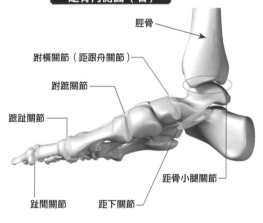

脛骨

跗橫關節（距跟舟關節）

跗蹠關節

蹠趾關節

距骨小腿關節

趾間關節

距下關節

距骨小腿關節的骨骼要素

距脛骨的下關節面的內踝、腓骨的外踝會形成關節窩。在把距骨頂部的滑車視為關節頭的樞紐關節中，會呈現出「卯眼和榫頭」般的構造。

腓骨

脛骨

脛骨關節面

外踝

距骨滑車

內踝

腳部韌帶內側面（右）

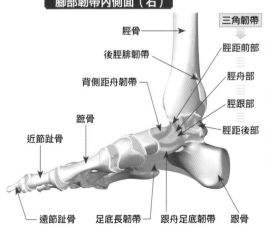

脛骨

後脛腓韌帶

背側距舟韌帶

蹠骨

近節趾骨

三角韌帶

脛距前部

脛舟部

脛跟部

脛距後部

遠節趾骨

足底長韌帶

跟舟足底韌帶

跟骨

腳部韌帶的正面

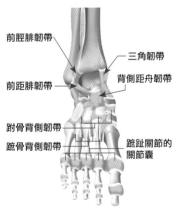

前脛腓韌帶

前距腓韌帶

跗骨背側韌帶

蹠骨背側韌帶

三角韌帶

背側距舟韌帶

蹠趾關節的關節囊

第4章

肌肉的構造與作用

全身的肌肉

　　人體內大大小小的肌肉加起來，約有600個以上。大致上可以分成，用來活動身體的骨骼肌、用來構成內臟的平滑肌、用來構成心臟的心肌這3種。一般來說，被稱為肌肉的部位是由肌細胞聚集而成的骨骼肌。骨骼肌能夠透過收縮、鬆弛來活動身體。

全身的骨骼肌正面

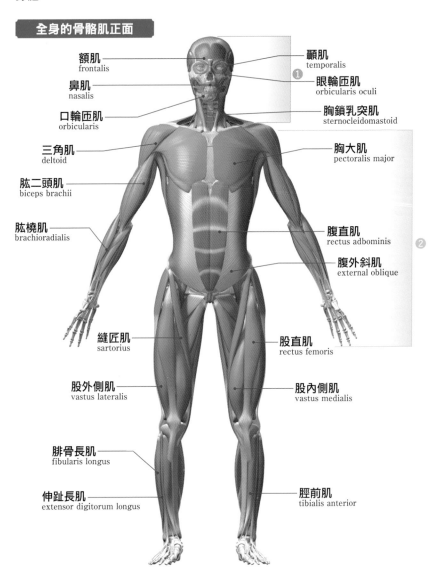

額肌
frontalis

鼻肌
nasalis

口輪匝肌
orbicularis

三角肌
deltoid

肱二頭肌
biceps brachii

肱橈肌
brachioradialis

縫匠肌
sartorius

股外側肌
vastus lateralis

腓骨長肌
fibularis longus

伸趾長肌
extensor digitorum longus

顳肌
temporalis

眼輪匝肌
orbicularis oculi

胸鎖乳突肌
sternocleidomastoid

胸大肌
pectoralis major

腹直肌
rectus adbominis

腹外斜肌
external oblique

股直肌
rectus femoris

股內側肌
vastus medialis

脛前肌
tibialis anterior

❶

❷

❶ 用來活動頭部・頸部的肌肉……
❷ 用來活動上肢的肌肉……
❸ 用來活動軀幹的肌肉……
❹ 用來活動下肢的肌肉……

全身的骨骼肌背面

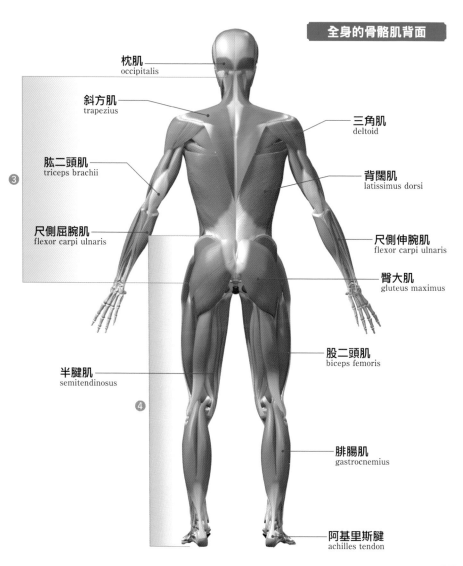

枕肌
occipitalis

斜方肌
trapezius

❸

肱二頭肌
triceps brachii

尺側屈腕肌
flexor carpi ulnaris

三角肌
deltoid

背闊肌
latissimus dorsi

尺側伸腕肌
flexor carpi ulnaris

臀大肌
gluteus maximus

股二頭肌
biceps femoris

半腱肌
semitendinosus

❹

腓腸肌
gastrocnemius

阿基里斯腱
achilles tendon

第4章 肌肉的構造與作用

115

肌肉的作用與分類

肌肉的分類	橫紋肌	骨骼肌（兩端連接骨頭）	隨意肌
		心肌（用來製造心壁）	不隨意肌
	平滑肌	內臟肌（用來製造內臟壁）	

依照形狀來分類

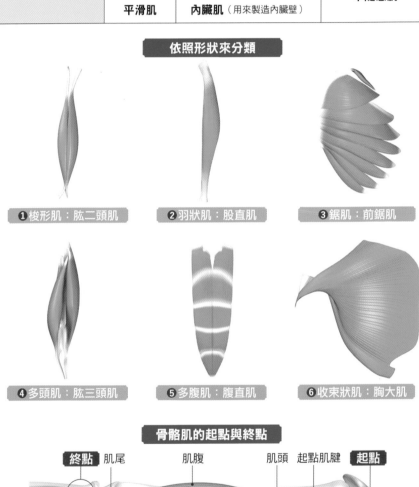

❶ 梭形肌：肱二頭肌　　❷ 羽狀肌：股直肌　　❸ 鋸肌：前鋸肌

❹ 多頭肌：肱三頭肌　　❺ 多腹肌：腹直肌　　❻ 收束狀肌：胸大肌

骨骼肌的起點與終點

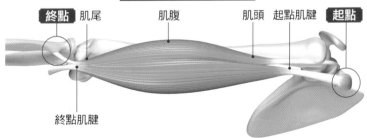

終點 肌尾　　　肌腹　　　肌頭 起點肌腱 **起點**

終點肌腱

肌肉的作用

◆**維持體溫** 肌肉在運動時，會藉由燃燒脂肪與醣類來產生熱能，維持體溫。一般來說，在身體所產生的熱能中，約有40%是透過肌肉來產生的。

◆**保持姿勢** 透過肌肉收縮來使關節變得穩定，藉此就能保持姿勢。

◆**保護內臟・骨頭** 在沒有用來保護內臟的骨頭的腹部內，「腹橫肌」等許多肌肉會產生複合作用，保護內臟，使各個內臟能夠處於固定位置，正常地運作。

◆**協助體液循環** 藉由反覆地收縮、鬆弛，肌肉就能發揮幫浦般的作用，協助血液與淋巴等體液的循環。尤其是在距離心臟很遠的下肢的體液循環中，肌肉會發揮重要的作用，讓血液與淋巴回到上半身。

▌依照肌肉的形狀來分類

骨骼肌可以分成，附著在關節彎曲側的「屈肌」，以及附著在另一側的「伸肌」。伸肌只要一收縮，關節就會伸展。另外，依照形狀，肌肉還可以分成以下這幾種。

❶**梭形肌** 呈梭形的肌肉，中央隆起，肌腱兩端會變細，並與骨骼相連。也被稱為「平行肌」，可以說是肌肉的基本形狀。

❷**羽狀肌** 肌束呈斜向排列的骨骼肌。由於形狀讓人聯想到鳥的羽毛，所以因而得名。羽毛狀肌束只附著在單側的骨骼肌叫做「半羽狀肌」。

❸**鋸肌** 肌肉會呈現鋸齒般的狀態。

❹**多頭肌** 肌肉會產生分枝，形成多個肌頭。包含了「二頭肌」（肱二頭肌等）與「三頭肌」（肱三頭肌等）。

❺**多腹肌** 中央部分可分成三個以上的肌肉。

❻**收束狀肌** 肌纖維會從多個附著點集中到一點上的肌肉。

▌骨骼肌的起點與終點

在骨頭的附著部分中，固定或是比較少動的那邊叫做「起點（肌頭）」，距離身體中心較遠，且較常動的那邊則叫做「終點（肌尾）」。柔軟且呈紅色的中央部分叫做「肌腹」，與骨頭相連的白色部分則叫做「肌腱（腱膜）」。

骨骼肌的構造與輔助裝置

　　骨骼肌由肌細胞所構成。肌細胞則是由細長的肌纖維，以及用來填滿細胞間空隙的成束結締組織所構成。骨骼肌數量約有200塊，而且大部分都是左右對稱的，所以總計約有400塊，約佔體重的40%。若加上平滑肌等肌肉的話，數量約有600塊。

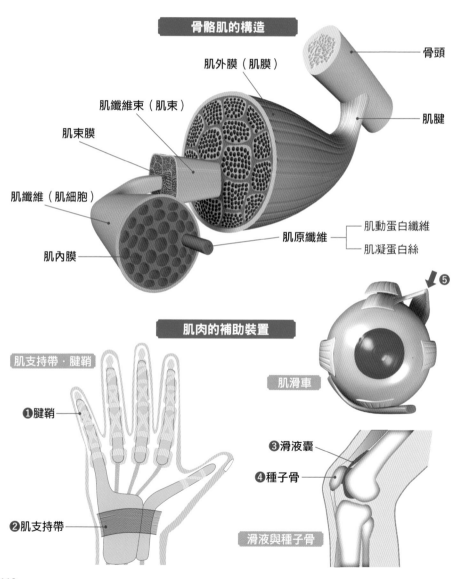

骨骼肌的構造

肌外膜（肌膜）

肌纖維束（肌束）

肌束膜

肌纖維（肌細胞）

肌內膜

骨頭

肌腱

肌原纖維　　肌動蛋白纖維
　　　　　　肌凝蛋白絲

肌肉的補助裝置

肌支持帶・腱鞘

❶腱鞘

❷肌支持帶

肌滑車

❸滑液囊

❹種子骨

滑液與種子骨

▌骨骼肌的構造

　　骨骼肌約占體重的40～50%。骨骼肌是由名為「肌纖維」的細長肌細胞聚集而成。肌纖維（肌細胞）則是由「肌原纖維」所聚集而成，由於形狀細長，因而有「纖維」之名。肌原纖維則是由，身為收縮性蛋白質集合體的肌動蛋白纖維與肌凝蛋白絲所構成。

　　一條肌纖維是數百～數千條肌原纖維的集合體，直徑為10～100μm。數十條肌纖維集結成束後，就叫做「肌纖維束（肌束）」。肌束的外側被頗厚的「肌束膜」所包覆，空隙則會被名為「肌內膜」的結締組織所填滿。另外，數條～數十條肌束聚集起來，就會形成骨骼肌，其外側被堅固的「肌外膜（肌膜）」所包覆。纖細的肌纖維反覆地聚集成束後，就能製造出強而柔韌的肌肉。

▌肌肉的補助裝置

● **淺肌膜**　透過皮下組織（皮下脂肪）來保護身體。

● **深肌膜**　位於比淺肌膜更深之處的緻密結締組織。

● **肌腱**　用來將肌肉的張力傳到骨頭部分區域的緻密結締組織。

● **腱膜**　附著在肌腱寬敞部位上的膜狀物，是一種用來包覆肌肉表面與整個肌群的結締組織皮膜。

❶ **腱鞘**　用來包覆手指、肢等長肌腱，能夠減少肌腱在活動時所產生的摩擦，使肌腱能夠流暢地活動。

● **肌外膜**　透過纖維性結締組織來保護肌肉，限制肌肉的收縮，改善肌肉動作的流暢度，使相鄰的肌肉之間不會產生摩擦。

❷ **肌支持帶**　在手腕、腳踝等肌肉收縮時，能夠控制肌肉浮上的強韌結締組織帶。

❸ **滑液囊**　裝有滑液的囊，目的是為了減少肌肉與肌腱等處的摩擦，使動作變得流暢。

❹ **種子骨**　運動時與骨頭緊密接觸的肌腱上所形成的小骨頭。在人體中，髕骨是最大的種子骨。

❺ **肌滑車**　由強韌的結締組織所形成的構造，能夠勾住肌腱，改變其方向。

肌肉收縮與鬆弛的原理

● 收縮與鬆弛　人體能夠透過肌肉的收縮與鬆弛來進行運動。這裡所說的肌肉收縮是指肌肉產生張力。沒有肌張力的均衡狀態則叫做鬆弛。

肌肉收縮與鬆弛的原理

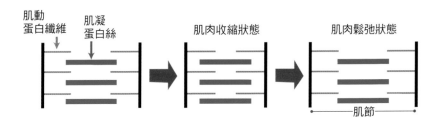

肌動蛋白纖維　肌凝蛋白絲　　　肌肉收縮狀態　　　　　肌肉鬆弛狀態

肌節

肌絲滑動學說

① 首先，只要腦部發出讓身體活動的命令，命令就會傳給適合的肌肉，肌細胞內的肌漿網會釋放出鈣離子。

② 在用來構成肌細胞的肌原纖維中，較細的肌動蛋白纖維與較粗的肌凝蛋白絲這2種收縮性蛋白質會交互地排列。藉由讓被釋放出來的鈣離子與這些收縮性蛋白質相連，肌動蛋白纖維就能與肌凝蛋白絲接觸，分解ATP（三磷酸腺苷），釋放能量。

③ 藉由能量，較細的肌動蛋白纖維就能滑進較粗的肌凝蛋白絲之間。這2種肌絲的重疊部分會變多，肌節則會變得粗短。這種理論叫做「肌絲滑動學說」。來自神經的刺激一旦消失，鈣離子就會被肌漿網吸收，肌肉則會鬆弛。

肌纖維的種類

慢肌 [紅肌・SO纖維]	收縮較慢，適合用於需要持久力的運動。含有肌紅蛋白、粒線體等物質與許多氧氣，看起來呈紅色。
快肌 [白肌・FG纖維]	收縮較快，肌肉較粗，所以適合用於需要爆發力的運動。
中間肌 [FOG纖維]	性質介於慢肌與快肌之間的肌肉。呈粉紅色。

頭部・頸部的肌肉

頭部・頸部的肌肉

- **頭部的肌肉**　代表性的肌肉為，活動下頜的咀嚼肌與活動臉部皮膚的表情肌。
- **頸部的肌肉**　包含了讓頸部向前屈的胸鎖乳突肌，以及活動頸部的斜角肌。

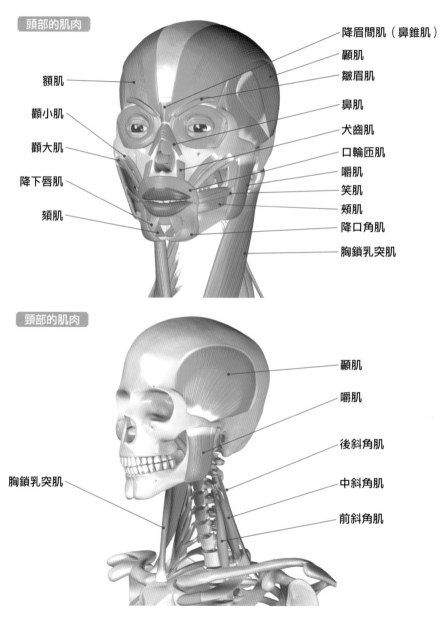

頭部的肌肉

額肌
顴小肌
顴大肌
降下唇肌
頦肌

降眉間肌（鼻錐肌）
顳肌
皺眉肌
鼻肌
犬齒肌
口輪匝肌
嚼肌
笑肌
頰肌
降口角肌
胸鎖乳突肌

頸部的肌肉

胸鎖乳突肌

顳肌
嚼肌
後斜角肌
中斜角肌
前斜角肌

122

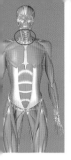

胸鎖乳突肌・前斜角肌

- **胸鎖乳突肌** 斜向地通過顳部，有許多淋巴隱藏在此肌肉下方。
- **前斜角肌** 位於頸椎的正面部分。手臂神經與動脈・靜脈會通過此肌
  肉與中斜角肌之間。

胸鎖乳突肌
副神經・頸神經叢

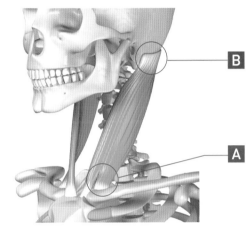

A・起點 胸骨柄上緣、鎖骨的內部3分之1。
B・終點 顳骨的乳突
ADL 進行「從躺臥姿勢抬起頭」等動作時
會發揮作用。

前斜角肌
頸神經叢

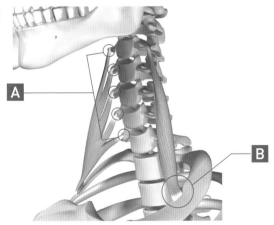

A・起點 C3～C7頸椎的橫突前結節
B・終點 第1肋骨的斜角肌結節
ADL 協助激烈運動時的吸氣。

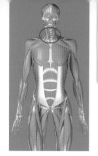

中斜角肌・後斜角肌・嚼肌

- **中斜角肌**　位於頸椎正面，能夠將第1肋骨往上拉，協助吸氣。
- **後斜角肌**　能夠將第2肋骨往上拉，協助呼吸運動。
- **嚼肌**　　　在咀嚼肌當中，位於最外層。用來關閉下頜。

中斜角肌
頸神經叢

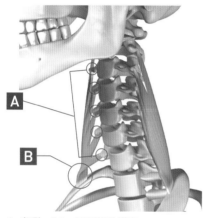

後斜角肌
頸神經叢

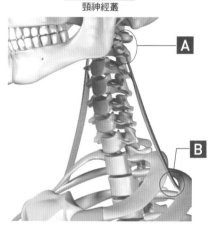

A・起點　C2～C6頸椎的橫突
B・終點　第1肋骨的鎖骨下動脈溝後方
ADL　　用力吸氣時，會打開胸腔，協助吸氣。

A・起點　C4～C6頸椎的橫突後結節
B・終點　第2肋骨的頂部
ADL　　用力吸氣時，會打開胸腔，協助吸氣。進行腹式呼吸時，也會發揮作用。

嚼肌
三叉神經的第三分支（下頜神經）

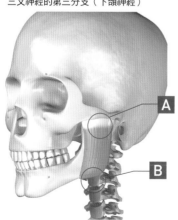

A・起點　淺部為從顴弓前部到中部。深部為顴弓中部到後部。顴骨。
B・終點　下頜骨外側
ADL　　說話時，以及咀嚼、吞嚥食物時會發揮作用。

咀嚼肌

嚼肌	顳肌
內側翼狀肌	外側翼狀肌

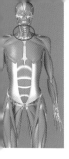

顳肌・外側翼狀肌・內側翼狀肌

- **顳肌** 　　　　4塊大型咀嚼肌之一。在關閉下頜時（咬緊牙根）能發揮作用。
- **外側翼狀肌** 　主要在張口時發揮作用。在磨碎東西時也能發揮作用。
- **內側翼狀肌** 　主要在閉口時發揮作用。在咀嚼東西時也能發揮作用。

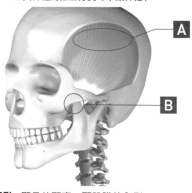

顳肌
三叉神經的第三分支（下頜神經）

A・起點 顳骨的顳窩、顳肌膜的內側。
B・終點 下頜骨的下頜枝的喙狀突
ADL 　　在關閉下頜、吞嚥食物時發揮作用。

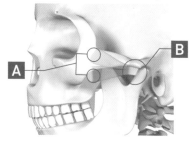

外側翼狀肌
三叉神經的第三分支（下頜神經）

A・起點 外翼肌上頭為蝶骨的大翼，下頭則是蝶骨的翼突外側板。
B・終點 下頜骨的翼突窩
ADL 　　在左右地活動頜骨、咀嚼食物時發揮作用。

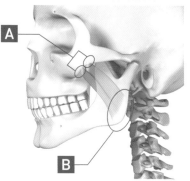

內側翼狀肌
三叉神經的第三分支（下頜神經）

A・起點 蝶骨翼狀突、上頜骨結節。
B・終點 下頜骨內側面的翼肌粗隆
ADL 　　用來讓下頜骨往前活動、咀嚼食物。

眼部肌肉

用來活動眼部肌肉的肌肉叫做外眼肌。位於眼球外側的眼球移動肌有6種。眼球往各個方向運動時,這些肌肉並不是獨自地收縮,而是會互相配合。另外,提上眼瞼肌也可以視為外眼肌。

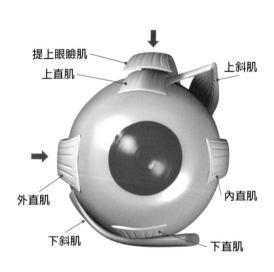

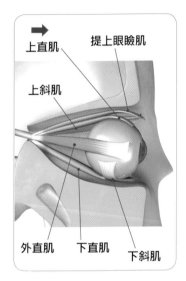

起點與終點

· 除了下斜肌以外,起點皆為總肌腱環,終點皆為眼球表面的鞏膜。
· 提上眼瞼肌的起點為視神經管的眼眶頂部,終點則是上眼瞼以及上眼瞼板的上緣。

主要作用

· 上直肌　往上動。
· 下直肌　往下動。
· 內直肌　往鼻(內)側動。
· 外直肌　往耳(外)側動。
· 上斜肌／下斜肌　外展。
· 提上眼瞼肌　將上眼瞼抬起,打開眼睛。

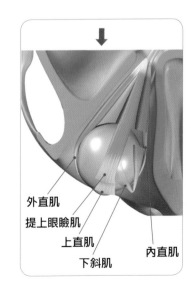

上肢的肌肉

上肢帶骨‧肩關節的肌肉

- **上肢帶骨的肌肉**　與脊柱或胸廓以及上肢帶骨（肩胛骨‧鎖骨）相連的肌肉。
- **肩關節的肌肉**　　與軀幹和上臂相連，用來構成胸大肌、背闊肌、肩關節的肌肉、肩旋板的肌肉。

| 肩旋板 | 棘上肌 | 棘下肌 | 小圓肌 | 肩胛下肌 |

上肢帶骨‧肩關節的肌肉正面

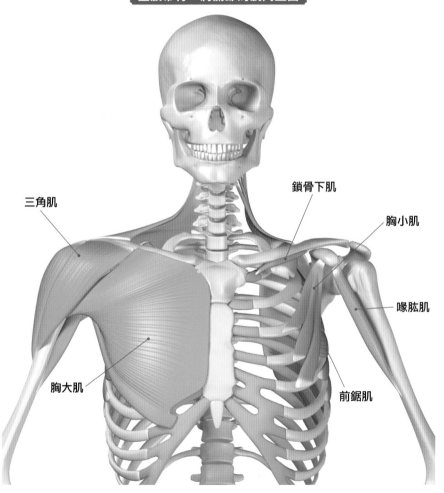

三角肌

鎖骨下肌

胸小肌

喙肱肌

胸大肌

前鋸肌

肩部背面

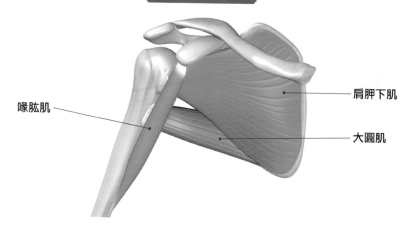

喙肱肌

肩胛下肌

大圓肌

上肢帶骨・肩關節的肌肉背面

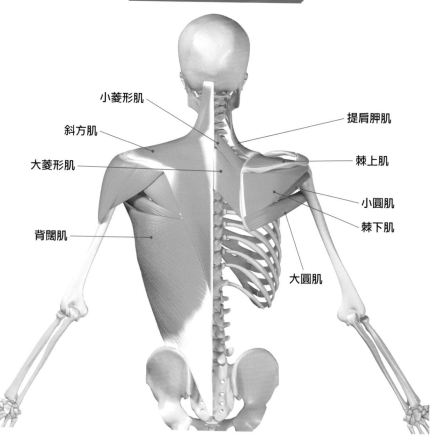

小菱形肌

斜方肌

大菱形肌

背闊肌

提肩胛肌

棘上肌

小圓肌

棘下肌

大圓肌

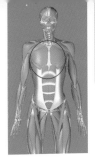

前鋸肌・胸小肌・鎖骨下肌

- **前鋸肌**　以鋸齒狀的方式附著在肋骨上。在做「揮出直拳」等動作時，會大幅移動，所以也被稱為「拳擊肌」。
- **胸小肌**　隱藏在胸大肌的包覆下，與胸大肌一起構成腋窩（腋下的凹陷處）的前壁。
- **鎖骨下肌**　位於鎖骨下方的小肌肉，無法進行觸診。被鎖胸筋膜所包覆。

前鋸肌
長胸神經

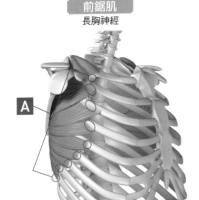

內側

A・起點　第1～第8（9）肋骨的外側面中央部位
B・終點　肩胛骨的內側緣肋骨面
ADL　深呼吸時，肋骨會被此肌肉往上拉，使人能夠用力吸氣（肋骨上舉）。

胸小肌
胸肌神經

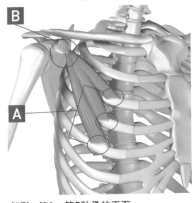

鎖骨下肌
鎖骨下肌神經

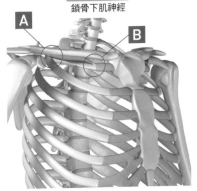

A・起點　第3～第5肋骨的正面
B・終點　肩胛骨的鳥喙突
ADL　用來活動肩胛骨。深呼吸時，會和前鋸肌一起將肋骨抬起。

A・起點　第1肋骨頂部的肋軟骨接點
B・終點　鎖骨中央的下窩
ADL　用來穩定胸鎖關節，讓肩胛骨的動作變得流暢。

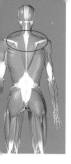

提肩胛肌・小菱形肌・大菱形肌

- **提肩胛肌** 胸鎖乳突肌與斜方肌之間的深層肌肉。此肌肉能夠將肩胛骨往上方與內側拉，且能與小菱形肌一起讓肩膀聳起。
- **小菱形肌** 被斜方肌覆蓋的輕薄菱形肌。在聳肩時，能與提肩胛肌一起發揮作用。
- **大菱形肌** 附著在小菱形肌下方。支配神經與小菱形肌相同，很難區分。

提肩胛肌
背肩胛神經

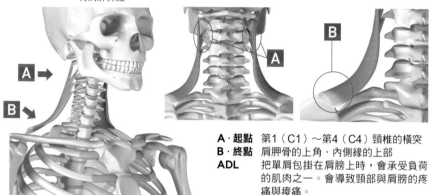

A·起點 第1（C1）～第4（C4）頸椎的橫突
B·終點 肩胛骨的上角·內側緣的上部
ADL 把單肩包掛在肩膀上時，會承受負荷的肌肉之一。會導致頸部與肩膀的疼痛與痠痛。

①小菱形肌・②大菱形肌
背肩胛神經

小菱形肌

大菱形肌

①A·起點 第6（C6）～第7（C7）頸椎的棘突
①B·終點 肩胛骨的內側緣上部
ADL 能夠讓肩胛骨後退、向下轉動。把東西拉到眼前時，會發揮作用。

②A·起點 第1（T1）～第4（C4）胸椎的棘突
②B·終點 肩胛骨的內側緣下部
ADL 能夠讓肩胛骨後退、向下轉動。把東西拉到眼前時，會發揮作用。

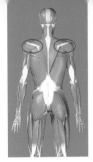

棘上肌・棘下肌・小圓肌

- **棘上肌**　在肩旋板（棘下肌、肩胛下肌、小圓肌）當中，會承受最多負荷，容易損傷。試著摸摸髃棘上部，就摸得到。
- **棘下肌**　身為肱骨的外旋肌，最為強而有力，對於肩關節後方的穩定度來說，是很重要的肌肉。
- **小圓肌**　能夠協助棘下肌，這兩種肌肉會同時發揮作用。

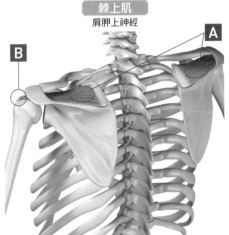

棘上肌
肩胛上神經

A・**起點**　肩胛骨的棘上窩內側
B・**終點**　肱骨的大結節上端
ADL　舉起手臂時會發揮作用。在進行投擲棒球等動作時，如果舉得太高，有可能會受傷。

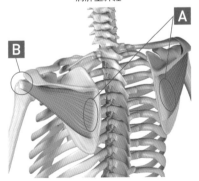

棘下肌
肩胛上神經

A・**起點**　肩胛骨的棘下窩
B・**終點**　肱骨的大結節
ADL　讓手臂放鬆地往下擺，以及將整個手臂扭向外側時，會發揮作用。

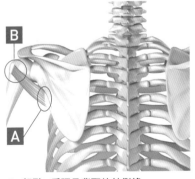

小圓肌
腋神經

A・**起點**　肩胛骨背面的外側緣
B・**終點**　肱骨的大結節後部
ADL　將手臂轉向外側，以及將橫向伸直的手臂往後拉時，會發揮作用。

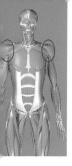

大圓肌・喙肱肌・肩胛下肌

- **大圓肌** 由於作用與終點位置都和背闊肌相同，所以被稱為「背闊肌的小幫手」。
- **喙肱肌** 屬於比較小的肌肉，支配神經與肱二頭肌相同，會形成肱二頭肌的一部分。
- **肩胛下肌** 附著在肩胛骨內側，作用為透過關節面來固定肱骨與肩胛骨。

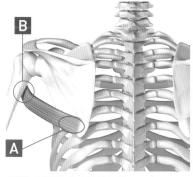

大圓肌
肩胛下神經

A・起點 肩胛骨背面的外側緣・下角
B・終點 肱骨的小結節脊
ADL 筆直地前後揮動手臂，以及女性在穿內衣時，會發揮作用。

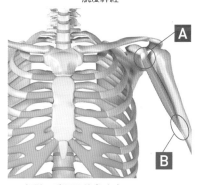

喙肱肌
肌皮神經

A・起點 肩胛骨的鳥喙突
B・終點 肱骨的中央內側緣
ADL 進行推門把等動作時，會發揮補助性的作用。

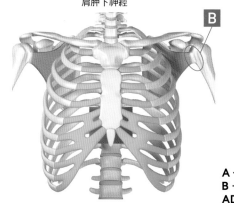

肩胛下肌
肩胛下神經

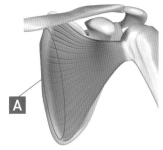

A・起點 肩胛骨的肩胛下窩
B・終點 肱骨的小結節
ADL 轉動手臂，以及把手伸進後方的口袋時，會發揮作用。

133

斜方肌・胸大肌

- **斜方肌** 起自後頸，佔據了背部淺層肌肉上半的大部分。從後方看時，形狀類似天主教的主教所戴的帽子，所以因而得名（日文名稱為「僧帽筋」）。大致上可以分成上部、中部、下部。

- **胸大肌** 透過胸部表層的強壯肌肉來形成胸板。乳房位於此胸大肌膜之上。只要進行鍛鍊，男性的胸板就會變厚，女性則會藉此來豐胸。

斜方肌
副神經・頸神經叢

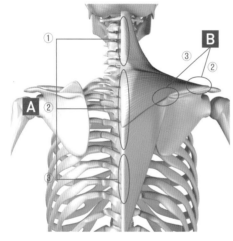

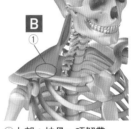

A・起點
①上部：枕骨、項韌帶
②中部：T1～T6胸椎的棘突、棘上韌帶
③下部：T7～T12胸椎的棘突、棘上韌帶

B・終點
①上部：鎖骨的外側部
②中部：肩胛骨的肩峰、髆棘
③下部：肩胛骨的髆棘

ADL 拿取重物時，能夠將肩胛骨固定在肋骨上，避免肩胛骨落下。此肌肉會成為肩膀痠痛的原因。

胸大肌
外胸神經・內胸神經

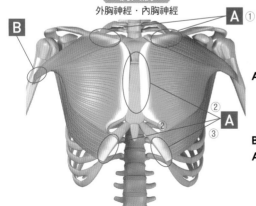

A・起點
①外胸神經、內胸神經
②胸肋部：胸骨、第2～第6肋骨的肋軟骨
③腹部：腹外斜肌的腱膜

B・終點 肱骨的大結節脊

ADL 為了進行揮拳、投球等動作而將手臂向前揮動時，會發揮重要作用。

背闊肌・三角肌

- **背闊肌** 範圍從背部下方3分之2到胸部外側部的大片肌肉。讓手臂連接腰部與骨盆。與大圓肌一起構成腋窩後緣的輪廓。
- **三角肌** 用來決定生物肩膀大致構造的肌肉。此肌肉變得發達後，肩膀就會隆起。包覆整個肩膀，終點位於肱骨，能夠保護肩關節。

背闊肌
胸背神經

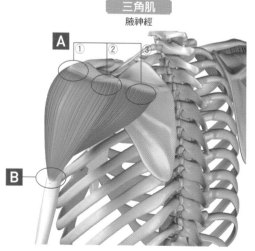

B

A
③

A
①

A
②

A・起點 ①第6胸椎（T7）～第5腰椎（L5）的棘突

②薦骨的棘突

③髂嵴的第9～第12肋骨棘上韌帶

B・終點 肱骨的小結節脊

ADL 透過手臂來將自己的身體往上拉時會發揮作用。是會引發五十肩的重要部位。人體會因為五十肩而變得無法做出萬歲動作。

三角肌
腋神經

A
① ② ③

B

A・起點 ①前部：鎖骨的外側端3分之1

②中部：肩胛骨的肩峰

③後部：肩胛骨的轉棘下緣

B・終點 肱骨的三角肌粗隆

ADL 將物品拿到頭上時，以及在將手放下的狀態下提著東西時，會發揮作用。

上臂・前臂・手部的肌肉

- **上臂的肌肉**　可以分成腹側肌群與背側肌群。肱二頭肌會用於彎曲手肘、伸展肱三頭肌，並成為彼此的拮抗肌。
- **前臂**　可以分成旋後肌、旋前肌、屈肌、伸肌。
- **手部的肌肉**　手部的固有肌皆為屈肌（或是外展肌），用來伸展（彎曲）手指的是位於前臂的外在肌。

上臂・前臂・手部的肌肉正面

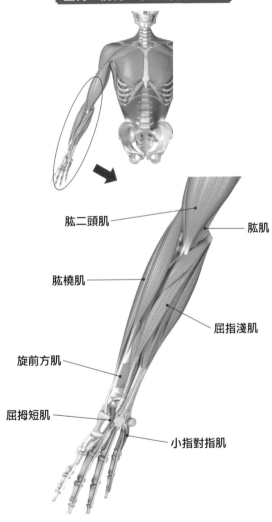

肱二頭肌

肱肌

肱橈肌

屈指淺肌

旋前方肌

屈拇短肌

小指對指肌

上　臂	腹側肌群	肱肌　　肱二頭肌		
	背側肌群	肱三頭肌　　肘肌　　肱橈肌		
前　臂	旋後肌	旋後肌		
	旋前肌	旋前方肌　　旋前圓肌		
	屈肌	橈側屈腕肌　　掌長肌　　尺側屈腕肌　　屈指淺肌		
	伸肌	橈側伸腕長肌　　橈側伸腕短肌　　尺側伸腕肌		
手　部		伸小指肌　　伸拇長肌　　外展拇長肌		
		拇對指肌　　小指對指肌　　伸拇短肌　　屈拇短肌		

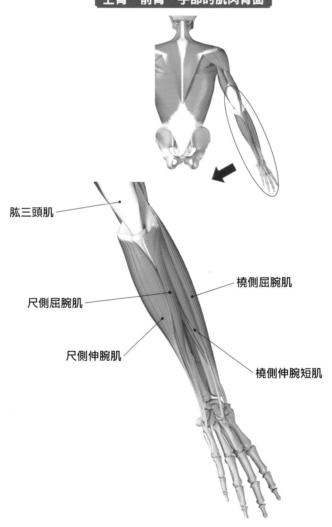

上臂・前臂・手部的肌肉背面

肱三頭肌

橈側屈腕肌

尺側屈腕肌

尺側伸腕肌

橈側伸腕短肌

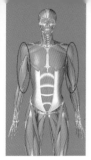

肱二頭肌・肱三頭肌

- **肱二頭肌**　如同其名，肌腹位於上臂，長・短頭的起點皆為肩胛骨，是跨越肩關節與肘關節的雙關節肌。
- **肱三頭肌**　由3條肌頭所構成，只有長頭附著在肩胛骨上，是跨越肩關節與肘關節的雙關節肌。在伏地挺身運動中，伸展手肘時，此肌肉會發揮很大的作用。

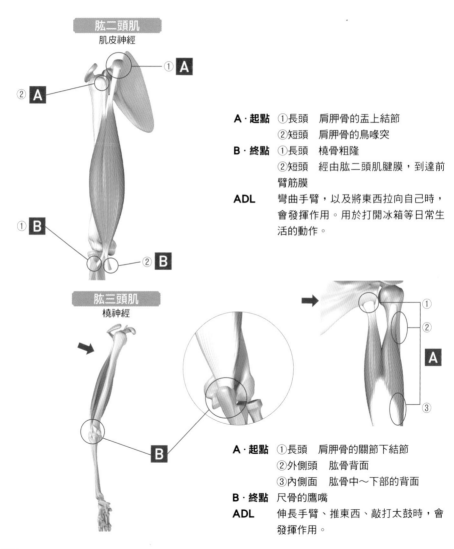

肱二頭肌
肌皮神經

- **A・起點**　①長頭　肩胛骨的盂上結節
- 　　　　　②短頭　肩胛骨的鳥喙突
- **B・終點**　①長頭　橈骨粗隆
- 　　　　　②短頭　經由肱二頭肌腱膜，到達前臂筋膜
- **ADL**　彎曲手臂，以及將東西拉向自己時，會發揮作用。用於打開冰箱等日常生活的動作。

肱三頭肌
橈神經

- **A・起點**　①長頭　肩胛骨的關節下結節
- 　　　　　②外側頭　肱骨背面
- 　　　　　③內側面　肱骨中～下部的背面
- **B・終點**　尺骨的鷹嘴
- **ADL**　伸長手臂、推東西、敲打太鼓時，會發揮作用。

138

肱肌・肘肌・肱橈肌

- **肱肌** 由於附著在尺骨上，所以能夠讓肘關節變得穩定，持續保持彎曲。由於被肱二頭肌包覆，所以很難確認其存在。
- **肘肌** 用來協助肱三頭肌伸展手肘的小塊肌肉。可以使關節囊變得緊張，肌肉在伸展時，能藉此來避免關節囊被捲入關節中。
- **肱橈肌** 用來構成前臂的外側部分的形狀。由於兩個附著部分會離開手肘，且具備槓桿作用，所以此屈肌既強壯又有效率。

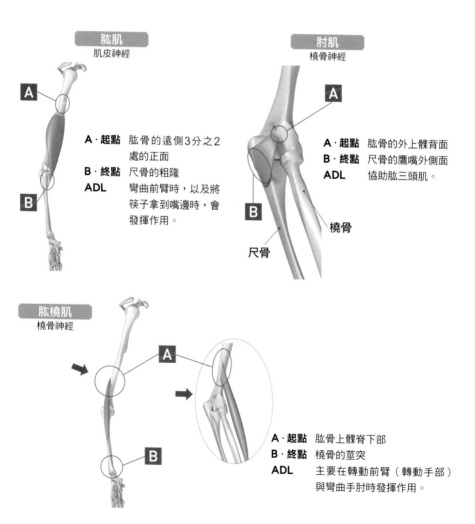

肱肌

肌皮神經

A

B

A · 起點 肱骨的遠側3分之2處的正面
B · 終點 尺骨的粗隆
ADL 彎曲前臂時，以及將筷子拿到嘴邊時，會發揮作用。

肘肌

橈骨神經

A

B

橈骨

尺骨

A · 起點 肱骨的外上髁背面
B · 終點 尺骨的鷹嘴外側面
ADL 協助肱三頭肌。

肱橈肌

橈骨神經

A

B

A · 起點 肱骨上髁脊下部
B · 終點 橈骨的莖突
ADL 主要在轉動前臂（轉動手部）與彎曲手肘時發揮作用。

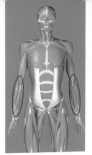

旋前圓肌‧旋後肌‧旋前方肌

- **旋前圓肌** 是一種尺寸與旋後肌相同的深肌，能夠讓前臂做出旋前動作。打高爾夫球之所以會造成肘關節痛，原因就是此肌肉使用過度。
- **旋後肌** 補助肱二頭肌的旋後功能。雖然能讓前臂進行旋後動作，但由於肌肉較小，所以其力量並不大。
- **旋前方肌** 附著在前臂正面的菱形肌，呈平坦的長方形。用手進行細膩的工作或讓前臂進行旋前動作時，此肌肉會變得緊張。

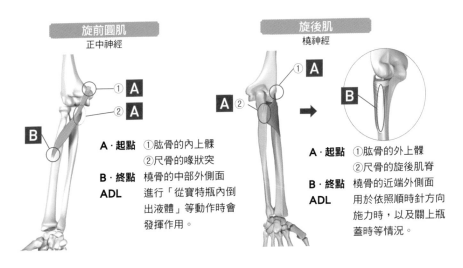

旋前圓肌
正中神經

A‧起點 ①肱骨的內上髁
②尺骨的喙狀突
B‧終點 橈骨的中部外側面
ADL 進行「從寶特瓶內倒出液體」等動作時會發揮作用。

旋後肌
橈神經

A‧起點 ①肱骨的外上髁
②尺骨的旋後肌脊
B‧終點 橈骨的近端外側面
ADL 用於依照順時針方向施力時，以及關上瓶蓋時等情況。

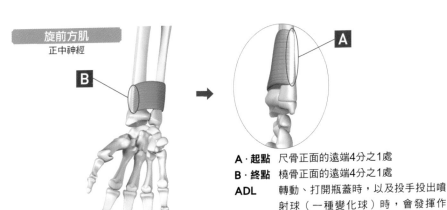

旋前方肌
正中神經

A‧起點 尺骨正面的遠端4分之1處
B‧終點 橈骨正面的遠端4分之1處
ADL 轉動、打開瓶蓋時，以及投手投出噴射球（一種變化球）時，會發揮作用。

橈側屈腕肌·尺側屈腕肌·掌長肌·屈指淺肌

- **橈側屈腕肌** 在手腕的屈曲肌當中,是最強壯的肌肉。會成為內上髁炎與肘關節異常的原因。
- **尺側屈腕肌** 在手腕的屈曲肌當中,是位於最內側的肌肉。能將前臂彎曲,也能做出內收動作。
- **掌長肌** 做握拳動作時,手腕上最明顯的肌腱就是掌長肌的肌腱。在握手時,能夠保護位於掌腱膜下方的血管與神經。
- **屈指淺肌** 前臂屈肌中最大的肌肉。手指的彎曲只由此肌肉與屈指深肌來負責。

橈側屈腕肌
正中神經

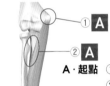

A·起點 ①肱骨的內上髁
②第2、第3掌骨基部正面
B·終點 橈骨的近端外側面
ADL 用於依照順時針方向施力時,以及關上瓶蓋時等情況。

尺側屈腕肌
尺神經

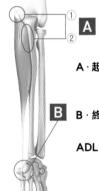

A·起點 ①肱骨的內上髁
②尺骨鷹嘴·背面上部
B·終點 豌豆骨、豆掌韌帶、第5掌骨的基部。
ADL 從小指側將手腕前方的部分往上拉時,會發揮作用。

掌長肌
正中神經

A·起點 肱骨的內上髁
B·終點 手腕的屈肌支持帶、掌腱膜。
ADL 彎曲手腕(手腕的彎曲與手肘的稍微彎曲)。

屈指淺肌
正中神經

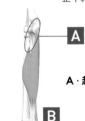

A·起點 肱骨的內上髁、尺骨的喙狀突、橈骨外側。
B·終點 第2～第5指骨的中節指骨兩側
ADL 握東西時,會發揮很大作用。

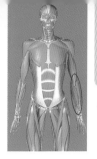

橈側伸腕長肌‧橈側伸腕短肌‧尺側伸腕肌

- **橈側伸腕長肌**　屬於手腕的伸肌，也能做出外展動作。如果肌肉的動作因為此肌肉斷裂或挫傷而變得不順暢，內側就會產生疼痛。此肌肉是網球肘的原因。
- **橈側伸腕短肌**　與橈側伸腕長肌一起形成前臂的外側緣，能夠讓手腕進行伸展、外展。此肌肉也被視為網球肘的原因。
- **尺側伸腕肌**　細長的肌肉。與尺側屈腕肌一起發揮作用，讓手腕進行內收。此肌肉的異常會引發內上髁炎與肘關節異常。

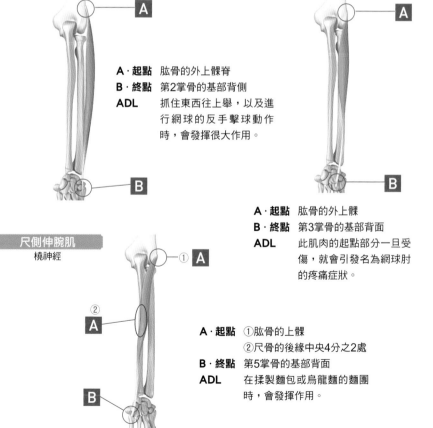

橈側伸腕長肌
橈神經

A

A‧起點　肱骨的外上髁脊
B‧終點　第2掌骨的基部背側
ADL　抓住東西往上舉，以及進行網球的反手擊球動作時，會發揮很大作用。

B

橈側伸腕短肌
橈神經

A

B

A‧起點　肱骨的外上髁
B‧終點　第3掌骨的基部背面
ADL　此肌肉的起點部分一旦受傷，就會引發名為網球肘的疼痛症狀。

尺側伸腕肌
橈神經

① A

② A

B

A‧起點　①肱骨的上髁
　　　　　　②尺骨的後緣中央4分之2處
B‧終點　第5掌骨的基部背面
ADL　在揉製麵包或烏龍麵的麵團時，會發揮作用。

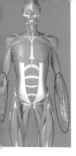

伸小指肌・伸拇長肌・外展拇長肌

- **伸小指肌** 能夠讓小指伸展。協助指伸肌整體進行伸展。
- **伸拇長肌** 斜向地通過前臂後方部分的細長肌肉。除了拇指的伸肌以外，也能讓手部進行伸展。
- **外展拇長肌** 在拇指的伸肌群中，是很強壯的肌肉。不僅能讓拇指進行外展，也能讓手腕關節進行外展。

伸小指肌
橈神經

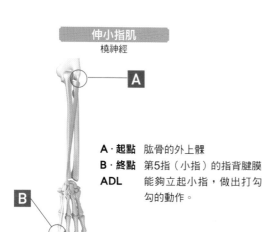

A・起點 肱骨的外上髁
B・終點 第5指（小指）的指背腱膜
ADL 能夠立起小指，做出打勾勾的動作。

伸拇長肌
橈神經

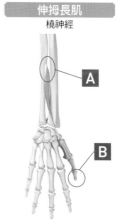

A・起點 前臂骨間膜、尺骨的中央側面。
B・終點 第1指（拇指）背側的遠節指骨底部
ADL 與讓拇指離開食指（拇指外展）有關。如果過度使用的話，也可能會引發腱鞘炎。

外展拇長肌
橈神經

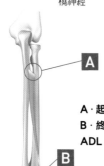

A・起點 橈骨與尺骨的背面・骨間膜
B・終點 第1指與掌骨基部外側
ADL 能夠讓第1指（拇指）離開手掌部分（外展）。

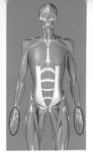

拇對指肌・小指對指肌・伸拇短肌・屈拇短肌

- **拇對指肌**　與屈拇短肌一起形成拇指球（拇指根部的隆起）。用來彎曲拇指。
- **小指對指肌**　能讓小指球隆起，當第5指（小指）靠近拇指時，會發揮輔助作用。
- **伸拇短肌**　細長的肌肉協助伸拇長肌。讓拇指進行伸展、外展動作。
- **屈拇短肌**　讓拇指進行彎曲與迴旋動作。

| 拇對指肌 |
正中神經

◀手掌側▶

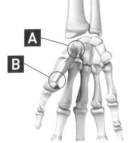

A・起點　大多角骨結節、屈肌支持帶。
B・終點　第1指（拇指）掌骨的橈側緣
ADL　抓住東西時，會發揮重要作用。

| 小指對指肌 |
尺神經

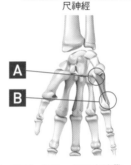

A・起點　鉤骨、屈肌支持帶。
B・終點　第5掌骨的尺側緣
ADL　用手掌取水、握手時。

| 伸拇短肌 |
橈神經

◀手背側▶

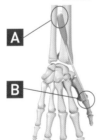

A・起點　橈骨背面、骨間膜。
B・終點　第1指近節指骨基底的背側
ADL　會引發拇指腱鞘炎的肌肉之一。

| 屈拇短肌 |
淺部：正中神經、深部：尺神經

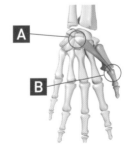

A・起點　①淺頭：屈肌支持帶
　　　　　②深頭：大・小多角骨
B・終點　經由橈側的種子骨到達拇指的近節指骨基底
ADL　拇指的彎曲

軀幹的肌肉

軀幹的肌肉

軀幹的肌肉與「讓軀幹立起來」的動作有關，大致上可以分成背部肌群與腹部肌群。背部肌群被稱為固有背肌，可以分成豎脊肌與位於深層的多裂肌等橫棘肌，與脊柱的彎曲、伸展、迴旋運動有關。腹部肌群可分成胸壁區與腹部的肌肉，除了脊柱運動以外，還能使腹肌壓力上昇。

軀幹肌肉的正面

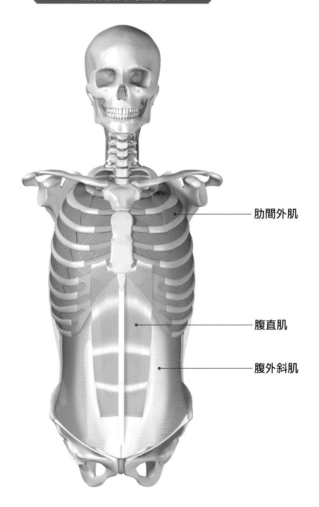

肋間外肌

腹直肌

腹外斜肌

背部肌群 （固有背肌）	豎脊肌	頸棘肌　　胸棘肌　　頸最長肌　　胸最長肌 頸髂肋肌　　胸髂肋肌　　腰髂肋肌
	夾板肌	頭夾肌　　頸夾肌
	橫棘肌	頭半棘肌　　頸半棘肌　　胸半棘肌　　多裂肌　　迴旋肌
腹部肌群	胸部諸肌	肋間外肌　　肋間內肌　　後上鋸肌　　後下鋸肌
	腹部	腹直肌　　腹外斜肌　　腹內斜肌　　腹橫肌　　腰方肌
	橫膈膜	橫膈膜

軀幹肌肉的背面

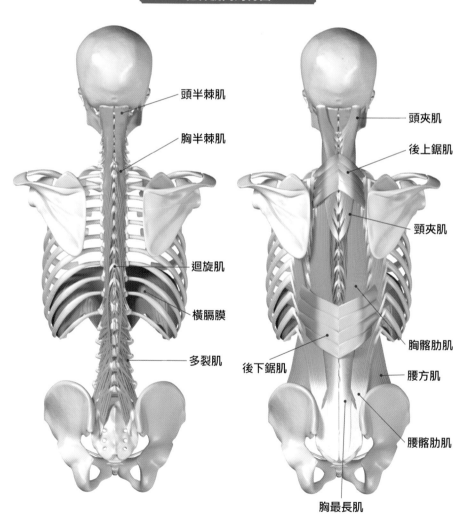

頭半棘肌

胸半棘肌

迴旋肌

橫膈膜

多裂肌

後下鋸肌

頭夾肌

後上鋸肌

頸夾肌

胸髂肋肌

腰方肌

腰髂肋肌

胸最長肌

頸棘肌・胸棘肌・頸最長肌

- **頸棘肌**　　豎脊肌之一，附著在從頸部到胸部上。能夠保護脊骨、脊髓神經，保持正常彎度，讓脊骨朝後方立起。
- **胸棘肌**　　位於豎脊肌的最內層，只要兩側肌肉發揮作用，脊椎就能進行伸展。
- **頸最長肌**　讓從頸部到胸部的脊椎維持穩定，保持正常彎度，維持姿勢。

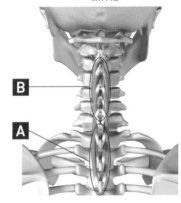

頸棘肌
頸神經

A・起點　C5（6）頸椎、T1・T2胸椎的棘突。
B・終點　C2～C4頸椎的棘突
ADL　　此肌肉的異常也可能會導致脊骨側彎或疼痛。

頸最長肌
頸神經・胸神經的背枝

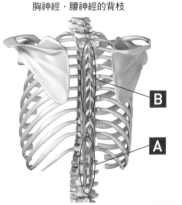

胸棘肌
胸神經・腰神經的背枝

A・起點　L1～L2腰椎、T11～T12胸椎的棘突。
B・終點　T2～T8胸椎的棘突
ADL　　能夠讓脊骨流暢地運動。

A・起點　T1～T5胸椎的橫突
B・終點　C2～C5（6）頸椎的橫突後結節
ADL　　此肌肉的異常可能會導致頸部・背部的疼痛或痠痛。

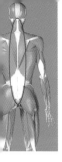

胸最長肌・胸髂肋肌・腰髂肋肌

- **胸最長肌** 位於頸最長肌下方的豎脊肌,用來伸展、彎曲脊柱。在走路時,能夠將脊柱固定在骨盆上,維持正確姿勢。

- **胸髂肋肌** 位於在脊骨上隆起的豎脊肌最外側的肌肉之一。用來伸展、彎曲胸椎。

- **腰髂肋肌** 豎脊肌之一,從薦骨到肋骨的下部與中部。用來讓胸椎進行伸展、側彎動作。能夠使脊柱維持彎曲,保持正確姿勢。

胸最長肌
胸神經・腰神經

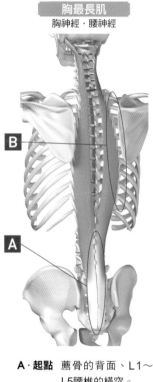

A・起點 薦骨的背面、L1～L5腰椎的橫突。
B・終點 所有肋骨的肋角與肋骨結節之間。
ADL 會導致腰部疼痛或痠痛。

胸髂肋肌
胸神經

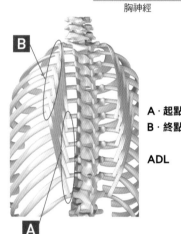

A・起點 第7～第12肋角內側
B・終點 第1～第6肋骨的肋角
ADL 在進行坐下、站立、步行等日常動作時,會發揮作用。

腰髂肋肌

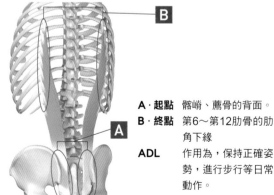

A・起點 髂嵴、薦骨的背面。
B・終點 第6～第12肋骨的肋角下緣
ADL 作用為,保持正確姿勢,進行步行等日常動作。

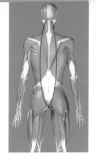

頭夾肌・頸夾肌・多裂肌

- **頭夾肌**　屬於比較大片的肌肉，位於頸部後方，被斜方肌所包覆。能夠讓頭部維持穩定，在所有運動中，能使上半身保持穩定。用來伸展頭部。
- **頸夾肌**　位於頭夾肌下方。能讓頭、頸部進行伸展、迴旋、側彎動作。
- **多裂肌**　與腹膜肌、骨盆底肌、橫膈膜一起形成軀幹。在支撐脊柱方面，從薦骨到腰椎的多裂肌是特別重要的肌肉。能讓脊柱進行伸展、迴旋、側彎動作。

頭夾肌
頸神經

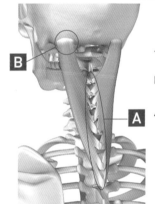

A・起點		C7頸椎、T1～T3胸椎的棘突或項韌帶。
B・終點		顳骨乳突、枕骨的上項線。
ADL		發揮輔助作用，讓包含頭頸部在內的脊椎的動作變得順暢。

頸夾肌
頸神經

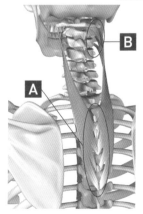

A・起點		T3～T6胸椎的棘突或項韌帶。
B・終點		C1～C3頸椎的橫突後結節
ADL		與頭夾肌一起讓頸部往後仰，或是倒向正側面時，會發揮作用。

多裂肌
頸神經・胸神經・腰神經

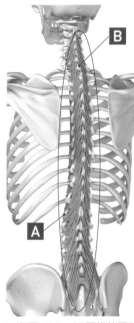

A・起點		C4～C7頸椎的關節突、胸椎的橫突、腰椎、薦骨、髂骨。
B・終點		從起點到第2～4椎骨上段的所有棘突
ADL		維持姿勢，讓脊柱保持穩定。

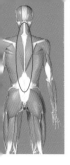

頭半棘肌・頸半棘肌・胸半棘肌・迴旋肌

- **頭半棘肌** 後頸肌群的深層肌肉。雖然大多會與頭棘肌合而為一，但頭半棘肌比較強壯。用來讓頭部進行伸展、迴旋動作。
- **頸半棘肌** 肌束愈長，彎曲力量愈強，較短的肌束則能有效地發揮迴旋作用。用來保護脊骨與脊椎管內的脊髓。讓頸椎進行伸展、迴旋動作。
- **胸半棘肌** 位於脊柱的上半部，稱為半棘肌。脊椎的伸展、迴旋動作。
- **迴旋肌** 在小肌群中位於橫突肌群最深層的肌肉。脊柱的迴旋動作。

頭半棘肌
頸神經

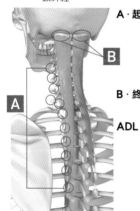

A・起點	C7頸椎、T1～T6胸椎的橫突、C4～C7頸椎的關節突。	
B・終點	枕骨的上項線與下項線之間	
ADL	讓頭部向後仰時，會發揮作用。也能保護脊骨。	

頸半棘肌
頸神經・胸神經

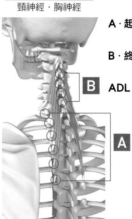

A・起點	T1～T5（6）胸椎的橫突	
B・終點	C2～C5頸椎的棘突	
ADL	在橄欖球、摔球等運動中，進行並列爭球或者擒抱動作時，會發揮作用。	

胸半棘肌
頸神經・胸神經

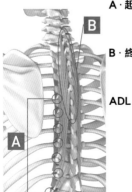

A・起點	T6（7）～T11（12）胸椎的橫突	
B・終點	C5～C7頸椎、T1～T4胸椎的棘突。	
ADL	往上看與往後看時，會發揮作用。	

迴旋肌
頸神經・胸神經・腰神經

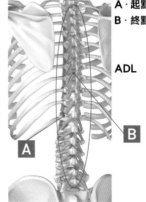

A・起點	脊椎骨的橫突	
B・終點	相鄰的1塊（2塊）椎骨上方的棘突	
ADL	維持姿勢，讓脊柱保持穩定性。	

第4章 肌肉的構造與作用

151

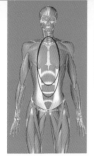

肋間外肌・肋間內肌・後上鋸肌・後下鋸肌

- **肋間外肌** 在肋軟骨部位形成纖維性的膜。會形成胸部的肌肉，在吸氣時，能夠抬起肋骨、擴大胸腔。
- **肋間內肌** 與肋間外肌同樣是纖維性的膜。呼氣時肋骨間會進行收縮。
- **後上鋸肌** 隱藏在斜方肌下方的四角形扁平肌肉。能夠讓肋骨與脊椎骨相連。將肋骨抬起（吸氣時）。
- **後下鋸肌** 位於胸部到腰部之間的肌肉，能夠讓肋骨與脊椎骨相連。將肋骨下壓（呼氣時）。

肋間外肌
肋間神經

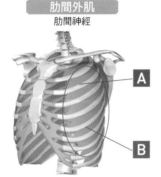

A・**起點** 第1～第11肋骨的下緣
B・**終點** 第2～第12肋骨下段部分的上緣
ADL 抬起肋骨，擴大胸廓，吸入氣體。

肋間內肌
肋間神經

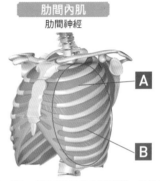

A・**起點** 第1～第11肋骨的內側邊緣・肋軟骨
B・**終點** 第2～第12肋骨下段部分的上緣
ADL 下壓肋骨，縮小胸廓，呼出氣體。

後上鋸肌
肋間神經

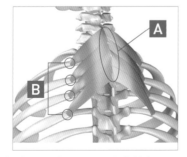

A・**起點** C7頸椎、T1～T3胸椎棘突。
B・**終點** 第2～第5肋骨上緣
ADL 抬起第2～第5肋骨，協助吸氣。

後下鋸肌
肋間神經

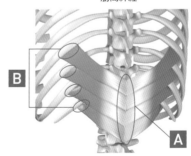

A・**起點** T11～T12胸椎、L1～L2腰椎的棘突。
B・**終點** 第9～第12肋骨的下緣
ADL 抬起第9～第12肋骨，協助呼氣。

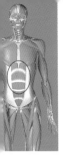

橫膈膜・腹直肌・腹外斜肌

- **橫膈膜** 　負責腹式呼吸的主要呼吸肌。只要往下壓，胸廓就會打開，能夠充分地吸氣。
- **腹直肌** 　一般被稱為腹肌。通過腹部中央，到達恥骨的扁平狀長肌。讓軀幹做出彎曲、側彎動作，提升腹內壓。
- **腹外斜肌** 　位於側腹肌的最外層，後部肌纖維束被背闊肌所包覆。能讓軀幹進行彎曲、側彎、反向迴旋動作。

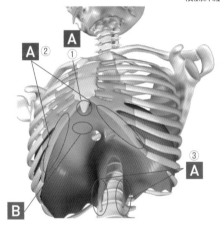

橫膈膜
橫膈神經

A・起點
①胸骨部　劍突背面
②肋骨部　第7～第12肋骨・肋軟骨的內側
③腰椎部　L1～L3腰椎的內側

B・終點 中心腱

ADL 在呼吸運動中，吸氣時會發揮作用。協助排便、排尿。

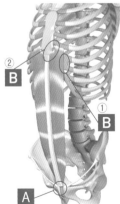

腹直肌
肋間神經

A・起點 於恥骨的恥骨脊、恥骨聯合。

B・終點
①第5～第7肋軟骨
②劍突、肋劍突韌帶

ADL 將整個胸壁往下拉，抬起骨盆的前部。與大部分運動的動作有關。

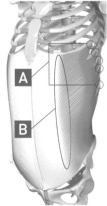

腹外斜肌
肋間神經

A・起點 第5～第12肋骨外側

B・終點 髂骨外唇、鼠蹊韌帶、腹直肌鞘前層。

ADL 幫助排便、排尿，使內臟變得穩定。最適合用來進行縮腹運動。

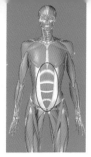

腹內斜肌・腹橫肌・腰方肌

- **腹內斜肌** 位於腹橫肌的淺層，被腹外斜肌所覆蓋。能讓軀幹進行彎曲、側彎、同側迴旋動作。
- **腹橫肌** 能夠與腹外斜肌、腹內斜肌一起提升腹內壓。
- **腰方肌** 與豎脊肌同樣位於腰椎的胸腰腱膜前部的長方形肌肉。能夠讓腰椎彎曲、側彎，將第12肋骨往下壓。

腹內斜肌
肋間神經・腰神經

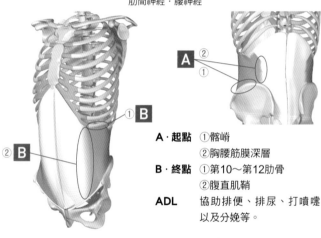

A · 起點	①髂嵴	
	②胸腰筋膜深層	
B · 終點	①第10～第12肋骨	
	②腹直肌鞘	
ADL	協助排便、排尿、打噴嚏以及分娩等。	

腹橫肌

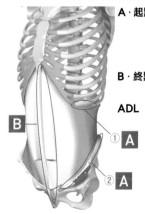

A · 起點	①第7～第12肋軟骨、腰筋膜
	②髂嵴、鼠蹊韌帶
B · 終點	劍突、白線、恥骨。
ADL	協助排便還有排尿，使內臟保持穩定。

腰方肌
胸神經・腰神經

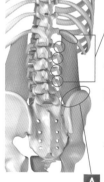

A · 起點	髂嵴、髂骨韌帶。
B · 終點	第12肋骨、L1～L4腰椎的橫突。
ADL	讓身體朝側面彎曲，以及撿東西時，會發揮作用。

下肢・腳部的肌肉

骨盆帶‧大腿的肌肉

- **骨盆帶的肌肉**　也叫做骨盆肌或髖骨肌。骨盆肌還可以再分成內骨盆肌與外骨盆肌。當閉孔肌群與孖肌群同時運作時，如果骨盆被固定住的話，股骨就會往下移動，離開骨盆，如果大腿被固定住的話，就會透過骨盆將股骨往上抬。

- **大腿的肌肉**　可以分成內收肌、伸肌、屈肌（腿後腱肌群）。當人在跑步時，尤其是在加速衝刺時，腿後腱肌群會很活躍，所以也被稱作「跑步肌」。

骨盆帶‧大腿的肌肉正面

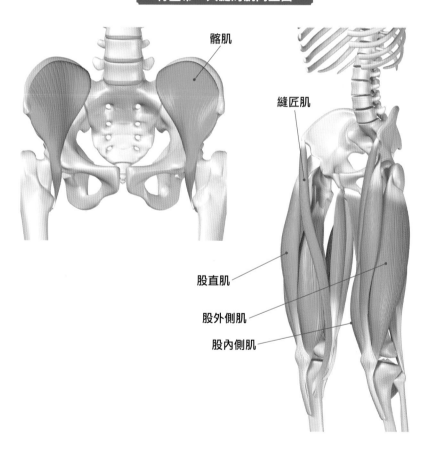

髂肌

縫匠肌

股直肌

股外側肌

股內側肌

骨盆帶的 肌肉 （骨盆肌）	內骨盆肌	腰大肌　　髂肌　　腰小肌		
	外骨盆肌	臀大肌　　臀中肌　　臀小肌　　闊筋膜張肌 〔以下肌肉稱為深層外旋六肌〕　　梨狀肌　　閉孔外肌 閉孔內肌　　孖上肌　　孖下肌　　股方肌		
大腿的 肌肉	內收肌、 伸肌	內收長肌　　內收短肌　　內收大肌　　恥骨肌　　股薄肌 〔以下肌肉稱為股四頭肌〕　　股直肌　　股中間肌 股內側肌　　股外側肌　　縫匠肌		
	屈肌	股二頭肌　　半膜肌　　半腱肌		

骨盆帶・大腿的肌肉背面

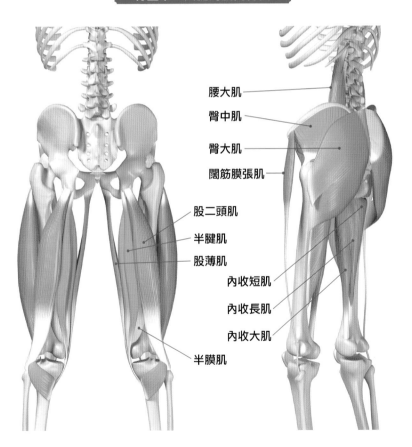

腰大肌

臀中肌

臀大肌

闊筋膜張肌

股二頭肌

半腱肌

股薄肌

內收短肌

內收長肌

內收大肌

半膜肌

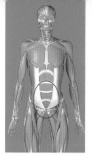

髂肌・腰大肌・腰小肌

- **髂肌** 位於髂骨內側面的三角狀肌。用來保護腸子等內臟，進行腹肌運動時，能夠發揮作用。用來讓髖關節彎曲的主要肌肉。
- **腰大肌** 與髂肌一樣，是用來讓髖關節彎曲的主要肌肉。用來保持正確姿勢的重要肌肉。被稱作髖關節的深層肌肉。
- **腰小肌** 位於腰大肌前部的肌肉。與髖關節的彎曲無關，而是用來協助脊柱進行彎曲。由於沒有獨自的功能，所以有約一半的人缺乏此肌肉。

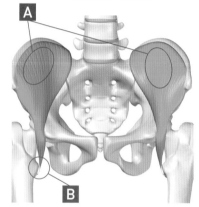

髂肌
腰神經叢・股神經

| 髂腰肌 | 髂肌 | 腰大肌 | 腰小肌 |

A・起點 髂窩
B・終點 股骨的小轉子
ADL 在進行爬樓梯、走路等抬腳動作時，以及維持腳部姿勢時，會發揮作用。

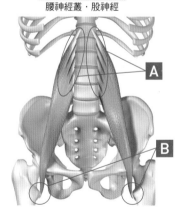

腰大肌
腰神經叢・股神經

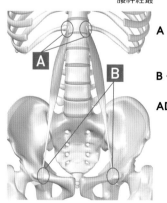

腰小肌
腰神經叢

A・起點 T12胸椎、L1腰椎的外側面。
B・終點 髂恥隆起與附近的肌膜
ADL 脊椎進行輕微彎曲時，會發揮作用。

A・起點 T12胸椎、L1～L5腰椎橫突。
B・終點 股骨的小轉子
ADL 增強此肌肉能夠有效預防臥床不起與代謝症候群。

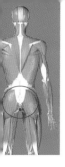

臀大肌・臀中肌・臀小肌

- **臀大肌** 人體中最重的肌肉。在走路時,不太會動,但在進行跑步、攀登等會讓髖關節進行伸展、外旋的動作時,就會發揮作用。
- **臀中肌** 除了上外側部以外,都被臀大肌覆蓋。肌腹兼具結實的肌膜。用來讓髖關節進行外展、內旋動作。
- **臀小肌** 在臀大肌深處,位於比臀中肌更裡面的就是呈現扇形的臀小肌。用來讓髖關節進行輕微的外展、內旋動作。

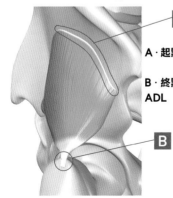

臀大肌
下臀神經

A·起點 髂骨臀下線、薦骨、尾骨背面邊緣、薦結節韌帶。

B·終點 闊筋膜的髂脛束、股骨的臀肌粗隆。

ADL 從坐下狀態站起身時,以及進行跑步、跳著走、跳躍等這類運動時,會發揮作用。

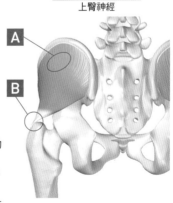

臀中肌
上臀神經

臀小肌
上臀神經

A·起點 髂骨翼外側的臀面

B·終點 股骨的大轉子

ADL 協助臀中肌。與步行動作有很大關聯。

A·起點 髂骨翼外側的臀上線與臀下線之間

B·終點 股骨的大轉子外側面

ADL 走路時,可以防止骨盆朝向非重心腳落下,讓骨盆保持穩定。

159

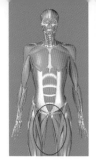

闊筋膜張肌‧梨狀肌‧股方肌

- **闊筋膜張肌**　位於臀中肌前方，在將大腿肌肉包覆住的大腿外側部，此肌肉會呈肌膜狀。除了用來讓髖關節進行外展、彎曲以外，當屈曲肌在運作時，也能防止髖關節外旋。
- **梨狀肌**　呈西洋梨狀的肌肉。只要將薦骨固定住，就能讓大腿進行外旋或外展動作。只要將大腿固定，就能伸展脊椎。
- **股方肌**　呈方形的平坦厚肌。在外旋肌群中，是最強壯的肌肉。

闊筋膜張肌
上臀神經

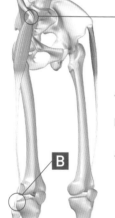

A‧起點　髂骨的髂骨前上棘、髂嵴。

B‧終點　經由髂脛束到達髂骨外側上緣

ADL　協助大腿的運動，在走路時，能夠讓腳筆直地往前伸出。

梨狀肌
坐骨神經叢

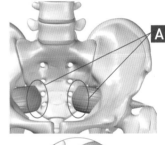

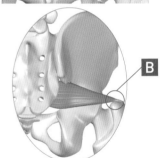

A‧起點　薦骨正面、髂骨坐骨大切跡。

B‧終點　股骨的大轉子前端

ADL　可能會成為坐骨神經痛的原因。

股方肌
薦神經叢

背面

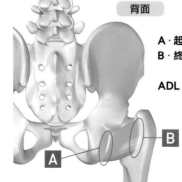

A‧起點　坐骨結節

B‧終點　股骨的轉子間嵴

ADL　用於蛙式游泳等運動的腳部動作。

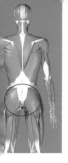

閉孔外肌・閉孔內肌・孖上肌・孖下肌

- **閉孔外肌** 位於髖關節的大腿外旋肌。同時也是位於最深層的脆弱內收肌。
- **閉孔內肌** 位於髖關節大腿外旋肌,很強壯。與孖上肌・孖下肌一起被稱作「髖骨三頭肌」。
- **孖上肌** 位於梨狀肌與閉孔內肌之間。髖關節的外旋肌。
- **孖下肌** 位於閉孔內肌下部的小型肌肉,用來輔助閉孔內肌。

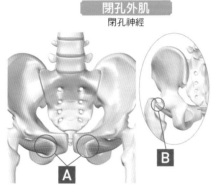

閉孔外肌
閉孔神經

A・起點 恥骨的閉孔緣、閉膜的外側。
B・終點 股骨的轉子窩
ADL 在走路時,能用來保持姿勢。

背面

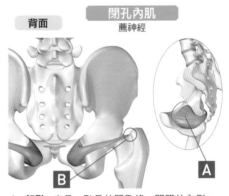

閉孔內肌
薦神經

A・起點 坐骨・恥骨的閉孔緣、閉膜的內側。
B・終點 股骨的大轉子或轉子窩
ADL 用於蛙式游泳等運動的腳部動作。

孖上肌
薦神經叢

A・起點 坐骨棘
B・終點 股骨的大轉子
ADL 從機車或自行車等交通工具上下來時,會發揮作用。

背面

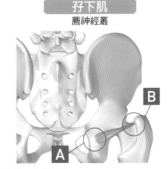

孖下肌
薦神經叢

A・起點 坐骨結節
B・終點 股骨的大轉子
ADL 投擲棒球時,以及揮棒時,會發揮作用。

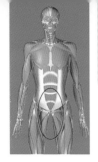

內收長肌‧內收短肌‧內收大肌

- **內收長肌**　在內收肌群中，位於前方恥骨肌的下部。也能用來進行髖關節內收、大腿外旋動作。而且還能協助彎曲。
- **內收短肌**　與內收長肌、內收大肌一起運作。負責髖關節的內收動作。
- **內收大肌**　在內收肌群中，是最大最強壯的肌肉。負責髖關節的內收（前部）、彎曲（後部）、伸展。

內收長肌

閉孔神經

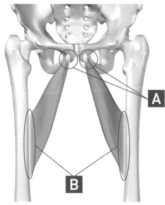

A‧起點　恥骨聯合以及恥骨脊
B‧終點　股骨的粗線內側中央3分之1
ADL　拉住兩邊的大腿，使其閉合。

內收短肌

閉孔神經

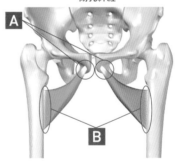

A‧起點　恥骨下支
B‧終點　股骨的粗線內側唇上部3分之1
ADL　在運動中進行橫向移動時，會發揮作用。

內收大肌

淺部：脛神經、深部：閉孔神經

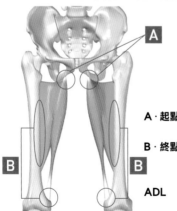

A‧起點　恥骨下支、坐骨結節
B‧終點　股骨的粗線內側唇、內收肌結節。
ADL　在騎馬與蛙式游泳中，會經常使用到。

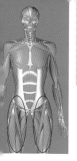

股直肌・股中間肌・股外側肌

- **股直肌** 在股四頭肌中，是最重要的肌肉。屬於跨越髖關節與膝關節的雙關節肌。負責髖關節的彎曲、膝關節的伸展。
- **股中間肌** 位於股四頭肌的中央。髖關節在彎曲時，能夠發揮身為膝關節伸肌的作用。
- **股外側肌** 大腿前外側部的肌肉部分。負責膝關節的伸展。坐下時，能控制下肢的動作。

股四頭肌	股直肌	股中間肌	股外側肌	股內側肌

股直肌
股神經

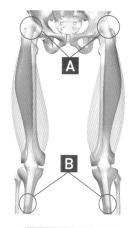

A・起點 髂骨的髂骨前下棘、髖臼的上緣。
B・終點 脛骨粗隆
ADL 在走路的抬腳動作中，會發揮重要作用。

股中間肌
股神經

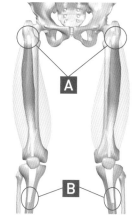

股外側肌
股神經

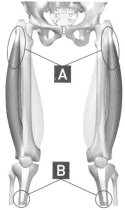

A・起點 股骨的粗線外側唇、大轉子外側面、臀肌粗隆。
B・終點 脛骨粗隆
ADL 在走路時，能讓膝蓋保持伸直姿勢。

A・起點 股骨的骨幹正面
B・終點 脛骨粗隆
ADL 負責穩定髖關節，讓膝蓋保持伸直姿勢。

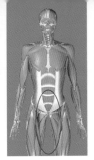

第4章 下肢・腳部的肌肉

股內側肌・縫匠肌・股薄肌・恥骨肌

- **股內側肌** 位於大腿前內側部的肌肉。在膝關節的螺旋回返運動※中，當角度位於10～20度之間時，此肌肉會發揮最大的作用。
- **縫匠肌** 人體中最長的帶狀肌肉。負責髖關節・膝關節的彎曲、髖關節的外旋。
- **股薄肌** 內收肌群中唯一的雙關節肌。用來協助髖關節的內收、膝關節的內旋以及彎曲。
- **恥骨肌** 內收肌群中位於最高處的方形肌肉。負責髖關節的彎曲、內收。

股內側肌
股神經

A・起點 股骨的粗線內側唇
B・終點 脛骨粗隆
ADL 在爬樓梯、坐著起身等動作中會發揮其作用。

縫匠肌
股神經

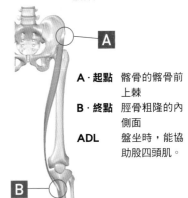

A・起點 髂骨的髂骨前上棘
B・終點 脛骨粗隆的內側面
ADL 盤坐時，能協助股四頭肌。

股薄肌
閉孔神經

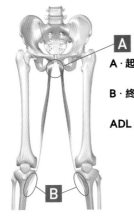

A・起點 恥骨聯合的外側緣
B・終點 脛骨粗隆的內側面
ADL 雙膝彎曲跪坐時，以及進行騎馬、蛙式游泳等運動時，會發揮作用。

恥骨肌
閉孔神經・股神經

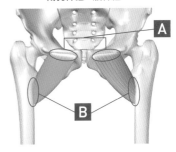

A・起點 恥骨梳
B・終點 股骨的恥骨線
ADL 筆直地行走時，會發揮作用。

※：screw-home movement。膝蓋完全伸展時，脛骨會對股骨產生輕微的外旋運動。

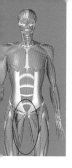

股二頭肌・半膜肌・半腱肌

- **股二頭肌** 由長頭、短頭這2條肌頭所構成,也叫做外側腿後腱肌群。只有短頭與一個關節的彎曲有關。負責膝關節的外旋、伸展。
- **半膜肌** 被稱為內側腿後腱肌群。用來讓膝關節彎曲、內旋。運作時,會和半腱肌產生密切關聯。
- **半腱肌** 與半膜肌一樣是內側腿後腱肌群。負責髖關節的伸展、膝關節的彎曲。

腿後腱肌群	股二頭肌	半膜肌	半腱肌

股二頭肌
長頭:脛神經・短頭:腓總神經

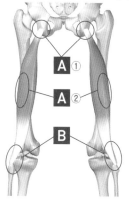

A・起點 ①長頭:坐骨結節
②短頭:股骨的粗線外側唇
B・終點 腓骨頭
ADL 用來使髖關節保持穩定。

半膜肌
脛神經

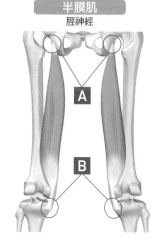

A・起點 坐骨結節
B・終點 脛骨內髁
ADL 在行走中,當腳往前跨出後,此肌肉會發揮作用,避免軀幹彎曲。

半腱肌
脛神經

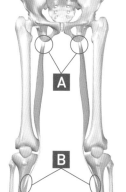

A・起點 坐骨結節
B・終點 脛骨的上部內側面
ADL 短跑選手的此肌肉很發達。

小腿・腳部的肌肉

- **小腿的肌肉** 小腿的後方肌肉有屈肌和膝關節,並且將可活動的足關節和腳趾以伸肌・腓骨肌連接。小腿肌肉的數量很少,可是強而有力的肌肉卻很多。

- **腳部的肌肉** 從起始到終止都位於腳背中的肌肉。以深度來看共有四層。個別的肌肉無法獨自運動,必須協同作業。

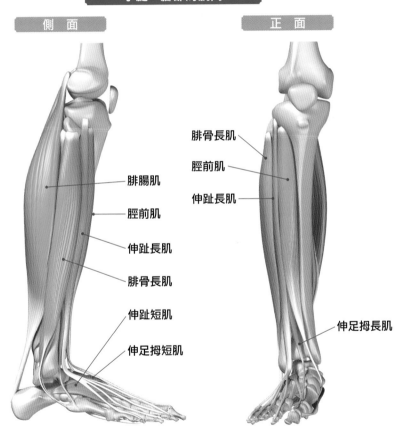

小腿・腳部的肌肉

側面

腓腸肌
脛前肌
伸趾長肌
腓骨長肌
伸趾短肌
伸足拇短肌

正面

腓骨長肌
脛前肌
伸趾長肌
伸足拇長肌

小腿的 肌肉	屈肌	腓腸肌　比目魚肌（以上2者稱為小腿三頭肌） 蹠肌　膕肌
	伸肌‧腓骨肌	脛前肌　腓骨長肌　腓骨短肌　第三腓骨肌　伸趾長肌 伸足拇長肌　脛後肌　屈趾長肌　屈足拇長肌
腳部的 肌肉	固有肌 （數字是表示深度 的第1層～第4層）	屈足拇短肌③　外展小指肌①　屈趾短肌① 外展足拇肌①　蚓狀肌②　蹠方肌② 伸趾短肌　伸足拇短肌

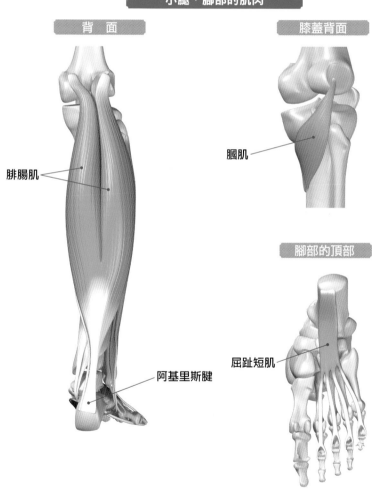

小腿‧腳部的肌肉

背　面

膝蓋背面

膕肌

腓腸肌

阿基里斯腱

腳部的頂部

屈趾短肌

第4章　肌肉的構造與作用

167

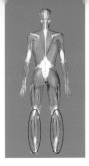

腓腸肌‧比目魚肌‧蹠肌

- **腓腸肌** 很強壯的肌肉，被稱為小腿面的「小腿肚」。會延伸到腳後跟，與比目魚肌一起形成阿基里斯腱。此肌肉和足部關節的蹠屈都與膝關節的彎曲等動作有關。

- **比目魚肌** 與腓腸肌共有的阿基里斯腱是人體內最強壯的肌腱。此肌腱如果斷裂，就會導致這兩種肌肉斷裂。雖然是強壯的蹠屈肌，但只和足部關節有關聯。

- **蹠肌** 位於腓腸肌與比目魚肌之間的細長肌肉。此肌肉會逐漸退化。負責足部關節的蹠屈。

小腿三頭肌	腓腸肌	比目魚肌

腓腸肌
脛神經

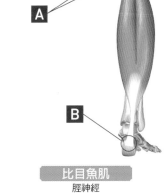

A‧起點 ①外側頭：股骨外上髁
②內側頭：股骨內上髁
B‧終點 跟骨結節
ADL 踮腳尖與跑跳時，會發揮很大作用。

蹠肌
脛神經

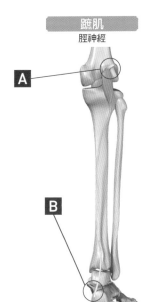

比目魚肌
脛神經

A‧起點 脛骨背面的比目魚肌線、腓骨頭、腓骨背面上部。
B‧終點 跟骨結節（終點肌腱為阿基里斯腱）
ADL 在筆直地站立時，能用來支撐小腿。

A‧起點 股骨外上髁
B‧終點 阿基里斯腱內側緣
ADL 輔助腓腸肌與比目魚肌。

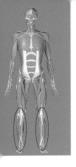

膕肌・脛前肌・腓骨長肌

- **膕肌** 位於膝關節內側的小型扁平肌。輔助內側腿後腱肌群。負責膝關節的彎曲與脛骨的內旋。
- **脛前肌** 位於小腿正面的長條肌肉。在負責足部關節的背屈動作的肌肉中,最為強壯。
- **腓骨長肌** 很強壯的外翻肌,也能用來維持足弓。此肌肉如果不夠發達,腳就會呈現內翻狀態。也負責足部關節的蹠屈。

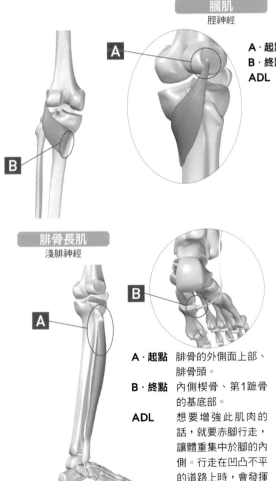

膕肌
脛神經

A・起點 股骨外髁
B・終點 脛骨的上部背面
ADL 彎曲膝蓋時,能用來輔助後十字韌帶。

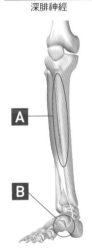

脛前肌
深腓神經

腓骨長肌
淺腓神經

A・起點 腓骨的外側面上部、腓骨頭。
B・終點 內側楔骨、第1蹠骨的基底部。
ADL 想要增強此肌肉的話,就要赤腳行走,讓體重集中於腳的內側。行走在凹凸不平的道路上時,會發揮很大作用。

A・起點 脛骨的外側面、小腿骨間膜。
B・終點 內側楔骨、第1蹠骨的基底部。
ADL 在滑雪與溜冰等以前傾姿勢來行走的運動中,當重量施加在腳部外側時,此肌肉會發揮很大作用。

169

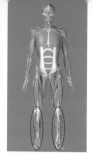

腓骨短肌・第三腓骨肌・伸趾長肌

- **腓骨短肌**　外翻的主動作肌，用來協助足部關節的蹠屈。能夠保持腳底的縱向弧度。
- **第三腓骨肌**　伸趾長肌的某些部分會產生分裂，此部位叫做第三腓骨肌。用來協助足部的背屈、外翻。
- **伸趾長肌**　用來保持與蹠屈肌和背屈肌之間平衡的重要肌肉。負責第2～第5趾的伸展、足部關節的背屈、足部的外翻。

腓骨短肌
淺腓神經

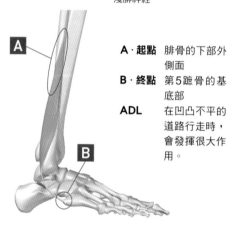

A · 起點　腓骨的下部外側面
B · 終點　第5蹠骨的基底部
ADL　在凹凸不平的道路行走時，會發揮很大作用。

第三腓骨肌
深腓神經

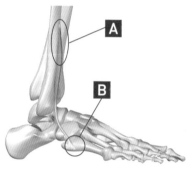

A · 起點　腓骨的正面下部
B · 終點　第5蹠骨的基底部
ADL　能讓人一邊在左右傾斜的表面上保持平衡，一邊站得很直。

伸趾長肌
深腓神經

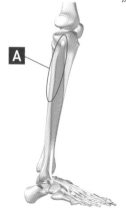

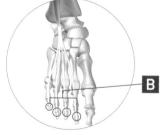

A · 起點　脛骨外側面、腓骨前緣、小腿骨間膜。
B · 終點　第2～第5中・遠節趾骨的背面
ADL　在進行爬樓梯等動作時，會發揮輔助作用，讓腳尖能順利抬起。

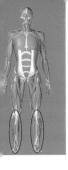

脛後肌‧伸足拇長肌‧屈足拇長肌

- **脛後肌** 通過小腿中心，被屈趾長肌所覆蓋的深層肌肉。與脛前肌、伸趾長肌一起引發的炎症叫做前脛骨症候群。負責足部關節的蹠屈、內翻。

- **伸足拇長肌** 從腓骨中央延伸出來的腹肌會被兩側的肌肉覆蓋，所以無法從表面進行觀察。

- **屈足拇長肌** 位於小腿三頭肌深處的強壯深層肌。能夠避免拇趾外翻。是拇趾的屈肌（指間關節）。

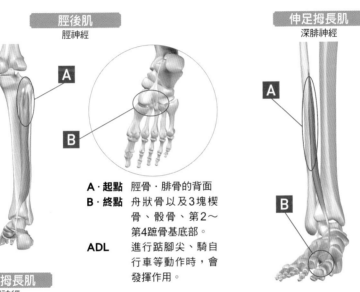

脛後肌
脛神經

A

B

A‧起點 脛骨‧腓骨的背面
B‧終點 舟狀骨以及3塊楔骨、骰骨、第2～第4蹠骨基底部。
ADL 進行踮腳尖、騎自行車等動作時，會發揮作用。

伸足拇長肌
深腓神經

A

B

A‧起點 腓骨以及小腿骨間膜的正面
B‧終點 第1趾（拇趾）遠節趾骨的背面
ADL 在爬樓梯時，會發揮輔助作用，讓腳尖能順利抬起。

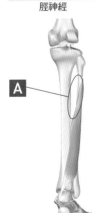

屈足拇長肌
脛神經

A

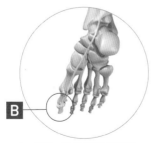

B

A‧起點 腓骨的背面下部
B‧終點 第1趾（拇趾）的遠節趾骨基部
ADL 在走路時會發揮作用。會與其他肌肉一起被用於跑步、跳躍等動作。

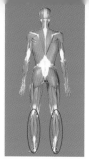

屈趾長肌‧屈足拇短肌‧外展小指肌

- **屈趾長肌** 位於脛骨後方,隱藏在腓腸肌與比目魚肌等主要肌肉之下。能讓第2～第5趾彎曲(遠端指間關節),同時也負責足部關節的蹠屈。

- **屈足拇短肌** 被外展足拇肌所覆蓋的深層肌肉。負責拇趾近節趾骨的彎曲(掌趾關節)。

- **外展小指肌** 足外側的淺層肌肉。負責第5趾(小趾)的外展與彎曲。

屈趾長肌
脛神經

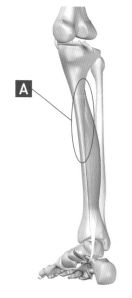

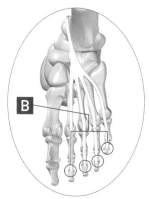

A‧起點 脛骨背面的中央部
B‧終點 第2～第5趾的遠節趾骨基部
ADL 在進行登山、競技體操中的平衡木動作等運動時,會發揮作用。

屈足拇短肌
外蹠神經‧內蹠神經

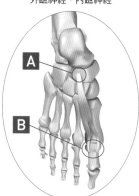

A‧起點 骰骨、楔骨。
B‧終點 第1趾的近節趾骨基部的兩側
ADL 與屈足拇長肌一起讓各拇趾的彎曲程度取得平衡。

外展小指肌
外蹠神經

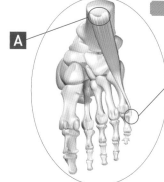

A‧起點 跟骨結節、內側隆起。
B‧終點 第5趾(小趾)的近節趾骨基部外側
ADL 當使足部的外側緣產生隆起。

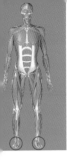

屈趾短肌・外展足拇肌・蚓狀肌

- **屈趾短肌**　在足部肌肉中，位於足底的最表層・中央區域，被蹠腱膜所覆蓋。負責第2～第5趾的彎曲（近端指間關節）。
- **外展足拇肌**　位於拇趾的內側（足底的淺層），負責第1趾（拇趾）的外展。
- **蚓狀肌**　與蹠方肌同樣位於中央層的小塊肌肉。負責第2～第5趾的彎曲（掌趾關節），遠端指間、近端指間則負責伸展。

屈趾短肌
內蹠神經

A・起點	跟骨內側結節以及蹠腱膜	
B・終點	第2～第5趾的中節趾骨	
ADL	此肌肉一旦變弱，就會出現名為「爪形足」的症狀。	

外展足拇肌
內蹠神經

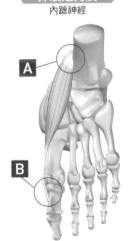

A・起點	拇趾的隆起、屈肌支持帶、蹠腱膜。
B・終點	拇趾近節趾骨的內側
ADL	能夠保持足部的弧度，使其變得穩定。

蚓狀肌
外蹠神經・內蹠神經

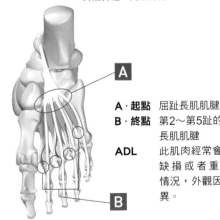

A・起點	屈趾長肌肌腱
B・終點	第2～第5趾的伸趾長肌肌腱
ADL	此肌肉經常會出現缺損或者重複的情況，外觀因人而異。

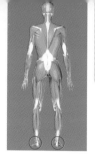

蹠方肌・伸趾短肌・伸足拇短肌

- **蹠方肌** 位於足外側緣的深層肌肉。擁有內・外側頭這2個頭。用來協助第2～第5趾的彎曲（近端指間關節）。
- **伸趾短肌** 足部背側有筋腹的肌肉，只有伸足拇短肌、背側骨間肌，以及此肌肉。負責第2～第4趾的伸展。
- **伸足拇短肌** 由於是附著在骨頭上梭形肌，所以能直接讓拇趾進行伸展（掌趾關節）。

蹠方肌
外蹠神經

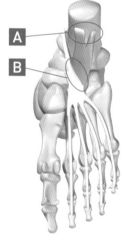

A・起點 跟骨的外側緣、內側緣。

B・終點 屈趾長肌肌腱

ADL 也叫做屈足輔助肌。此肌肉一旦變弱，就會引發肌筋膜疼痛症候群。

伸趾短肌
深腓神經

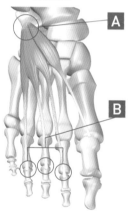

A・起點 跟骨的背側

B・終點 第2～第4趾的伸趾長肌肌腱

ADL 只要背屈，就會產生圓形隆起。

伸足拇短肌
深腓神經

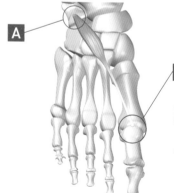

A・起點 跟骨的背面

B・終點 第1趾（拇趾）的近節趾骨基部

ADL 一旦過度使用肌腱，此處就容易引發腱鞘炎。

第5章

內臟的構造與功能

消化系統的概要

　　為了組成身體，供給身體養分，我們會從食物中攝取營養，並藉此來維持生命。消化系統的作用為，將食物分解‧吸收，接收人體所需的物質，排出不需要的物質。消化系統以從口部到肛門約10公尺長的胃腸道為中心，由能分泌消化液的腺體所構成。

● 何謂消化‧吸收

　　身體無法直接將有營養的食物吸收到體內，必須將食物分解成胺基酸、單醣類、脂肪酸等小分子。此過程就是消化，將透過消化所製成的小分子當成營養來攝取，則是吸收。

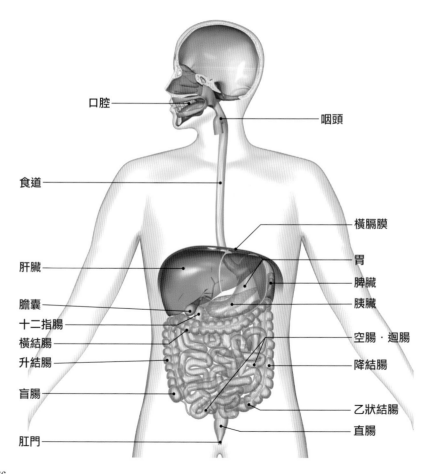

口腔

咽頭

食道

橫膈膜

胃

脾臟

胰臟

肝臟

膽囊

十二指腸

橫結腸

升結腸

盲腸

肛門

空腸‧迴腸

降結腸

乙狀結腸

直腸

機械性消化與化學性消化

- 機械性消化指的是，用牙齒將食物咬碎的咀嚼動作、胃腸道的運動等透過機械性力量來將食物變小的過程。也叫做物理性消化。
- 化學性消化指的是，透過含有胃液或膽汁等消化液的消化酵素來進行分子層級的分解。

  基本上，在咀嚼時，與食物混在一起的唾液中就含有能夠分解澱粉的酵素。一部分的食物會在此階段接受化學性消化，在胃部與腸道中，會一邊進行化學性消化，一邊透過胃腸道本身的運動來促進機械性消化。依照場所，有時會同時進行2種消化方式，藉此來使消化過程變得更加順暢。

消化與吸收的流程（參閱下圖）

❶口腔內～食道
在口腔內與唾液一起被咀嚼的食物，會透過吞嚥動作來進入體內，然後再藉由咽頭與食道的收縮與放鬆來進入胃部。

❷胃
食物會透過胃部的蠕動運動，與胃液一起接受1～3小時的機械性消化。同時，含有鹽酸的胃液也會持續進行化學性消化。在胃部內形成黏稠狀的食物，會從幽門逐漸往十二指腸移動。

❸十二指腸
從胃部送過來的食物，會與來自肝臟的膽汁，以及從含有各種酵素的胰臟所分泌的胰液混合，進行消化。脂質會在此處被乳化。

❹小腸
蛋白質會被分解成胺基酸，醣類則會被分解成單醣類，並透過絨毛來被人體吸收。通過小腸的時間為3～4小時，唾液、胃液、膽汁、胰液等水分，多半也會在此處被吸收。

❺大腸
食物纖維等沒有被消化吸收的食物殘渣，會吸收水分，形成糞便。糞便會被儲存在直腸，累積到某種程度後，一併排出。

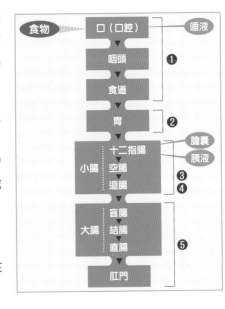

胃腸道的構造與功能

從口部到肛門這段長度約9公尺的食物通道叫做胃腸道。食物從口部被送到胃部後，之所以能夠在蜿蜒曲折的小腸內移動，靠的是以蠕動運動為首的胃腸道運動。從食道到直腸，胃腸道都擁有共同的基本構造。

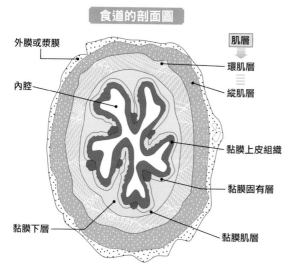

食道的剖面圖

外膜或漿膜
內腔
黏膜下層

肌層
環肌層
縱肌層
黏膜上皮組織
黏膜固有層
黏膜肌層

● 胃腸道的基本構造

食道的肌層始於連接咽頭的骨骼肌，中途會夾雜平滑肌，從下部三分之一處到直腸，是由平滑肌所構成。胃腸道的肌層是由「位於內側的環肌層」，以及「位於外側，且和消化道長軸平行的縱肌層」所組成，胃部內還有斜向地同過內側的斜肌，會形成3層結構。

▋蠕動運動的原理

食道會透過環肌與縱肌的收縮與放鬆來將食物往前推。在這2種肌層中，環肌一旦收縮，該部分就會變細，縱肌一旦收縮，則會變粗。因此，只要這2種肌肉連續進行收縮，食道內的食物就會被推向下方（遠側）。由於這種肌肉運動類似蚯蚓的動作，所以被稱為「蠕動運動」，不僅是食道，整個胃腸道都會進行此運動。

胃部的蠕動運動

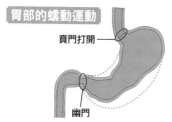

賁門打開
幽門

①賁門打開，食物進入胃部。

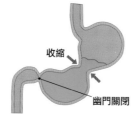

收縮
幽門關閉

②透過蠕動運動來進行消化。只要靠近幽門，蠕動就會變得更加強烈。

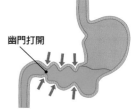

幽門打開

③蠕動波抵達幽門後，幽門就會打開，內容物會逐漸地被送到十二指腸。

口腔的構造與功能

　　口腔是消化器官的入口。口腔會分泌唾液這種消化液來將食物弄濕，接著用牙齒咀嚼，使食物變小，然後透過咽頭、食道，將食物送進胃部。口腔同時也能進行呼吸，發出聲音，是一種具備多種功能的器官。

● 口腔的構造

　　口腔指的就是「口部」，包含口內的空間與嘴唇、牙齒、舌頭、腭部等周圍器官。口腔透過嘴唇來與外界接觸，後方則透過咽門來連接咽頭。

　　壁側為臉頰，下方則是舌頭這個塊狀肌肉。藉由自在地運動，舌頭不僅能用來進食，在發聲方面，也能發揮很大作用。口腔的頂部被稱為腭部，內側3分之1是沒有骨頭的軟腭，進行吞嚥時，會將鼻後孔塞住，防止食物進入鼻腔。下方的齒列埋在可動性的下頜中，藉由活動下頜，就能透過上下齒列來咬碎食物，進行咀嚼。

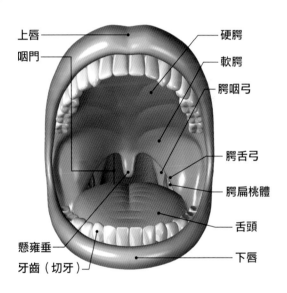

上唇 — 硬腭
咽門 — 軟腭
腭咽弓
腭舌弓
腭扁桃體
舌頭
懸雍垂
牙齒（切牙） — 下唇

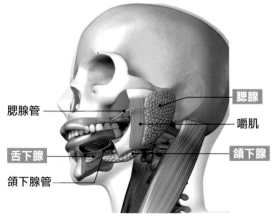

腮腺管
舌下腺
頜下腺管
腮腺
嚼肌
頜下腺

▌咀嚼與唾液

　　口腔內有腮腺、頜下腺、舌下腺這3種大唾液腺，能夠分泌大量唾液，使咀嚼變得順暢。在舌頭表面與黏膜上有小唾液腺，可以幫助咀嚼與吞嚥。另外，唾液也具備引出食物鮮味、刺激味覺的作用。

179

牙齒的構造

牙齒是口腔內用來咀嚼食物的器官。成人有4種不同的32顆恆齒。齒冠表面被堅硬的琺瑯質所覆蓋，主體是象牙質，齒根的表面則由牙骨質所構成。牙齒是人體內最堅硬的器官。

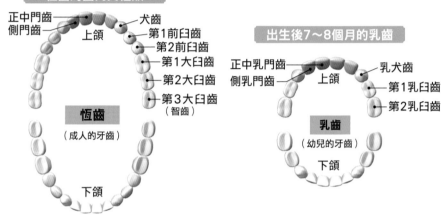

恆齒的齒列與種類

正中門齒
側門齒
上頜
犬齒
第1前臼齒
第2前臼齒
第1大臼齒
第2大臼齒
第3大臼齒
（智齒）

恆齒
（成人的牙齒）

下頜

出生後7～8個月的乳齒

正中乳門齒
側乳門齒
上頜
乳犬齒
第1乳臼齒
第2乳臼齒

乳齒
（幼兒的牙齒）

下頜

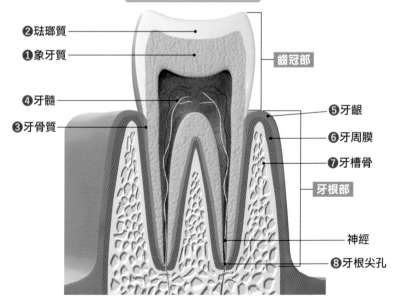

牙齒的構造（剖面圖）

❷琺瑯質
❶象牙質
齒冠部
❹牙髓
❸牙骨質
❺牙齦
❻牙周膜
❼牙槽骨
牙根部
神經
❽牙根尖孔

● 齒列與種類

◆**成人的牙齒** 包含了門齒、犬齒、前臼齒、大臼齒這4種形狀各不相同的恆齒。從中央往上下左右排列成4組，每組8顆牙，這樣就能構成上下兩排齒列。各種牙齒都擁有適合用來咀嚼的形狀。前齒較薄的門齒適合用來咬斷食物。犬齒的前端很尖銳，宛如獠牙一般。臼齒的表面比較平坦，並有幾個隆起部分，適合用來磨碎食物。第3大臼齒會在從青春期後半到成年後才長出來，所以被稱為「智齒」。在現代，終生都沒有長智齒的人也並不罕見。

◆**幼兒的牙齒** 幼兒會在出生後7～8個月才開始長出乳齒。與從門齒到第2前臼齒這5顆恆齒對應，乳齒包含了正中乳門齒、側乳門齒、乳犬齒、第1‧第2乳臼齒這5種，共20顆。在約6歲時，會長出第一顆恆齒「第1大臼齒」，大約在12歲前，乳齒會全部被恆齒取代。

用來容納齒根和牙骨質的牙槽骨，會透過名為「嵌合」的獨特方式來緊密地連接身為纖維性緻密結締組織的牙周膜，並與周圍的骨頭相連。

● 牙齒的組織

❶象牙質 位於琺瑯質、牙骨質內側的組織，用來構成牙齒的形狀。比牙骨質硬，比琺瑯質軟，組成成分中有約70%是鈣質。透過位於牙髓腔的造牙本質細胞，在成年後，也會持續形成象牙質。

❷琺瑯質 包覆著齒冠表面，是人體中最堅硬的乳白色半透明組織。用來製造此琺瑯質的造釉細胞，在牙齦中形成琺瑯質後，就會在牙齒長出前消失，所以無法像其他細胞那樣再生。

❸牙骨質 將象牙質的牙根部包圍起來的組織。牙骨質占了牙齒的3分之2，會將埋在牙槽骨中的牙根表面包覆住。在3種組織中，是最軟的硬組織。成分中有約60%是鈣質，構造與性質類似骨頭。透過從周圍的牙周膜延伸出來的夏庇氏纖維（成骨纖維）來連接牙槽骨，讓牙齒被固定在頜骨上。

❹牙髓 用來填滿象牙質內部的組織。除了神經纖維以外，血管與淋巴管等會通過此處，供給養分給象牙質。從與牙髓壁並排的造牙本質細胞冒出來的細微突起，會伸進象牙質內。

❺牙齦 口腔黏膜的一部分，也被稱為「牙床」。

❻牙周膜 用來連接牙齒與牙槽骨的結締組織。大部分是由膠原纖維所構成。

❼牙槽骨 頜骨的一部分，用來容納牙根，連接骨體部與牙齒。

❽牙根尖孔 位於牙齒底部，用來讓神經與血管出入的孔。

咽喉的構造與功能

從口腔通往食道的咽頭，以及透過鼻腔來連接氣管的喉頭，合稱為「咽喉」。咽頭是空氣與食物雙方的通道，在吞嚥經過咀嚼的食物時，會厭會關閉，將食物送往食道。

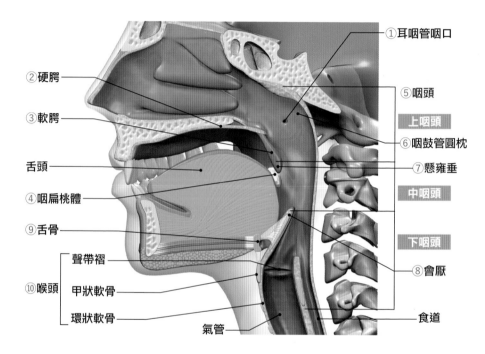

①耳咽管咽口	用來連接中耳與咽頭的管狀開口部，會通往耳咽管的咽頭側。
②硬腭	佔據上顎前方3分之2的部分。被黏膜所包覆，深處有上顎骨·腭骨。
③軟腭	位於硬腭的後部，很柔軟。在吞嚥時，可以防止食物進入鼻腔。
④咽扁桃體	咽頭的上端，擁有圓蓋的扁桃體（一種淋巴組織）。
⑤咽頭	位於胃腸道的最頂部，用來連接口腔與食道的管子。
⑥咽鼓管圓枕	耳咽管咽口上部的軟骨所導致的隆起部分。
⑦懸雍垂	位於軟腭深處，從腭帆的中央區域垂下的部分。
⑧會厭	用來塞住喉頭入口的蓋狀軟骨。吞嚥食物時，會將喉頭塞住，將食物引向食道。
⑨舌骨	位於舌根下方、甲狀軟骨上部的U字型小骨。
⑩喉頭	·聲帶褶　　位於咽頭腔，黏膜將聲帶韌帶包覆住後所形成的皺褶。 ·甲狀軟骨　位於咽頭的最大軟骨。在成年男性體內，會形成「喉結」。 ·環狀軟骨　用來構成咽頭的軟骨之一，位於咽頭的最下層，與甲狀軟骨一起形成環甲關節。

● 咽頭的構造與作用（參閱左圖）

　　咽頭是胃腸道的一部分，從口腔深處來連接食道，同時也是通往喉頭的入口，用來連接鼻腔與肺部。咽頭也是用來讓空氣通過的呼吸器官。咽頭可以分成3個部分。咽頭內有各種肌肉，在發聲與吞嚥時，會發揮獨特作用。

❶上咽頭　從鼻腔深處到上顎深處的部分。除了耳咽管咽口以外，周圍還有耳咽管扁桃腺、咽扁桃體等淋巴組織。

❷中咽頭　將口部張大時，在口部深處所看到的部分。透過此部分，能將食物引向食道。

❸下咽頭　位於喉嚨最深處，與食道相連的部分。喉頭位於下咽頭的前方，相當於「喉結」的部分。

▋吞嚥的原理

　　吞下東西的動作叫做「吞嚥」，在口腔內經過咀嚼的食物，藉由吞嚥來通過咽頭，如同下圖所示，被送往食道。第1階段口腔期，第2階段咽部期，第3階段食道期。口腔期屬於依照意識來進行的隨意運動，咽部期·食道期則是透過吞嚥中樞的作用來進行的不隨意運動。

▋何謂誤嚥

　　當吞嚥功能與咽頭周圍的肌肉因為年齡增長等因素而衰退時，就會容易發生吞咽障礙，像是食塊進入氣管內的誤嚥等情況。發生誤嚥時，一般會反射性地咳嗽，將食塊吐出。當食物進入支氣管或肺部，形成異物時，也可能會引發吸入性肺炎，必須特別注意。

口腔期（第1階段）

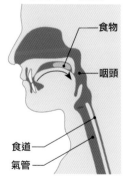

①口腔期　隨意運動
　　將載著經過咀嚼的食塊的舌頭拉向後方，把食塊送往咽頭。接著，舌根會阻斷咽頭與喉頭的聯繫，防止食塊逆流。

咽部期（第2階段）

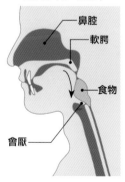

②咽部期　不隨意運動
　　將食塊從咽頭送往食道。軟腭會升起，將與鼻腔之間的通道塞住，會厭則會將喉頭蓋住，防止誤嚥，避免食塊進入氣管。

食道期（第3階段）

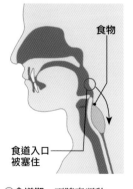

③食道期　不隨意運動
　　透過食道的蠕動運動將食塊運送到胃。透過蠕動運動，經過數秒到10秒左右，食塊即被送到胃。食道的入口會被塞住，防止逆流。

食道的構造與功能

食道始於喉頭的後側，往下經過胸部中央、氣管後方，通過心臟後方，貫穿橫膈膜，抵達胃部。食道是粗細約2公分，長度約25公分的管子，用來將食物運送到胃部。雖然其構造與其他胃腸道一樣，是由黏膜、肌層、外膜這3層所構成，但在胃腸道中，只有食道的內側被厚實的複層扁平上皮所包覆。複層扁平上皮的作用為，避免只經過咀嚼而且仍殘留食物形狀的食塊在通過食道時造成食道損傷。

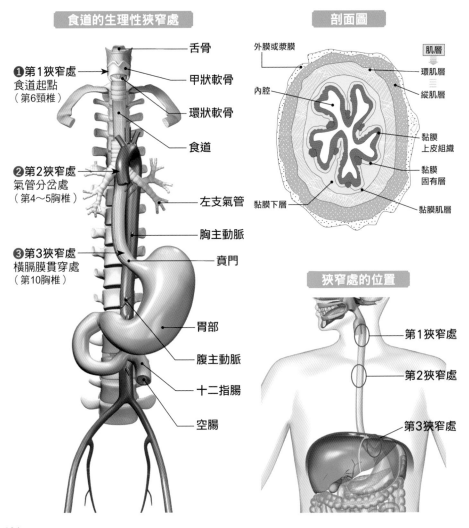

食道的生理性狹窄處

- 舌骨
- ❶第1狹窄處 食道起點（第6頸椎）
- 甲狀軟骨
- 環狀軟骨
- 食道
- ❷第2狹窄處 氣管分岔處（第4～5胸椎）
- 左支氣管
- 胸主動脈
- ❸第3狹窄處 橫膈膜貫穿處（第10胸椎）
- 賁門
- 胃部
- 腹主動脈
- 十二指腸
- 空腸

剖面圖

- 外膜或漿膜
- 肌層
- 環肌層
- 縱肌層
- 內腔
- 黏膜 上皮組織
- 黏膜 固有層
- 黏膜下層
- 黏膜肌層

狹窄處的位置

- 第1狹窄處
- 第2狹窄處
- 第3狹窄處

● 生理性狹窄處

在食道內，有3個會在中途變細的部分，這叫做生理性狹窄處。在進食時，這三個地方的肌肉也不易擴大，而且容易堵塞，是食道癌的好發部位。

❶**第1狹窄處（食道起點）**：透過下咽頭來連接食道的部分。人們認為，此狹窄處是上括約肌（橫紋肌）的收縮所造成的。

❷**第2狹窄處（氣管分岔處）**：主動脈弓與左支氣管和食道重疊，導致食道受到壓迫的部分。也被稱為主動脈狹窄。

❸**第3狹窄處（橫膈膜貫穿處）**：此部分相當於貫穿橫膈膜的食道裂孔。

● 食道的蠕動運動

食道不只是進入體內的食物在被運送到胃部的途中所經過的管子，透過食道本身的蠕動運動，食道能夠主動地將食物運送到胃部。

在蠕動運動中，位於食道壁的環肌會從上方不斷地進行收縮，藉此來將食物推向胃部，進行搬運。透過此運動，即使人是躺著的，或者，萬一人是在倒立或無重力狀態下進食，食物也不會逆流，能夠順利抵達胃部。另外，用來保護食道內側的黏膜會分泌黏液，讓食物能順暢地通過食道。不過，這種黏液不含消化酵素。

在食道變細的狹窄處，東西容易堵塞，而且容易致癌，所以當大家產生「有東西卡住」之類的不協調感時，必須特別注意。

食道的蠕動運動

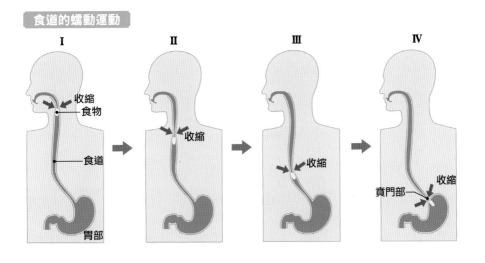

第5章 內臟的構造與功能

胃的構造與功能

胃部位於上腹部的左側與橫膈膜下方，在腸胃道當中，是膨脹程度最大的器官。在空腹時，胃的容量為100毫升。進食後，則會變成1.2～1.5公升。如果把肚子塞滿的話，會膨脹得更大。胃部會暫時存放從食道送過來的食物，透過蠕動運動與分節運動來將食物和胃液一起攪拌、消化，使其形成粥狀狀態，然後透過幽門，逐漸地將其送到十二指腸。停留時間會隨著食物種類而有所不同，醣類比較短，脂質與蛋白質比較長，平均約為2～4小時。

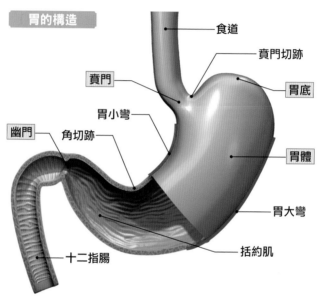

胃的構造

- 食道
- 賁門切跡
- 賁門
- 胃底
- 胃小彎
- 幽門
- 角切跡
- 胃體
- 胃大彎
- 十二指腸
- 括約肌

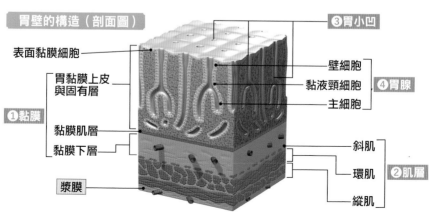

胃壁的構造（剖面圖）

- ❸胃小凹
- 表面黏膜細胞
- 壁細胞
- 黏液頸細胞
- ❹胃腺
- 主細胞
- 胃黏膜上皮與固有層
- ❶黏膜
- 黏膜肌層
- 黏膜下層
- 斜肌
- 環肌
- ❷肌層
- 漿膜
- 縱肌

● 胃的構造

胃的入口是賁門,與食道相連,出口則是幽門,連接十二指腸。從賁門往左上隆起的部分叫做胃底,中央部分叫做胃體,從胃體朝幽門方向稍微變細的部分叫做幽門部。賁門與幽門是由括約肌所構成。

右側的較短邊緣是胃小彎,左側的較長邊緣則是胃大彎。胃與橫結腸之間有個名為「大網膜」的間膜,大網膜會從大彎往下垂,包覆腸子的前面。有許多脂肪塊會附著在大網膜上,伸長的膜之多餘部分會折回。

名為小網膜的間膜則會從胃小彎中出現,附著在肝臟的肝門上。

▌胃壁的構造與作用

胃壁是由黏膜、肌層、漿膜所構成。胃部內側的黏膜上有會分泌胃液等物質的胃腺。胃腺內有壁細胞、主細胞、黏液頸細胞這3種細胞,各自擁有不同形狀,會分泌出作用不同的3種分泌液。

❶胃的黏膜 從內側依序是,黏膜下組織、黏膜肌層、黏膜固有層、黏膜上皮。在黏膜的表面上,可以看到無數個名為胃小凹的小凹陷,之間的間隔約為1公釐。能夠分泌胃液的胃腺會在胃小凹製造開口。從除了賁門部與幽門部以外的胃底部到胃體部,都看得到胃腺。

❷胃的肌層 由縱肌、環肌、斜肌這3層平滑肌所構成,會反覆地收縮與放鬆,食物會與胃酸混合,形成黏液狀。

❸胃小凹的壁 與胃黏膜一起分泌黏液,雖然用來保護胃部表面的黏液上皮細胞會排列在此處,但黏液上皮細胞的壽命非常短,只有4～7日,所以位於胃腺頸部的幹細胞要時常一邊進行分裂,一邊補充數量。

❹胃腺的外分泌細胞

· 主細胞會分泌出名為「胃蛋白酶原」的物質。胃蛋白酶原是「胃蛋白酶」的前體,胃蛋白酶則是一種能夠分解蛋白質的消化酵素。胃蛋白酶原會使蛋白質產生變化,防止腐敗,並幫助小腸進行消化、吸收。有許多主細胞分布在胃腺的下半部。

· 黏液頸細胞會分泌出名為「黏液素」的物質。為了避免胃壁因鹽酸而變得潰爛,所以要透過此黏液的作用來保護胃壁。在胃腺頸部附近,可以看到許多黏液頸細胞。

小腸的構造與功能

　　小腸由十二指腸、空腸、迴腸所構成。若將成人的小腸拉直，長度可達6～7公尺。大部分為空腸與迴腸，除了十二指腸以外的前半段的約5分之2是空腸，剩下的5分之3則是迴腸。黏膜上有密集的絨毛，能夠很有效率地吸收經過消化的養分。

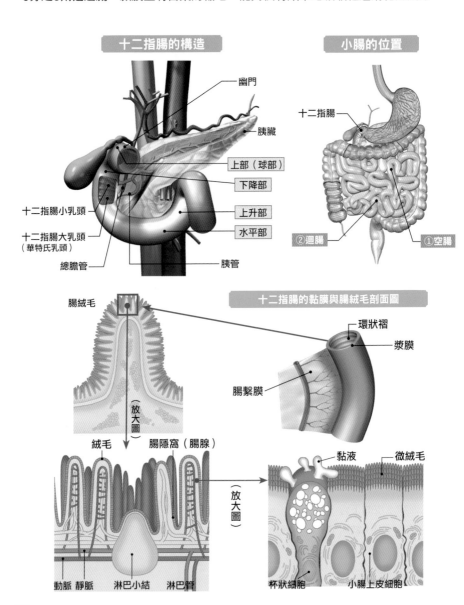

十二指腸的構造

- 幽門
- 胰臟
- 上部（球部）
- 下降部
- 上升部
- 水平部
- 十二指腸小乳頭
- 十二指腸大乳頭（華特氏乳頭）
- 總膽管
- 胰管

小腸的位置

- 十二指腸
- ②迴腸
- ①空腸

十二指腸的黏膜與腸絨毛剖面圖

- 腸絨毛
- 環狀褶
- 漿膜
- 腸繫膜
- （放大圖）
- 絨毛
- 腸隱窩（腸腺）
- （放大圖）
- 黏液
- 微絨毛
- 動脈
- 靜脈
- 淋巴小結
- 淋巴管
- 杯狀細胞
- 小腸上皮細胞

◗ 十二指腸的構造與作用

◆**構造**　與胃部幽門相連的十二指腸是小腸最前端的部分。由於長度為「12根手指排在一起的長度」，所以因而得名。實際上，長度要再更長一點，而且呈現C字形彎曲，宛如將胰臟的胰頭部抱住。從靠近胃的部分，依序可以分成上部（球部）、下降部、水平部、上升部。上升部與空腸相連。在與下降部左側、胰臟相連的部分中，從膽囊與胰臟延伸過來的總膽管與胰管會在此會合，並形成開口，由於周圍有許多小隆起，所以被稱為十二指腸大乳頭（華特氏乳頭）。

◆**作用**　由於從胃部送過來的內容物會與胃酸混合，形成強酸性，所以與幽門相連的上部因酸性物質而產生潰瘍。因此，為了避免腸道受損，十二指腸的十二指腸腺會分泌出鹼性的腸液來中和酸性物質，保護黏膜。在胃部經過消化而形成粥狀的食物，會在此處進一步地與胰液，以及能夠幫助脂肪消化的膽汁一起進行正式的消化，被分解成容易被小腸吸收的狀態。

◗ 空腸與迴腸的構造與作用

成為小腸中心的空腸與迴腸的直徑約4公分。腸壁由3層所構成，從內側依序為黏膜、肌層、漿膜。肌層可分成縱肌層與環肌層這2層。透過此肌肉的作用，可以進行蠕動運動、分節運動、擺動運動這3種運動，將消化物送往前方。

❶**空腸**　特徵為，肌層很發達，腸壁很厚，蠕動運動很活躍。

❷**迴腸**　小腸中長度最長的器官，肌層比空腸薄，由於能吸收養分，所以內容物的前進速度比空腸慢，腸道的粗細程度也略細。

▌消化‧吸收的原理

在空腸與迴腸內，內容物會被分解成最小的分子，或是能夠吸收的程度，然後小腸會開始吸收養分。

在腸的內壁，黏膜會到處隆起，形成環狀褶。再加上，在黏膜中，名為絨毛的細微突起會將表面覆蓋。在將絨毛覆蓋住的小腸上皮細胞中，分布著會分泌黏液的杯狀細胞，再加上，名為微絨毛的極細微突起會擴大細胞的表面積。透過這種構造，能夠進行很有效率的消化與吸收。也被稱為「營養吸收細胞」的小腸上皮細胞在結束約1週的壽命後，就會在腸道內剝落，位於腸腺中的幹細胞則要負責供應新的小腸上皮細胞。在黏膜上皮的下方，有小動脈、小靜脈、淋巴管，而且到處都有名為淋巴小結的淋巴組織。淋巴小結除了負責腸的免疫功能以外，還能吸收脂質。

大腸的構造與功能

　　大腸一開始會連接小腸，最後抵達肛門。大腸是胃腸道的最後部分，形狀宛如將小腸的外側包圍住。可以分成盲腸、結腸、直腸。大腸會吸收從小腸送過來的食物殘渣與食物纖維的水分，使其形成糞便，進行排泄。

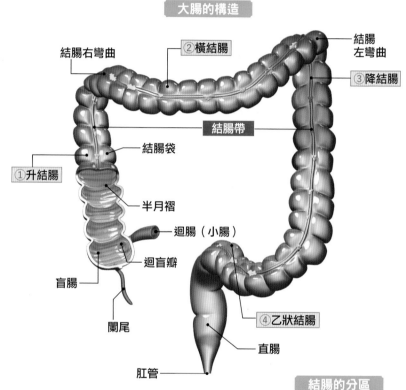

大腸的構造

- 結腸右彎曲
- ②橫結腸
- 結腸左彎曲
- ③降結腸
- 結腸帶
- 結腸袋
- ①升結腸
- 半月褶
- 迴腸（小腸）
- 迴盲瓣
- 盲腸
- 闌尾
- ④乙狀結腸
- 直腸
- 肛管

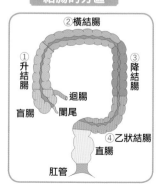

結腸的分區

- ②橫結腸
- ①升結腸
- ③降結腸
- 迴腸
- 盲腸
- 闌尾
- ④乙狀結腸
- 直腸
- 肛管

①升結腸	從小腸送過來的消化物的水分會被吸收，形成半流動狀。
②橫結腸	水分進一步地被吸收，形成粥狀。
③降結腸	水分繼續被吸收，直到形成半粥狀。
④乙狀結腸	形成固體糞便，送往直腸。

● 大腸的構造

大腸與迴腸（小腸）的迴盲部相連，在腹腔內繞一週後，就會抵達肛門。大腸可以分成3個部位，各自具備不同的特徵與作用。

位於右下腹部的盲腸是大腸的開端部分，距離與迴腸相連的迴盲口5～6公分的地方，就是盡頭。迴盲口內有迴盲瓣，能夠防止內容物逆流。名為「闌尾」的細長淋巴組織集合體會附著在盲腸端上，俗稱的「盲腸炎」就是闌尾發炎所造成的。

結腸會從迴盲口往上移動，大致上會繞腹部一週。結腸可以分成升結腸、橫結腸、降結腸、乙狀結腸這4個部位。乙狀結腸連接位於下腹部中央的直腸。在結腸內，各結腸會吸收在小腸內經過消化與吸收的內容物殘渣的水分，然後將其送到直腸。

▌結腸帶的任務

在結腸的腸壁上，有3條結腸帶。結腸帶是縱肌隆起所形成的帶狀隆起。

在小腸等處，有兩層完全將腸道包起來的肌層。在其中一層內，位於外側的縱肌只會聚集在3個地方，結腸帶就是這樣形成的。在結腸內，如果看不到結腸帶的話，此部分就完全沒有縱肌，就算有，數量也非常少。

由於此結腸帶的肌肉會收縮，所以整個結腸會稍微縮短，帶與帶之間的多餘腸壁會在外側隆起，形成結腸袋（haustra）。在腸的內壁，每個一段間隔，就會看到用來連接2條結腸帶的半月褶。藉由此構造，結腸袋經過一段間隔後就會被隔開，形成不相連的小隆起。

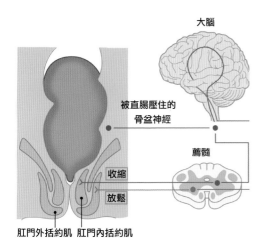

大腦

被直腸壓住的
骨盆神經

薦髓

收縮

放鬆

肛門外括約肌　肛門內括約肌

▌排便與神經的關係

當糞便積存在直腸內，導致內壓上昇，訊息就會被傳送到位於薦髓排便中樞，產生排便反射，然後透過排便反射來產生便意，屬於不隨意肌的肛門內括約肌會打開。另一方面，「直腸內的內壓上昇」這項訊息也被傳到大腦，使人產生便意。如果能夠排便的話，就會讓屬於隨意肌的肛門外括約肌放鬆，然後藉由用力來提升腹壓，擠出糞便，進行排泄。

直腸與肛門的構造與功能

　　直腸是消化器官的終點。始於口腔的食物消化與吸收過程結束後，不需要的成分就會形成糞便，被排泄出去。當直腸內的糞便積存量達到某種程度時，腸道內的壓力就會上昇，人體會藉此來產生便意，進行排便。

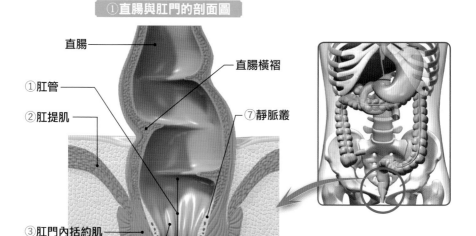

①直腸與肛門的剖面圖

- 直腸
- 直腸橫褶
- ①肛管
- ②肛提肌
- ⑦靜脈叢
- ③肛門內括約肌
- 齒線
- ④肛門柱
- ⑤肛門竇
- ⑥肛門外括約肌

①肛管	位於直腸下端、肛門正前方的直腸變細部分。由肛門內括約肌、肛提肌、肛門外括約肌所構成。
②肛提肌	從周圍來支撐肛門，並形成骨盆膈膜。除了支撐骨盆的內臟、排泄、排尿以外，若是女性的話，此肌肉也和陰道的收縮、分娩有關。
③肛門內括約肌	用來構成肛管的腸壁的肌層之一。內層的環肌層是既發達又厚實的肌肉，能用來關閉肛門。屬於能依照意識來控制收縮程度的隨意肌。
④肛門柱	位於肛緣的內腔中的鋸齒狀凸起部分。
⑤肛門竇	位於肛緣的內腔中的鋸齒狀下凹部分。擁有會分泌黏液的肛門腺，能使糞便變得容易滑動。
⑥肛門外括約肌	在「將肛門圍繞起來，且能關閉肛門的肌肉」當中，位於外側的肌肉。屬於由自律神經來控制的不隨意肌。
⑦靜脈叢	在肛門周圍，由靜脈聚集而成的靜脈叢很發達。

直腸與肛門的構造

直腸與乙狀結腸相連，是大腸的一部分，也是始於口腔的消化器官的最終部分。直腸是長度約20公分的腸道，往下延伸時，會通過下腹部的中央、薦骨前方。直腸末端會形成向外打開的肛門。

從直腸到肛門的管子叫做肛管，長度約3公分。在肛門內，直到直腸為止都看得到的外側縱肌會消失，環肌則很發達，並會製造出肛門內括約肌。其下方有，由橫紋肌所組成的肛門外括約肌。人體會透過這2種括約肌的收縮與放鬆來調整排便。

肛管的內部被黏膜所覆蓋，可以看到黏膜隆起所形成的肛門柱。以肛門外括約肌為邊界，一邊會形成肛門，另一側則會形成皮膚。此邊界叫做齒線（梳狀腺）。被黏膜覆蓋的直腸部分受到自律神經的控制，不會產生疼痛等感覺，不過由於肛門部是受到脊髓神經的控制，所以會感到疼痛。

肛門內聚集了許多靜脈，容易發生由痔瘡所引起的出血。這就是為什麼，在被黏膜覆蓋的直腸部分形成的內痔不太會使人感到疼痛，但在齒線以下部位所形成的外痔卻會使人感到疼痛。

■ 直腸的位置與男女的差異（參閱下圖）

從正面觀看的話，直腸是垂直的，但從側面觀看的話，直腸會沿著薦骨的彎曲，大幅度地往後方彎曲。其前方除了膀胱以外，若是男性則有前列腺，若是女性，則會有陰道與子宮。腸壁與其他胃腸道相同，是由黏膜、肌層、漿膜這3層所構成，不過肌層中的縱肌到了肛門後就會消失。上部被腹膜覆蓋，若是男性，會連接用來包覆膀胱的腹膜，若是女性，則會連接用來包覆子宮的腹膜。

另外，位於直腸與子宮之間的腹膜腔叫做道格拉斯陷凹。原本，道格拉斯陷凹只存在女性體內，但在男性體內，直腸與膀胱之間也有個腹膜凹陷部位，叫做直腸膀胱陷凹。為了方便起見，也有人會將其稱為道格拉斯陷凹。

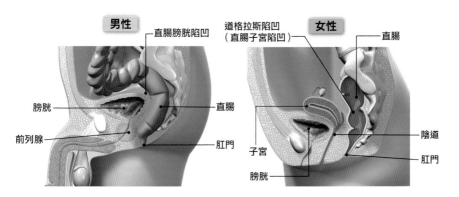

第5章 內臟的構造與功能

肝臟的構造與功能

　　肝臟位於右上腹部，是人體內最大的器官，重量為1～1.5公斤。透過約位在正面中央的肝鎌狀韌帶，可以將肝臟分成右葉和左葉。此器官具備各種作用，像是分解與合成經由門靜脈送進來的養分、解毒等。

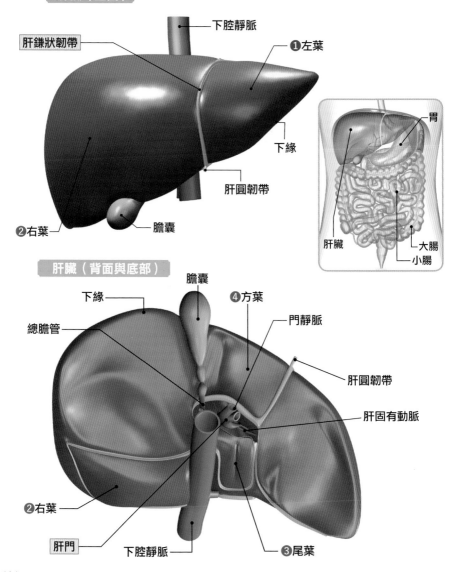

肝臟（正面）

- 下腔靜脈
- 肝鎌狀韌帶
- ❶左葉
- 下緣
- 肝圓韌帶
- ❷右葉
- 膽囊

- 胃
- 肝臟
- 大腸
- 小腸

肝臟（背面與底部）

- 下緣
- 膽囊
- ❹方葉
- 門靜脈
- 總膽管
- 肝圓韌帶
- 肝固有動脈
- ❷右葉
- 肝門
- 下腔靜脈
- ❸尾葉

肝臟的構造

◆**位置** 肝臟位於右上腹部，大約是肋骨的下方。肝臟是人體內最大的器官，呈三角錐狀，上方連接橫膈膜，下方連接胃部與十二指腸。其表面幾乎都被腹膜所覆蓋，由於含有大量血液，所以呈紅褐色。

◆**構造** 下腔靜脈會嵌入肝臟的後端中央區域，底部中央區域有個打開的肝門，肝動脈與膽管等會通過此處。在一般器官中，會有動脈與靜脈這2種血管出入。在肝臟內，還會有名為「門靜脈」的靜脈流入。

門靜脈會經過腸道與脾臟，將吸收了豐富養分的靜脈血運往肝臟。由於會消耗掉大部分的氧氣，所以肝動脈會透過主動脈，直接將動脈血運入肝臟，補充氧氣。肝臟有3條門靜脈，會從肝門進入肝臟內部，形成肝靜脈，然後再離開肝臟。

肝門除了有門靜脈通過以外，用來將養分與氧氣送到肝臟本身的肝固有動脈，以及將在肝臟所製造的膽汁送到膽囊的總膽管、淋巴管、神經等也會由此處出入。這些門靜脈、肝動脈、膽管被稱為「肝三合體」（參閱196頁），負責吸收血液，將膽汁運送出去。

▌肝臟的功能

肝臟具備非常多的功能，從膽汁製造開始，到醣類‧蛋白質‧脂質‧維生素‧激素的代謝、血漿蛋白的合成、血液的儲存、有毒物質的解讀等。光是以代謝這一種功能為例，就包含各種作用。例如，肝臟能夠以肝醣的形式來暫時儲存葡萄糖，讓血糖值維持穩定、合成胺基酸再將其釋放到血液中，將透過分解而形成的氨轉換成無害的尿素，以及透過脂質來合成脂肪酸與膽固醇等。

只要仔細觀察其功能，就會得知功能有500種以上。即使採用最新技術，也無法製造出功能與肝臟相同的化學工廠。

▌肝臟的4個葉（參閱左圖）

正面被肝鎌狀韌帶分成較小的❶左葉與較大的❷右葉。從底部看的話，會發現右葉與左葉之間還有❸尾葉和❹方葉，總共分成4個葉。肝門就位在被這4個葉夾住的位置。從正面觀看尾葉和方葉，會得知兩者位於右葉，但若觀察肝臟內的血管與膽管的分歧方式的話，就會發現，比起右葉，兩者與左葉的關係較密切。

肝小葉

　　肝臟是肝小葉這種小型硬組織的集合體。肝小葉呈六角狀，直徑約1公厘。在肝小葉的周圍，有從名為「肝三合體」的肝固有動脈中接收動脈血的小葉間動脈、接收來自門靜脈的小葉間靜脈、從微膽管中接收膽汁的小葉間膽管的分支所聚集而成的肝纖維囊（小葉間結締組織）。用來組成肝小葉的是名為肝細胞的細胞。肝細胞會以「位於肝小葉中央的肝靜脈分支之中央靜脈」為中心，排列成放射狀，製造肝索。

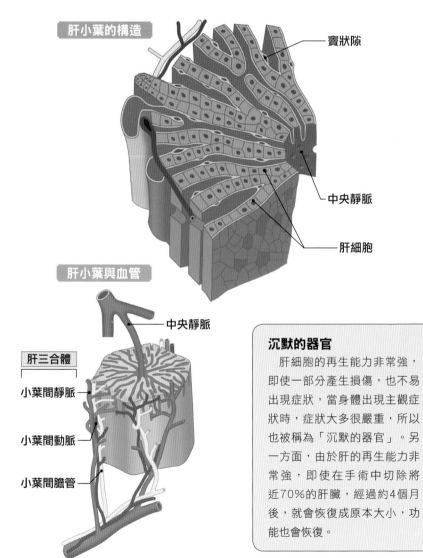

肝小葉的構造

竇狀隙

中央靜脈

肝細胞

肝小葉與血管

中央靜脈

肝三合體

小葉間靜脈

小葉間動脈

小葉間膽管

沉默的器官

　　肝細胞的再生能力非常強，即使一部分產生損傷，也不易出現症狀，當身體出現主觀症狀時，症狀大多很嚴重，所以也被稱為「沉默的器官」。另一方面，由於肝的再生能力非常強，即使在手術中切除將近70%的肝臟，經過約4個月後，就會恢復成原本大小，功能也會恢復。

膽囊的構造與功能

膽囊是用來暫時存放膽汁與濃縮膽汁的器官。在肝臟製成的膽汁會通過總膽管、膽囊管,被送到膽囊中。在必要時,膽囊會排出膽汁給十二指腸。膽汁具備幫助消化脂肪的作用。

● 膽囊與膽道

膽囊是西洋梨狀的小型袋狀器官,位於右上腹部的肝臟右葉下方,長度約7～10公分。膽囊是用來將在肝臟製成的膽汁濃縮,並暫時存放的器官。前端的圓形部分叫做膽囊底,中央部分叫做膽囊體,稍微變細的部分叫做膽囊頸。從膽囊頸延伸出來的膽囊管呈螺旋狀扭曲,且與總肝管相連。總肝管是由從肝臟的肝門出來的右肝管與左肝管會合而成。總肝管還會進一步地與膽囊管會合,形成總膽管。總膽管進入胰臟的胰頭部後,會和主胰管會合,然後在位於十二指腸壁的十二指腸大乳頭上產生開口。

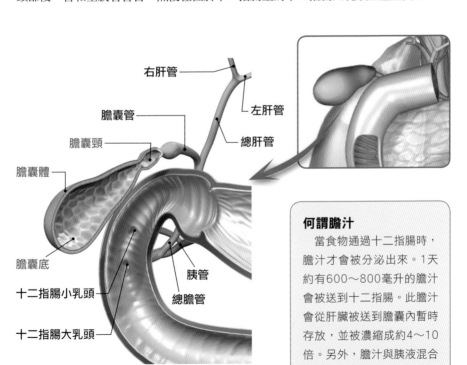

右肝管
左肝管
膽囊管
總肝管
膽囊頸
膽囊體
膽囊底
胰管
十二指腸小乳頭
總膽管
十二指腸大乳頭

何謂膽汁

當食物通過十二指腸時,膽汁才會被分泌出來。1天約有600～800毫升的膽汁會被送到十二指腸。此膽汁會從肝臟被送到膽囊內暫時存放,並被濃縮成約4～10倍。另外,膽汁與胰液混合後,就會具備能夠活化胰液的消化酵素的作用。

脾臟的構造與功能

　　脾臟是海綿狀的柔軟器官，大小跟拳頭差不多，位於左側的腎臟上部。負責將血液從心臟供應給脾臟的是脾動脈。透過脾動脈運送到脾臟的血液，會再透過脾靜脈，從脾臟運送出去，然後經由門靜脈這條更粗的靜脈，運送到肝臟。脾臟是深紫紅色的圓形器官，基本上是由紅髓和白髓這2種組織所構成。

● 脾臟的功能

❶紅髓　具備過濾器般的構造，能夠過濾老舊紅血球，去除不需要的物質。另外，紅髓會監視紅血球的狀態，當紅血球發生異常、變得老舊、出現損傷時，就會適當地將失去作用的紅血球破壞。另外，紅髓也具備儲存各種血液成分的功能，尤其是白血球和血小板。

❷白髓　免疫系統的一部分，能夠對抗感染。會製造名為淋巴球的白血球，淋巴球則會製造抗體（用來防止異物入侵的特殊蛋白質）。

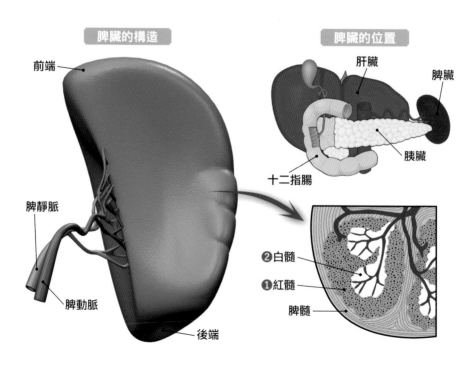

脾臟的構造

前端
脾靜脈
脾動脈
後端

脾臟的位置

肝臟
脾臟
胰臟
十二指腸

❷白髓
❶紅髓
脾髓

消化系統的主要疾病

食道癌

發生於食道黏膜的癌症，患者以60幾歲的高齡者為主，據說男性的罹患率為女性的3～6倍。除了抽菸和喝酒以外，過度攝取滾燙食物與胃食道逆流症也會使風險提升。

初期大多沒有主觀症狀，經過檢查後才發現的例子有將近2成。進食時，如果出現「胸部深處疼痛、刺痛感、異物堵塞感」等症狀時，請接受內視鏡檢查吧。一旦惡化，就會出現「體重減輕、胸痛、背痛、咳嗽、聲音嘶啞」等症狀。

主要治療方法為，透過內視鏡來進行的黏膜切除術與手術、搭配使用放射線與抗癌劑的化學放射線療法。

❖食道癌的分期

0～I 期	表淺癌（癌細胞停留在黏膜）
II～IV期	晚期癌（癌細胞已越過黏膜下層，有時也會轉移到複數器官上）。

胃炎

胃部黏膜出現發炎的狀態，可分成急性與慢性。急性胃炎的原因為飲食、藥物、酒精、壓力等，會突然發生腹痛、胸口灼熱、噁心感等症狀。慢性胃炎大多是幽門螺旋桿菌（幽門螺旋菌）的感染所引起，會持續出現腹脹、不適感、食慾不振等症狀。

罹患急性胃炎時，首先要去除病因，嚴重時，要進行藥物療法。罹患慢性胃炎時，除了藥物療法以外，還有檢查體內是否有幽門螺旋菌，並採用透過抗生素來去除幽門螺旋菌的根治療法。

胃潰瘍・十二指腸潰瘍

胃部與十二指腸的黏膜如果潰瀾得很嚴重，胃部就會產生開孔（胃穿孔）。胃潰瘍主要是胃黏膜的防禦功能下降所引起的，十二指腸潰瘍的原因則是，因為某種原因而增加的胃酸破壞了十二指腸的黏膜。兩者皆與幽門螺旋菌的感染有很大關聯。罹患胃潰瘍時，大多會在進食後感到疼痛，若是十二指腸潰瘍，則會在空腹時感到疼痛。會出現上腹部持續疼痛、胸口灼熱、脹氣感、食慾不振等症狀。

在治療方面，要用心改善生活習慣，像是禁酒、禁菸、減輕壓力、避免吃刺激性食物等。有出現出血情況時，要透過內視鏡來進行止血治療。沒有出血時，則會進行以去除幽門螺旋菌為首的藥物治療。

胃癌

發生於胃壁黏膜的癌症，病因除了飲食中攝取過多鹽分、抽菸、年齡增長以外，幽門螺旋菌的感染據說也是主要原因。胃癌可以分成，癌細胞只擴散到黏膜下層的早期胃癌，以及癌細胞已擴散到漿膜下層的晚期胃癌。初期很少出現主觀症狀，即使病情惡化，有時也不會出現症狀。當胃部疼痛、不適感、胸口灼熱、打嗝、噁心感、食慾不振等症狀持續2週以上時，請接受醫師診斷吧。持續出現黑便與腹瀉症狀時，也要特別注意。

❖硬性胃癌

黏膜的表面幾乎沒有產生變化，癌細胞會在胃壁中大範圍地擴散。因此，發現時病情大多很嚴重，接受診斷時，約有6成患者的體內有出現轉移情況。特徵為，多見於30～40幾歲的女性。

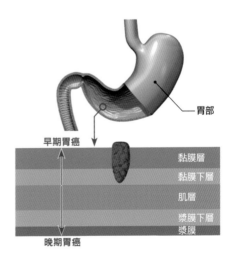

胃部

早期胃癌

黏膜層
黏膜下層
肌層
漿膜下層
漿膜

晚期胃癌

闌尾炎

闌尾出現化膿性的發炎症狀，以前一般被稱為「盲腸炎」。上腹部以及右上腹部會突然感覺疼痛，也會伴隨著發燒、噁心感、嘔吐等症狀。雖然好發年齡為10～20幾歲，但各年齡層都可能會發病，也沒有男女差異。

治療方式包含，透過腹腔鏡手術來切除，以及藥物療法。病情惡化時，必須進行腹腔鏡手術或開腹手術。一般來說，恢復情況良好，但如果置之不理的話，也可能會引發腹膜炎。

大腸癌

包含了發生於大腸黏膜突起物（腺瘤）的一部分癌化所形成的癌症，以及直接發生於正常黏膜的癌症。男性罹患率比女性高（約為2倍），而且男女患者皆有增加傾向。大致上可以分成直腸癌與結腸癌。在日本，直腸癌與乙狀結腸佔了全體的約7成。依照癌症部位與病重程度，症狀會有所差異。會反覆出現血便、肛門出血、殘便感、大便很細、腹瀉、便秘等排便異常。專家認為，原因與高脂肪、高蛋白、缺少食物纖維的西化飲食有關。此外，肥胖與飲酒等也是主要原因。

如果能夠早期發現的話，大致上可以透過內視鏡手術或外科療法來完全治癒。依照疾病階段，有時也會合併使用放射線治療或抗癌劑治療。

肝癌（肝臟癌）

肝癌包含了，發生於肝臟的原發性肝癌，以及從其他器官轉移過來的轉移性肝癌。原發性肝癌分成肝細胞癌與肝內膽管癌。其中，有9成以上是肝細胞癌。男女性的好發年齡皆為50～60多歲，男性罹患率為女性的3倍。由於肝炎病毒導致肝細胞長期發炎與再生時，會導致細胞癌化，所以肝癌患者大多都有罹患慢性肝炎或肝硬化等肝病。有8成以上的肝細胞癌患者都罹患了肝硬化。

肝臟被稱為「沉默的器官」，所以初期幾乎沒有主觀症狀。病情一旦惡化，就會出現腹部腫塊、壓迫感、緊繃、疼痛等症狀。另外，肝硬化的症狀則包含了，食慾不振、疲倦感、低燒、排便異常、黃疸、腹水增加等症狀。

在大多數的情況中，由於患者會同時罹患癌症與慢性肝病，所以在治療時，不僅要考慮到癌症階段，也要考慮到肝功能的狀態，然後從手術、局部療法、肝動脈栓塞手術、放射線療法等當中選擇治療法。

肝硬化

肝炎等疾病會導致肝細胞反覆地損壞與再生。在此過程中，細胞會纖維化，表面會形成名為再生性結節的凹凸不平腫塊，然後逐漸地變得又小又硬。最後，肝臟會失去功能，這種狀態就是肝硬化。雖然原因有很多，但在日本，幾乎都是B型與C型肝炎病毒所造成的，尤其是C型肝炎病毒所導致的肝硬化，占了全體的一半以上。肝硬化沒有獨特的症狀，初期會出現食慾不振、疲倦感、腹痛、腹瀉等症狀。病情惡化後，會出現黃疸與靜脈曲張，病情繼續加重後，會引發肝性腦病變與肝昏迷。

肝臟的細胞只要一度纖維化後，就無法復原，所以無法完全治癒。因此，在治療方面，重點在於，要一邊避免症狀惡化，活用剩下的功能，一邊避免對肝臟施加負擔，而且患者必須擁有規律的飲食與生活。由於沒有針對肝硬化本身的治療藥物，所以要依照肝損傷的程度來進行藥物療法。

膽石症

在肝臟、膽囊、膽管出現的結石症狀，總稱為膽石症。依照膽石所形成的場所，可以分成肝內結石症、膽管結石症、膽囊結石症。其中，膽囊結石症數量最多，約佔8成，膽管結石症佔2成，肝內結石症的比例為2%。另外，依照結石的成分，也可以分成膽固醇結石、膽紅素鈣結石、黑結石。在膽囊結石症中，大多沒有症狀。會出現症狀的人，約佔全體的2成。有出現症狀時，特徵為，食用含有較多脂肪的食物後，上腹部會產生週期性的疼痛。在膽管結石症中，沒有症狀的人反而只有1成，會伴隨著腹痛與發燒等症狀。

在治療方面，膽囊結石症有出現症狀時，會透過腹腔鏡手術來進行膽囊切除術。當膽囊仍保有功能，膽固醇結石的大小在1公分左右時，會採取膽石溶解療法，若結石在2公分以下的話，則會採取體外震波碎石術。罹患膽管結石症時，即使沒有症狀，將來也可能會引發嚴重的急性膽管炎或急性胰臟炎，所以必須接受治療。

呼吸系統&循環系統

呼吸系統的概要

　　呼吸系統是與呼吸相關的器官的集合體。呼吸系統始於鼻腔,經由咽頭、喉頭、氣管,與肺部相連。在連接鼻腔與口腔的喉部,有咽頭和喉頭。此處不僅能讓空氣通過,也是由口腔通往食道的食物通道,同時也是具備聲帶的發聲器官。除了呼吸以外,還擁有許多種功能。從鼻腔吸入的空氣,會經由咽頭,被送往喉頭、氣管。與喉部和肺部相連的氣管會分成左右兩邊,形成支氣管,進入左右兩邊的肺部。2根支氣管在肺部內還會進一步地反覆產生分支,在肺部內擴散,逐漸變細,最後成為形狀宛如一串葡萄的肺泡,氣體交換會在此進行。

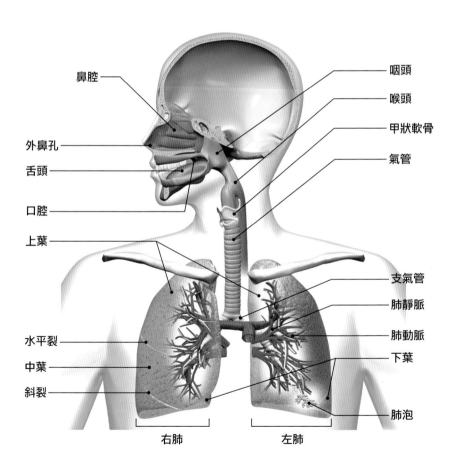

鼻腔　咽頭　喉頭　甲狀軟骨　氣管　外鼻孔　舌頭　口腔　上葉　支氣管　肺靜脈　肺動脈　下葉　水平裂　中葉　斜裂　肺泡　右肺　左肺

呼吸的原理

　　對於維持生命活動來說，呼吸與消化、體溫維持等都是不可或缺的機制。肺部的呼吸主要是透過胸廓與橫膈膜等處的呼吸肌的動作來進行。平常沒有意識到時，呼吸會交由自律神經的作用來掌控。為了進行各種代謝，人體會將氧氣視為一種能源，將其吸入體內，然後再將不需要的二氧化碳排出體外。由於氣體交換必須24小時不停地進行，所以平常會交由位於腦幹的呼吸中樞來掌控，但也能使其接受大腦皮質的控制，讓人依照意識來控制氣體交換。呼吸是唯一一種能在隨意運動與不隨意運動之間切換的生理功能。

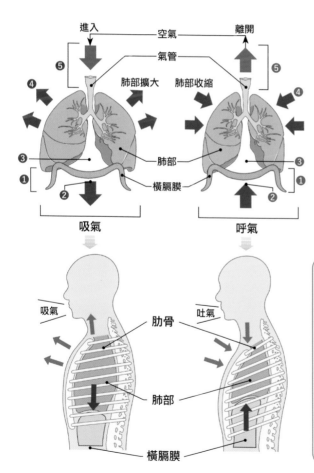

吸氣（吸入空氣）
❶橫膈膜與肋間外肌收縮。
❷胸腔底部下降，肋骨上升，胸腔因而擴大。
❸胸膜腔內的壓力下降。
❹肺部膨脹。
❺空氣進入肺部（吸氣）。

呼氣（吐出空氣）
❶橫膈膜與肋間外肌放鬆。
❷胸腔底部上升，肋骨下降，胸腔因而收縮。
❸胸膜腔內的壓力下降。
❹肺部收縮。
❺空氣被吐出（呼氣）。

胸式呼吸與腹式呼吸

　　平常的呼吸主要是透過橫膈膜的作用來進行的。只要橫膈膜下降，腹腔就會變形，而腹部會變得像往前突出一般，所以這被稱作「腹式呼吸」。另一方面，在深呼吸中，當肋間外肌收縮，胸腔擴大時，胸部會膨脹，所以被稱為「胸式呼吸」。

氣體交換的原理

　　氣體交換指的是，「將氧氣帶到體內，然後排出二氧化碳」的機制，也就是呼吸。在肺部肺泡內的空氣與血液之間進行的氣體交換叫做「外呼吸」，在全身的細胞與血液之間進行的氣體交換，則叫做「內呼吸」。

◖肺部與細胞的氣體交換原理

◆**外呼吸與內呼吸**　用來進行氣體交換的呼吸作用可以分成，在肺部內進行的「外呼吸」與在全身細胞內進行的「內呼吸」。外呼吸會透過位於支氣管末端的肺泡來進行。由於袋狀的肺泡壁非常薄，能夠讓氧氣與二氧化碳通過，所以氣體交換變得容易在表面呈網眼狀分布的微血管與肺泡間進行。

◆**擴散**　氣體交換是透過擴散的原理來進行的。擴散指的是，濃度不同的液體或氣體在接觸時，物質從高濃度區流向低濃度區的現象。在外呼吸中，由於肺泡與血管內所含的氧氣與二氧化碳的濃度不同，所以氧氣會從肺泡往血管擴散，二氧化碳則會從血管往肺泡內擴散。

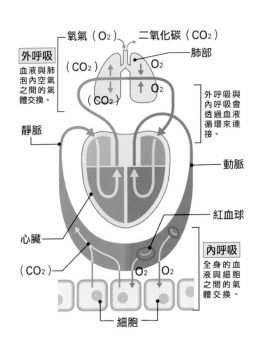

▮血紅素的作用

　　在氣體交換中，血紅素會發揮重要作用。血紅素的特性為，在血液中含氧量較高的地方，會與氧氣結合，在含氧量較低處，則會釋放出氧氣。對於二氧化碳，血紅素也會同樣地進行結合與釋放。透過此性質，血中的血紅素會一邊在全身各處與二氧化碳結合，一邊回到肺部，接著透過在肺部進行的外呼吸，血紅素排放出二氧化碳，並與豐富的氧氣結合後，就會形成動脈血，然後經由心臟，再次被運送到全身各處。

鼻腔的構造與功能

鼻腔的構造（參閱下圖）

- **鼻腔** 位於鼻子深處的空腔，是從鼻子到肺部的呼吸器官最初部分。透過由軟骨所構成的鼻中隔，鼻腔被分成左右兩邊。前方透過外鼻孔（鼻孔）來與外界接觸，在後方，空腔會再度合而為一，形成後鼻孔，並與咽頭相連。鼻腔的底部是腭部，即口腔的頂部。鼻腔頂部會隔著名為篩板的薄骨板與用來容納腦部的顱腔相連。相對於外鼻（臉部中央的突出鼻子），鼻腔也被稱為內鼻。除了受到鼻毛保護的鼻前庭以外，鼻腔內側都被黏膜所覆蓋。

- **鼻甲** 在左右鼻腔的外側壁，有呈屋簷狀突出的3層鼻甲（上·中·下鼻甲）。鼻甲能夠擴大鼻腔的表面積，在空氣進入喉部前調整溫度與濕度。在其下方，分別有名為上·中·下鼻道的空氣通道。

鼻腔的功能

- **空氣的通道** 從鼻腔到喉頭是名為上呼吸道的空氣通道。另外，在鼻腔最上部的嗅覺上皮，也具備能夠聞出味道的嗅覺器。

- **異物的排除** 用來包覆鼻腔內側的鼻毛與鼻黏膜，能夠去除灰塵，且能讓空氣變得潮濕，提升空氣溫度，避免冷空氣或乾燥空氣傷害喉部與肺部。灰塵與細菌等異物一旦進入鼻腔，首先就會藉由打噴嚏來去除異物，將其與鼻水一起沖走。在咽頭、喉頭，或是氣管內，會引發咳嗽，防止異物入侵。

- **免疫功能** 對於從鼻子或口腔入侵的細菌與病毒，鼻腔會透過4個淋巴球集合體的扁桃腺來進行防禦。這4個扁桃腺（咽頭、耳咽管、腭部、舌頭）會在咽頭周圍排列成環狀，負責喉部的免疫功能。

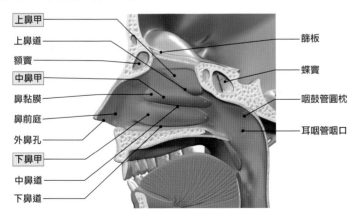

上鼻甲
上鼻道
額竇
中鼻甲
鼻黏膜
鼻前庭
外鼻孔
下鼻甲
中鼻道
下鼻道

篩板
蝶竇
咽鼓管圓枕
耳咽管咽口

喉頭與氣管的構造與功能

位於食道與氣管上端的咽頭與喉頭，也是呼吸系統與消化系統的入口。尤其是喉頭。喉頭身為空氣的通道，與氣管、支氣管、肺部相連，且具備用來發出聲音的聲帶等，扮演著各種角色。

喉部的構造（剖面圖）

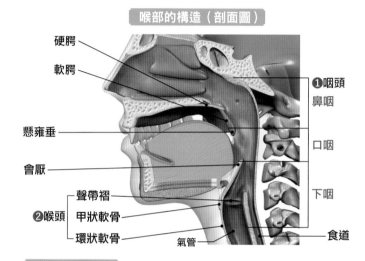

硬腭
軟腭
懸雍垂
會厭
聲帶褶
❷喉頭　甲狀軟骨
環狀軟骨
氣管

❶咽頭
鼻咽
口咽
下咽
食道

氣管的構造

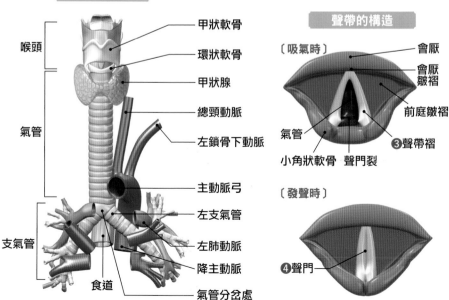

喉頭
氣管
支氣管

甲狀軟骨
環狀軟骨
甲狀腺
總頸動脈
左鎖骨下動脈
主動脈弓
左支氣管
左肺動脈
降主動脈
氣管分岔處
食道

聲帶的構造

〔吸氣時〕

會厭
會厭皺褶
前庭皺褶
❸聲帶褶
氣管
小角狀軟骨　聲門裂

〔發聲時〕

❹聲門

咽頭與喉頭的功能

❶咽頭 位於喉嚨上部的咽頭，會透過鼻腔與口腔來連接食道頂端。咽頭同時具備「將食物送到食道的胃腸道功能」與「將空氣送到器官的呼吸道功能」。使用軟腭與會厭來分配食物與空氣的路徑，將空氣運往氣管，或將食物運往食道。

❷喉頭 位於咽頭下方的喉頭被甲狀軟骨與環狀軟骨等軟骨所包圍，空氣會從咽頭通往氣管。在喉頭的入口，有形狀往外突的會厭，當食物通過時，會厭會將通道塞住，整理咽頭的交通情況，讓食物通往食道。

成年男性的甲狀軟骨的一部分會突起，並被稱為「喉結」。

氣管的任務

氣管連接喉頭，用來將空氣送到肺部。氣管是管狀的空氣通道，長度約10公分，粗細約1.5～1.7公分。在氣管周圍，每隔一段距離，就會排列著C字形的氣管軟骨，能夠一邊保護氣管，有彈性地應對頸部的各種動作，一邊確保呼吸道。另外，在頸部，氣管會位於最前方（腹側），氣管軟骨的背面（背側）、軟骨的中段處則與食道相連。

氣管會在第5胸椎的高度產生左右分岔，從此處往前，就會形成支氣管，該分歧點叫做氣管分岔處，為了避免異物進入此處的前方，其內側的知覺會變得非常敏感，一旦受到刺激，就會引發強烈的咳嗽，以去除異物。

發聲的原理

❸聲帶褶 位於喉頭內部的一對皺褶，會擔任發聲器官的角色。聲帶褶是富有彈性的肌肉，前方連接甲狀軟骨，後方連接杓狀軟骨。左右聲帶褶之間的空隙叫做聲門裂。

❹聲門 聲帶褶與聲門裂合稱為聲門。進行呼吸時，聲門會保持打開狀態；發出聲音時，透過喉頭肌的作用，聲門裂會變得狹窄，藉由讓空氣穿越此處，來使聲帶褶產生振動，發出聲音。聲音的高低與大小，會隨著發聲時的聲帶振動次數與幅度而產生差異。另外，藉由讓聲音在喉頭、咽頭、口腔、鼻腔內產生共鳴，每個人的聲音聽起來就會不一樣。

聲帶的發炎或腫瘤等某些異常會導致聲帶無法正常振動，使聲音變得沙啞。這種症狀叫做嘶啞。

胸腔的構造與功能

在胸部內，器官與支氣管、肺臟等呼吸系統，以及心臟、主動脈、大靜脈（腔靜脈）等循環系統的器官，都位於胸廓內，受到保護。由於肺部與心臟被漿膜所包覆，而且與胸壁之間有空隙，所以能夠進行收縮、擴張。

● 胸腔與胸膜腔的構造與功能

❶胸腔　在由胸椎、肋骨、胸骨所構成的結構中，被「用來填滿肋骨空間的肋間肌」、「位於與腹腔交界的橫隔膜」等器官所圍起來的空間叫做胸腔，此處除了肺臟以外，還有心臟等重要器官，這些器官會受到胸廓的保護。肺部佔據了胸腔內的大部分空間，在左右肺部之間的空間，有心臟、血管、氣管、食道等器官。

❷胸膜腔　在肺部內，有被2層漿膜所包覆的胸膜（內臟胸膜、體壁胸膜），這2層膜之間的空間叫做胸膜腔，裡面貯藏了用來防止摩擦的漿液。在呼吸時，肺部之所以會收縮、擴張，也要歸功於肺部在胸膜腔內處於漂浮狀態，具有某種程度的空隙。

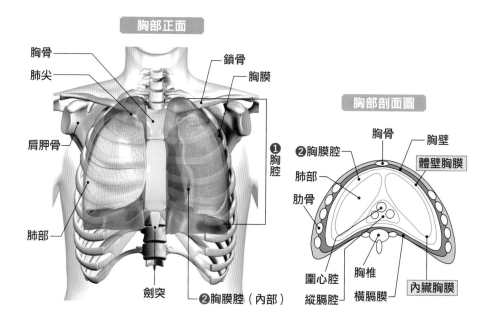

胸部正面

胸骨　　鎖骨
肺尖　　胸膜
肩胛骨
❶胸腔
肺部
劍突　　❷胸膜腔（內部）

胸部剖面圖

胸骨　　胸壁
❷胸膜腔　　體壁胸膜
肺部
肋骨
圍心腔　　胸椎
縱膈腔　　橫膈膜
內臟胸膜

肺臟的構造與功能

　　肺部與鼻腔相連，是呼吸器官的終點，佔據胸腔內大部分空間，位於心臟的左右兩側，宛如將心臟夾住。肺部是由用來讓空氣出入的氣管，以及在呼氣與微血管之間進行氣體交換的肺泡所構成，負責維持生命活動不可或缺的呼吸作用。

● 肺臟的構造

　　肺部會進行呼吸，攝取身體所需的氧氣，排出不需要的二氧化碳，在呼吸系統中，負責最重要的作用。肺臟是左右成對的器官，被由肋骨、胸骨、脊椎所構成的胸廓包圍，上方的尖銳部分叫做肺尖，下方的寬敞部分叫做肺底，與內側的心臟相連的面叫做內側面，與外側的肋骨相連的面則叫做肋面。

▌支氣管與肺泡

　　氣管進入肺部後，會反覆地產生分支，在肺部內擴張。末端的肺泡內有無數個微小的袋狀空腔，從鼻腔吸進來的空氣會抵達此處。一個肺泡約0.1～0.2公厘長，肺泡約佔據肺部85%的容量，能夠擴大表面積，有效率地進行氣體交換。

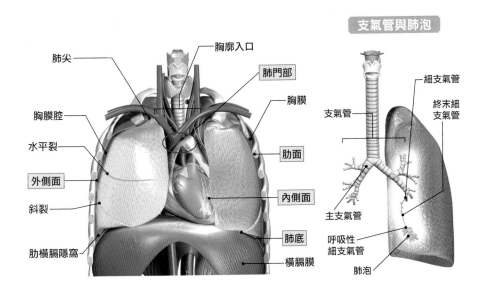

支氣管與肺泡

肺尖　胸廓入口　肺門部　胸膜　胸膜腔　水平裂　肋面　外側面　斜裂　內側面　肺底　肋橫膈隱窩　橫膈膜

細支氣管　終末細支氣管　支氣管　主支氣管　呼吸性細支氣管　肺泡

橫膈膜的構造與功能

　　橫膈膜是在上方隆起的圓頂狀肌肉，用來劃分胸腔與腹腔。橫膈膜與外肋骨肌都是主要的呼吸肌之一。在吸氣（呼吸空氣）中，會發揮重要作用，尤其是腹式呼吸。腹式呼吸會透過橫膈膜的收縮來進行。

● 呼吸肌橫膈膜的構造

　　橫膈膜是用來區分胸腔與腹腔的肌肉，位於心臟與肺部下方、胃部與肝臟上方。胸腔內周圍的開端部分是由腰椎部、胸骨部、肋骨部這3部分所構成，並聚集在位於中央區域的腱膜狀中心腱。在這3個部位當中，胸骨部與肋骨部的相鄰部分叫做胸肋三角，腰椎部與肋骨部之間則叫做腰肋三角，由於這2個三角部沒有肌束，在橫膈膜當中比較脆弱，而且也是為人所知的橫膈疝氣好發部位。在靠近椎骨的中央部分，有「與胃部相連，讓食道通過的食道裂孔」、「讓主動脈通過的主動脈裂孔」、「讓下腔靜脈通過的腔靜脈孔」這3個裂孔。

　　所謂的打嗝，就是此橫膈膜的痙攣所造成的。

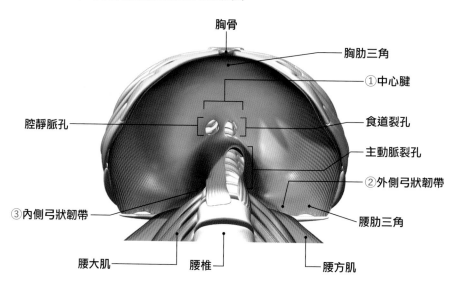

①中心腱	用來構成橫膈膜的中央區域肌腱。肌肉纖維會將中心腱的周圍圍住，並附著在胸廓內側與椎體上。
②外側弓狀韌帶	從位於第1腰椎的肋突伸展到第12肋骨前端的韌帶。腰方肌會通過其下方。
③內側弓狀韌帶	從第1腰椎的椎骨體伸展到肋突的韌帶。腰大肌會通過其下方。

呼吸系統的主要疾病

4個鼻竇

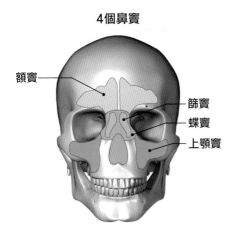

額竇
篩竇
蝶竇
上顎竇

▌鼻竇炎（急性・慢性）

位於鼻腔周圍的鼻竇發炎的疾病。鼻竇指的是，位於鼻腔周圍的骨頭的縫隙，包含了額竇、篩竇、蝶竇、上顎竇，皆與鼻腔相連。鼻竇炎分成急性與慢性。

急性鼻竇炎的發病原因為，感冒等因素而導致細菌繁殖。急性鼻竇炎的症狀或過敏性鼻竇炎持續很久，就會形成慢性鼻竇炎。慢性鼻竇炎也被稱為「積膿症」。

急性鼻竇炎會出現流鼻水、鼻塞、發燒等症狀，臉頰、眼睛內側、額頭等有發炎的部分會感到疼痛。在過敏性鼻炎等中，當黏膜腫脹時，鼻竇的入口會被塞住，並出現相當類似的症狀。在慢性鼻竇炎中，幾乎不會感到疼痛，而是會出現流鼻水、鼻塞、頭痛、精神恍惚等症狀。

※花粉症的出現原因

花粉等附著在鼻黏膜上，刺激肥大細胞，釋放出組織胺等化學物質，刺激鼻黏膜的神經，使人打噴嚏，並想要藉由鼻水來沖走花粉。

▌過敏性鼻炎

室內灰塵、黴菌、花粉、狗和貓等毛等過敏原（抗原）會刺激身體的免疫系統，引發打噴嚏、流鼻水、鼻塞等過敏症狀。與症狀相似的急性鼻炎的差異在於，在過敏性鼻炎中，不會出現發燒症狀，早上的症狀較強烈，具有季節性，可分成常年性與

季節性等類型。會導致發病的抗原有很多種，花粉所引起的花粉症也在增加中。

治療方法包含了，「努力去除・消除抗原，讓抗原不要進入鼻子內」、「讓身體習慣抗原」，或是透過名為「減敏治療」（特異性免疫療法）這種用來改善體質的治療法，讓人即使接觸抗原也不易引發症狀。也可以使用能抑制症狀的抗過敏藥（抗組織胺劑）來進行治療。

在治療中，會將鼻子中累積的鼻涕吸出，去除鼻涕，使用對於病原菌很有效的抗菌藥與消炎止痛藥來進行藥物療法。在治療慢性過敏性鼻炎時，有時也會透過內視鏡來進行手術。

▌支氣管哮喘

支氣管的發炎慢性化，導致咳嗽、喘鳴、呼吸困難等症狀反覆出現的疾病。症狀有很多種，有的人只會出現慢性的咳嗽，咳痰症狀，有的人則會出現呼吸困難持續好幾天的嚴重症狀。與身體狀況、壓力也有很大關聯，經常在從夜間到早上這段時間發作，也是其特徵。除了過敏或感冒等所引起的支氣管發炎、抽菸等因素所引發的病例以外，原因不明的病例約占3分之1。

在治療方面，可以分成「用來避免症狀發作的藥物」與「在發作時用來抑制症狀的藥物」這2種藥物治療。一般來說，用來預防症狀發作的藥物是吸入性類固醇，在病發時，會吸入能夠擴張支氣管的 β 興奮劑。

▌支氣管炎

指的是支氣管出現發炎，會引發伴隨著痰的濕咳。除了發燒、咳嗽、痰、全身無力以外，有時也會出現呼吸困難的症狀。大多是感冒與流感所引起，有時也會因為過敏、空氣汙染、抽菸等而發病。在3個月內治癒的情況，屬於急性支氣管炎，症狀持續3個月以上的話，則屬於慢性。

在治療方面，若是急性支氣管炎，就必須消滅導致發病的病毒或細菌。除了流感以外，會使用止咳藥、祛痰劑、消炎藥等。由於急性支氣管炎大多會伴隨發燒症狀，所以必須勤奮地補充水分。罹患慢性支氣管炎時，有吸菸的患者首先要戒菸，比起止咳藥，更應服用祛痰劑。

肺結核

屬於抗酸桿菌之一的結核菌所引起的慢性發炎。由於大多為空氣感染，所以此疾病不僅會感染肺部，也會感染中樞神經、淋巴等，使全身各處發病。患者的咳嗽或噴嚏的飛沫中含有結核菌。其他人吸入結核菌就會受到感染，不過不會立刻發病，而是會在過勞或免疫力降低時發病。

會長期持續出現全身無力、食慾不振、體重降低、低燒等症狀。在就寢時，會出現大量流汗等症狀。

在治療方面，因為咳嗽而大量排出病菌時，必須住院，在2個月內合併使用4種抗結核藥，然後一邊觀察病情，一邊繼續使用抗結核藥。

慢性阻塞性肺病（COPD）

這種慢性疾病會使支氣管或肺泡發炎，導致肺功能慢慢下降。過去被稱為肺氣腫、慢性支氣管炎的病名，現在都統稱為此名稱。主要症狀為，慢性的咳嗽、痰、呼吸困難等。特徵為病情進展慢，在早期不易察覺。

病情一旦變得很嚴重，就會導致呼吸衰竭，稍微動一下就會引發呼吸困難，變得難以進行日常生活。雖然主要原因有很多種，包含了粉塵、空氣汙染、遺傳等，不過約9成的患者都是抽菸造成的。菸齡愈長，吸愈多根菸，發病風險就愈高。

由於肺功能一旦失去，就無法復原，所以在治療方面，會以能延緩病情惡化的戒菸與藥物療法為主。另外，呼吸訓練與營養管理等也很重要。

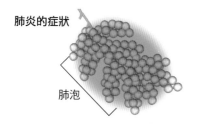

肺炎的症狀

肺泡

肺炎

主要是遭到細菌或病毒的感染而引起肺部發炎。大致上可以分成，「肺泡性肺炎」以及發炎部位以間質（除了用來讓肺部空氣進入的肺泡以外的部分）為主的「間質性肺炎」，此外也可以依照病原體的種類來進行分類。除了發燒、食慾不振、疲倦感以外，還會出現咳嗽、痰、胸痛、呼吸困難等症狀。病情一旦加重，也可能會引發蒼藍症或意識障礙。

在治療方面，基本上會採取化學療法，具體指出病原菌來使用抗菌藥。也會透過免疫球蛋白製劑、G-CSF製劑等來進行輔助療法，或是進行呼吸管理等。

※吸入性肺炎

這種肺炎是進食時的誤嚥所引起的。誤嚥會導致口中的細菌進入氣管，使胃液進入呼吸道內，造成發炎。多見於高齡者與臥床不起的患者，病情一旦加重，也可能會致死，所以必須特別注意。

上顎癌

上顎竇（上頜竇）位於臉頰，是鼻竇之一。上顎癌就是發生於此處的癌症，多見於50～60多歲的男性（約為女性的2倍）。初期幾乎沒有症狀，然後逐漸會出現單側的鼻塞、鼻血、帶有惡臭的鼻水、嗅覺障礙等症狀。病情惡化後，眼睛會突出，並出現複視、眼淚異常地流出、臉頰腫脹、牙痛等症狀。

雖然原因並不清楚，但慢性鼻竇炎也被視為原因之一。

以前，基本上會採取上顎切除手術，不過最近則使用放射線療法或化學療法來搭配手術，治療方針變成，盡量保留上顎。不過，當腫瘤大範圍擴散時，就必須進行擴大重建手術，將包含周圍組織在內的部分切除。

肺癌

發生於肺部與支氣管的癌症的總稱。大致上可以分成「小細胞癌」與「非小細胞癌」，非小細胞癌還能進一步地分成腺癌、扁平上皮癌、大細胞癌。大多會在咳嗽、咳痰、血痰、發燒、呼吸困難、胸痛等主觀症狀持續一個月以上後，才會察覺。在這種情況下，診斷出來的幾乎都是晚期癌。尤其是發生於細支氣管與末端肺泡的「周圍型肺癌」。這種肺癌約占全體肺癌的8成，症狀不易出現，要等到病情惡化後，症狀才會出現。

原因以抽菸最有名，約佔60%。在日本人當中，是最常見的腺癌，特徵為，也有很多不抽菸的女性患者。依照過去病例，除了抽菸以外，病因還包含了年齡增長、家族病史、呼吸器官疾病、氣喘等。

在治療法方面，小細胞癌與非小細胞癌有很大差異。雖然小細胞癌的進展速度快，容易轉移，但化學療法與放射線療法很有效，所以抗癌劑會成為首選。

在非小細胞癌中，當病灶只位於其中一邊的肺部時，會進行切除手術與淋巴結切除術。不過，在診斷時若有發現轉移的話，還是會以化學療法與放射線療法為主。

※原發腫瘤（T）的進展度

T1	2cm〜3cm／腫瘤位於肺部內
T2a	3cm〜5cm　　**T2b**　5cm〜7cm
T3	7cm以上
T4	無論多大，都會擴散到食道

肺癌的分類

	組織型	發生場所	特徵
非小細胞癌	腺癌	肺部深處	・多見於女性 ・症狀不易出現
	扁平上皮癌	肺部的入口	・吸菸者
	大細胞癌	肺部深處	・增殖速度快
小細胞癌	小細胞癌	肺部的入口	・吸菸者 ・容易轉移

▌喉頭癌

發生於聲帶所在的喉頭的癌症，依照癌症的形成部位，可以分成聲門上喉癌、聲門喉癌、聲門下喉癌。專家指出，原因與吸菸和喝酒有關，多見於50幾歲以上的男性，據說男性的罹患率是女性的10倍以上。症狀會隨著癌症所在部位而產生差異。在數量最多的聲門喉癌中，由於會出現名為嘶啞的聲音症狀，使人出現低沉的嘶啞聲，所以特徵為，比較容易在早期發現。

聲門喉癌會出現喉嚨刺痛、喉嚨的異物感。不協調感這些症狀，但聲門下喉癌卻不易出現症狀，直到病情變得相當嚴重前，都沒有症狀。

在治療方面，若是早期的話，會以放射線療法為主。若是晚期癌的話，則會採取全喉切除術，不過，一旦接受此手術，就會失去發聲功能，變成透過位於頸部前方的開孔來呼吸，因此為了保留喉頭，有時也會合併使用放射線與化學療法。

▌自發性氣胸

用來包覆肺部的胸部如果破裂的話，空氣就會進入腹胸腔，壓力的差異會導致肺部破裂，形成「氣胸」。在氣胸當中，自發性氣胸指的是原因不明的突發性氣胸。特徵為，容易發生於身材比較高瘦的年輕男性，而且容易復發。病因尚不清楚。主要症狀為突然發生的胸痛與呼吸困難，也會出現頻脈、心悸、沒有痰的乾咳等症狀。

症狀較輕微時，會透過靜養來讓身體自然治癒。病情較嚴重或持續復發時，除了使用胸腔鏡來進行手術以外，也會將細導管插入胸腔內，透過機器來將從肺部漏出的空氣吸到體外，或是使用能使肺部膨脹的胸管。

▌睡眠呼吸中止症

睡眠時，會形成呼吸停止10秒以上的無呼吸（Apnea）狀態，或是形成換氣量降到一半以下的低呼吸（Hypopnea）狀態。症狀除了睡眠時的停止呼吸以外，還會出現打鼾聲很大、睡眠中醒來好幾次、因此造成的腦部失眠、白天覺得非常睏、注意力不集中、夜尿、起床時的頭痛等症狀。特徵為，由於停止呼吸與打鼾聲是自己無法察覺的，所以如果沒有家人提醒，大多會很晚才發現。

在治療方面，如果有肥胖與鼻炎等症狀的話，會進行減重與治療。情況很嚴重時，會採取透過面罩來送入空氣的CPAP（正壓氣道通氣治療）。

SAS的主要原因

軟腭或舌頭的沉降、頸部周圍的脂肪、扁桃體肥大、腺樣體肥大等。

喉頭癌的形成部位

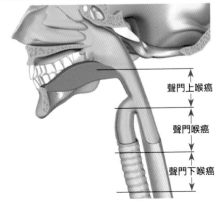

聲門上喉癌

聲門喉癌

聲門下喉癌

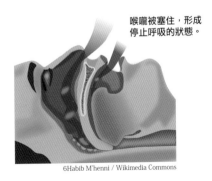

喉嚨被塞住，形成停止呼吸的狀態。

6Habib M'henni / Wikimedia Commons

循環系統的概要

　　用來讓血液與淋巴液等體液在全身各處循環的器官叫做循環器官。循環系統大致上可以分成「血管系統」與「淋巴系統」，其中以心臟為中心的血管系統扮演著很重要的角色。血管系統會透過血液來將氧氣與養分運送給細胞，並將廢物運送出去。

● 循環系統的構造

　　讓血液在全身循環的血液系統，是由血管與心臟所構成。血管包含了動脈、靜脈、微血管。心臟則扮演著將血液運送出去的幫浦角色。血液會在血管內移動，只有特定物質能夠通過微血管壁，進行物質交換。動脈與靜脈會透過細小的微血管來相連，打造出封閉的「封閉血管系統」。用來讓血液從心臟流出的動脈（主動脈與肺動脈）叫做動脈系統，讓血液流向心臟的靜脈（上・下腔靜脈、肺靜脈）叫做靜脈系統，這些血管會反覆地產生分支，最終形成微血管，分布在全身各處。另外，當微血管進行會合，形成靜脈後，又會再次產生分支，被2條微血管夾住的血管叫做門靜脈。

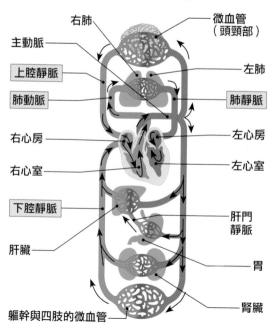

全身的血液循環

右肺
微血管（頭頸部）
主動脈
上腔靜脈
左肺
肺動脈
肺靜脈
右心房
左心房
右心室
左心室
下腔靜脈
肝門靜脈
肝臟
胃
腎臟
軀幹與四肢的微血管

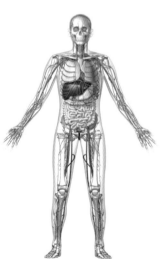

體循環與肺循環的原理

血液循環能讓從心臟出發的血液在體內循環，而且分成「體循環」與「肺循環」這2種路徑。血液會一邊交互地在這2種路徑中循環，一邊將必要的能量運送給身體，回收不需要的物質。

⬤ 血液的2種循環路徑

❶ **體循環** 此循環的目的為，讓血液在全身循環，將氧氣和養分運送給細胞，回收不需要的二氧化碳與廢物。含氧量豐富的動脈血會從心臟的左心室出發，一邊產生分支，一邊被運到分布於全身各處的動脈，接著通過位於末梢的微血管，進行物質交換後，這次，微血管會聚集起來，逐漸形成很粗的靜脈，含氧量很少的靜脈血會通過此處，會到右心房。血液從心臟出發，然後再次回到心臟，這樣就是一次體循環，約需花費20秒。

❷ **肺循環** 此循環的目的為，進行氣體交換，讓已消耗掉氧氣的血液吸收氧氣，排出二氧化碳。從體循環返回心臟後，靜脈血會從右心房移動到右心室，接著經過肺動脈後，被送到左右兩邊的肺部內，在此處，血液會在肺泡與將肺泡包圍起來的微血管之間進行氣體交換。血液從肺泡中吸收氧氣，並排出二氧化碳後，就會離開左右兩邊的肺部，經由肺靜脈，回到左心房，然後再次從左心室出發，被運送到全身各處。1次肺循環所需的時間約為4～6秒。在肺循環中，缺少氧氣的靜脈血會從心臟出發，經過肺動脈，經由肺靜脈返回心臟時，就會成為含氧量豐富的動脈血，這與體循環的動・靜脈血的流動有很大差異。

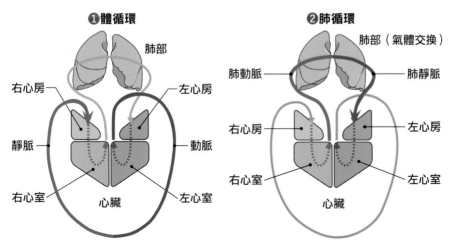

❶體循環

肺部
右心房
左心房
靜脈
動脈
右心室
左心室
心臟

❷肺循環

肺部（氣體交換）
肺動脈
肺靜脈
右心房
左心房
右心室
左心室
心臟

全身的動脈

　　被心臟擠出的血液所流經的血管叫做動脈。從心臟的左心室出發的主動脈，會形成主動脈弓，朝向頭部與上肢產生分支，然後形成降主動脈，往軀幹與下肢移動，反覆地形成分支，將血液供應給全身各處。

● 動脈的特徵

　　血液從心臟出發後所流經的動脈，包含了從左心室出發的主動脈與從右心室出發的肺動脈。由於動脈會透過心臟的幫浦功能來讓血液流動，所以血壓很高，為了承受這種壓力，血管會形成很厚的3層構造，而且富有柔軟性。最粗的主動脈的直徑約3公分，每產生分支，就會逐漸變細，然後形成直徑約0.2～0.01公厘的小動脈，接著進一步地形成微血管，與靜脈相連。另外，為了避免身體受傷等因素而導致動脈不小心受損，大部分的動脈都位於體內較深處。不過，由於頸部（總頸動脈）、手部（橈動脈）、足部（足背動脈）的動脈位於較淺的部分，所以可以感受到脈搏。

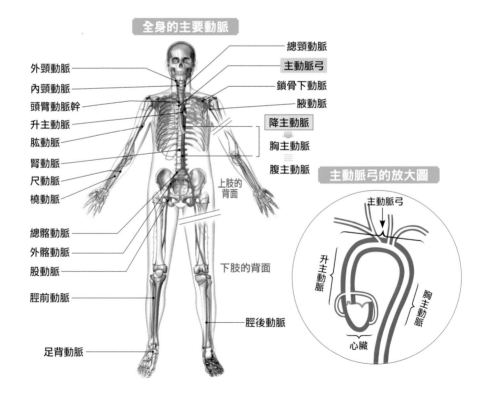

全身的主要動脈

外頸動脈
內頸動脈
頭臂動脈幹
升主動脈
肱動脈
腎動脈
尺動脈
橈動脈

總髂動脈
外髂動脈
股動脈
脛前動脈

足背動脈

總頸動脈
主動脈弓
鎖骨下動脈
腋動脈
降主動脈
胸主動脈
腹主動脈

上肢的背面
下肢的背面

脛後動脈

主動脈弓的放大圖

主動脈弓
升主動脈
胸主動脈
心臟

全身的靜脈

血液從全身的微血管返回心臟時所流經的血管叫做靜脈。由於靜脈不具備心臟那種能將血液往前推的幫浦功能，所以要透過周圍肌肉的作用等來推動血液，血流速度也比動脈慢。

● 靜脈的特徵

進入心臟的靜脈包含了，從體循環返回後，進入右心房的上‧下腔靜脈，以及從肺循環返回後，進入左心房的肺靜脈。其特徵為，雖然從體循環返回的血液是缺少氧氣的靜脈血，但藉由肺循環，就會形成含氧量豐富的動脈血。

由於血管壁比動脈薄，且缺乏彈性組織，所以不具備動脈那樣的彈性。

◆ **靜脈與靜脈瓣**（參閱下圖） 靜脈始於微血管，不具備心臟那樣的幫浦功能。靜脈會透過呼吸與周圍的肌肉收縮所產生的壓力，讓血液慢慢地流向心臟。因此，為了避免血液逆流，在靜脈內壁，到處都有「靜脈瓣」，在容易受到重力影響的下肢，靜脈瓣特別發達。

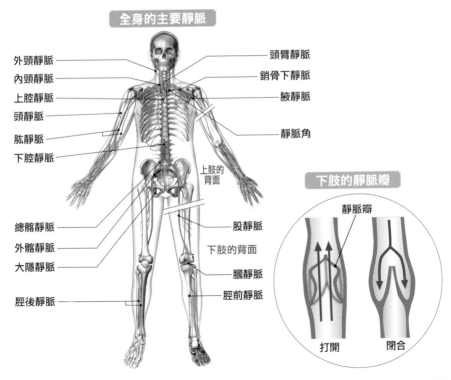

全身的主要靜脈

外頸靜脈
內頸靜脈
上腔靜脈
頭靜脈
肱靜脈
下腔靜脈

頭臂靜脈
鎖骨下靜脈
腋靜脈
靜脈角

上肢的背面

總髂靜脈
外髂靜脈
大隱靜脈

脛後靜脈

股靜脈
下肢的背面
膕靜脈
脛前靜脈

下肢的靜脈瓣

靜脈瓣

打開　　　閉合

血管的構造

　　用來讓血液流動的血管壁，是由內膜、中膜、外膜這3層所構成。在動脈與靜脈中，由於血流的壓力不同，所以在構造上，兩者也有差異。動脈的中膜較發達且厚實，具有彈性，相對地，靜脈的中膜較薄，彈性也較低。

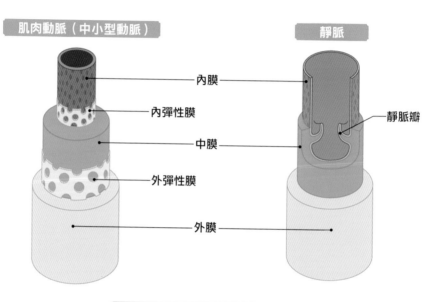

肌肉動脈（中小型動脈）

靜脈

- 內膜
- 內彈性膜
- 中膜
- 外彈性膜
- 外膜
- 靜脈瓣

連續性微血管（一般的微血管）

- 內皮細胞的核
- 基底膜
- 內皮細胞
- 紅血球
- 胞飲小泡

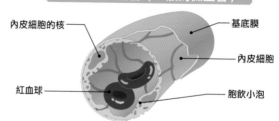

寶狀微血管

基底膜不相連，空隙很多。

內皮細胞的相連情況缺乏連貫性，會產生比通透性微血管大的開孔。

通透性微血管（窗型微血管）

內皮細胞的連接處是連貫的，沒有空隙，跟連續性微血管一樣。

內皮細胞上有細小的開孔(窗)。

● 血管的構造與特徵

無論動脈或靜脈，基本的血管壁都是由內膜、中膜、外膜這3層所構成。內層有內皮細胞與基底膜，中膜有血管平滑肌，外膜則是由疏鬆結締組織所構成。疏鬆結締組織則是由纖維母細胞、膠原纖維、彈性纖維等所組成。血管會從身體中心往末端移動，隨著血管變細，各層也會逐漸變薄，在中途，由平滑肌所組成的中膜會消失，在微血管內，外膜也會消失，變成只剩內皮細胞與基底膜。

另外，在能透過心臟的幫浦功能所產生的壓力來將血液往前推的動脈，以及讓血液慢慢地回到心臟的靜脈中，血管的構造也有所差異。

◆ **肌肉動脈（中小型動脈）** 中型的動脈叫做肌肉動脈，中膜的平滑肌細胞很發達。內膜與中膜之間有名為內彈性膜的彈性纖維層，中膜與外膜之間則有外彈性膜。中膜的平滑肌之所以很發達，是為了將血液運送到末梢部位。

◆ **靜脈** 由於內壓比動脈低，而且不需要調整血流，所以雖然同樣由3層所構成，但在整體上比動脈薄。因為內膜與中膜特別薄，所以外膜是最厚的。另外，在內膜中，到處都會形成半月狀的「靜脈瓣」，其作用為，即使內壓很低，血液也不會逆流。在下肢部分，靜脈瓣的數量特別多。

▌微血管的構造與特徵

動脈會反覆地產生分支，形成中型動脈、小型動脈、小動脈，逐漸變細，最細的部分就是微血管。微血管的直徑為5～10μm，雖然這種勉強能讓紅血球通過的粗細雖然肉眼看不見，但微血管會如同網眼般地遍布在全身的組織內，反覆地產生分支，進行會合，打造出微血管網。微血管可分成以下3種類型。

◆ **連續性微血管** 內皮細胞會毫無空隙地覆蓋內壁，外側則有基底膜。一般的微血管被稱作連續性微血管。由於微血管的壁只由內皮細胞這一層所構成，非常薄，所以液體與物質變得容易出入，能夠藉此來進行氣體交換、養分的運送、廢物的回收。

◆ **竇狀微血管** 內皮細胞的連接處是不連貫的，有許多開孔，基底膜也是不連貫的。在肝竇狀隙等處存在很多這種微血管，蛋白質等較大的分子也能通過。

◆ **通透性微血管** 雖然內皮細胞之間的連接處沒有縫隙，但到處都有小開孔，連結處也不緊密。在腎臟的腎小球與內分泌腺等處會看到這種微血管。

血液成分與血液的功能

血液大致上可以分成，名為血漿的液體成分，以及由紅血球、白血球、血小板所構成的細胞（血球）成分。這些成分各自具備獨特的功能，在血液中，能夠達成各種維持生命所需的任務。

◗ 血液的組成成分

❶**血漿**　這種液體含有約90%的水分，以及各種蛋白質、葡萄糖、脂質、金屬離子、電解質、激素、維生素等。

❷**細胞成分（紅血球、白血球、血小板）**

◆**紅血球**　佔據了大部分的細胞成分，含有具備紅色素的血紅素。全身的數量多達20～25兆個。紅血球沒有核，能夠輕易地改變形狀，所以能夠通過狹窄的微血管內腔。

◆**白血球**　細胞內有細胞核，除了血液以外，也存在於淋巴結、脾臟、全身的組織中。可以分成顆粒球、淋巴球、單核球這3種，顆粒球還可以再分成嗜中性白血球、嗜酸性白血球、嗜鹼性白血球。在血液中，嗜中性白血球約占白血球的60～70%，其次為淋巴球，占了20～30%。

◆**血小板**　骨髓中有一種名為巨核細胞的細胞。血小板就是巨核細胞的細胞質的一部分，因此沒有核，形狀也不固定，比一般細胞來得小。

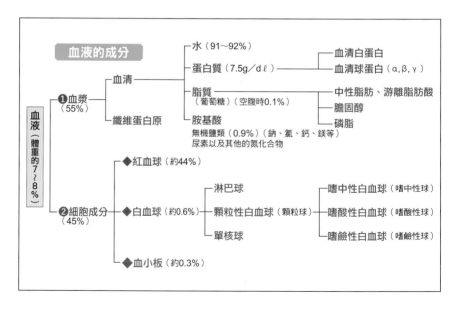

● 血液的功能

　　血液會將氧氣與養分運送到全身各處，並回收二氧化碳與廢物，將其運往排泄器官。氧氣會和紅血球中的血紅素結合，大部分的二氧化碳會形成重碳酸鹽離子（HCO3-），3分之2會溶於血漿，3分之1會溶於紅血球中，然後被運送走。此外，血漿中的白蛋白在維持血液滲透壓與搬運各種物質方面，會發揮重要作用。另外，白血球具備保護身體的免疫作用，能夠對抗入侵人體的細菌與病毒等。除此之外，藉由讓溫暖的血液流到全身各處，就能維持體溫，而且血液也能調整體內的水分、鹽分、礦物質等的量。

血液的凝固原理

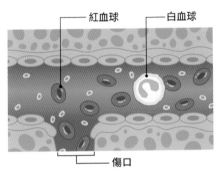

I 當血管受傷，血液滲出到血管外時，周圍的血管壁就會收縮，使血流速度變慢。

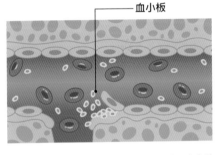

II 血小板與空氣接觸後，就會活化。同時，也會引發連鎖反應，使名為凝血因子的蛋白質持續不斷地活動。

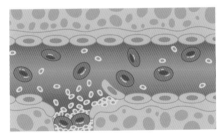

III 血小板會透過凝血因子的作用而結合，並製造血小板血栓，進行止血。光靠血小板無法堵住傷口時，血漿中的纖維蛋白原會被分解成纖維狀的纖維蛋白凝塊。

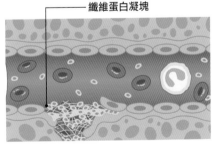

IV 在血小板血栓的周圍，纖維蛋白凝塊也會將紅血球捲入其中，製造出血凝塊，發揮完整的止血作用。

全身淋巴系統的流動與功能

在淋巴管中流動的淋巴液與淋巴結叫做「淋巴系統」。從微血管中滲出的液體成分會形成用來填滿細胞間的間質液（組織液），在血液與組織細胞間進行氧氣與養分等的物質交換。然後，間質液會透過靜脈的微血管，再次被血管吸收，不過約有一成會被淋巴管回收，形成淋巴液。始於淋巴毛細管的淋巴系統會一邊反覆地會合，一邊慢慢地變粗。右側上半身的淋巴管會與右淋巴幹相連，其餘部分則會連接胸導管，在由內頸靜脈和鎖骨下靜脈會合而成的靜脈角，與靜脈會合。

在淋巴管會合的重要位置，淋巴球會聚集起來，而且也能看到呈豆狀隆起的淋巴結。在淋巴結中，淋巴球會檢查淋巴液，使免疫功能發揮作用。全身約有800個淋巴結，集中在與軀幹、四肢、頭部相連的關節部位。

全身淋巴系統的流動

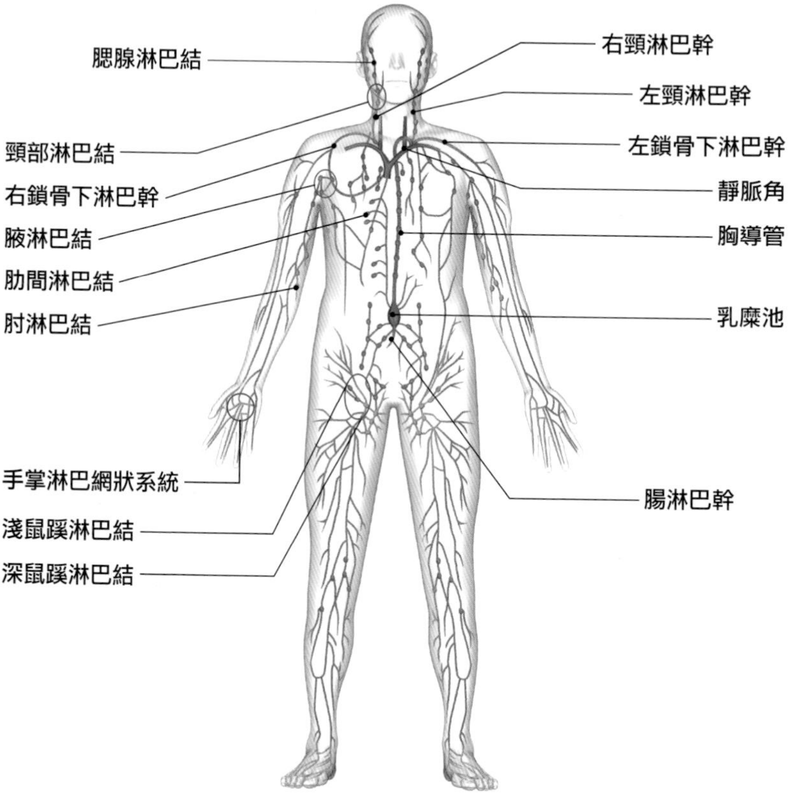

腮腺淋巴結
頸部淋巴結
右鎖骨下淋巴幹
腋淋巴結
肋間淋巴結
肘淋巴結
手掌淋巴網狀系統
淺鼠蹊淋巴結
深鼠蹊淋巴結

右頸淋巴幹
左頸淋巴幹
左鎖骨下淋巴幹
靜脈角
胸導管
乳糜池
腸淋巴幹

免疫機制

免疫功能的2種機制

免疫是人體的恆定性之一，用來理解進入體內的異物（＝非自體物質），保護自體的同一性。免疫功能主要會透過血液中的白血球來進行。其中，會發揮主要作用的是，佔據白血球25～30%的淋巴球。

免疫功能大致上可以分成「非特異性防禦機制」和「特異性防禦機制」。

◆**非特異性防禦機制**　當過去未曾進入過人體的細菌或病毒等入侵人體時，首先，嗜中性白血球會吞噬（將異物帶進細胞內，進行消化）異物。光靠嗜中性白血球無法擊退異物時，接著巨噬細胞（單核球）就會出現，將異物與嗜中性白血球的屍體一起吞噬掉。也被稱作一般防禦機制。

◆**特異性防禦機制**　光靠非特異性防禦機制無法去除異物時，此免疫系統就會開始運作。巨噬細胞在吞噬異物時，會將異物的資訊呈現給身為T細胞之一的輔助性T細胞（抗原呈現）。如此一來，免疫系統就會如同下述那樣地運作。

免疫反應的機制

體液免疫（以抗體為主）

❶下達指示，讓輔助性T細胞幫助B細胞製造抗體。

❷B細胞釋出抗體，巨噬細胞會將緊黏抗體的抗原吞噬。

細胞性免疫（直接攻擊抗原）

❸輔助性T細胞分泌細胞激素，活化殺手T細胞。

❹殺手T細胞將受到抗原入侵的細胞破壞。

❺抗原一旦消失，抑制性T細胞就會讓免疫反應結束。

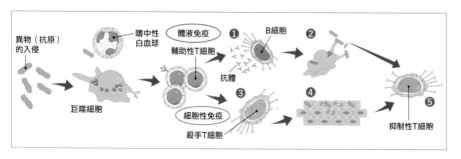

心臟的構造與功能

對於維持生命不可或缺的心臟會發揮幫浦功能，將血液送往全身。心臟是個拳頭大的肌肉塊。周圍被心包所覆蓋。心臟的壁是由心內膜、心肌層、心外膜這3層所構成，厚實的心肌層能用來維持激烈運動。

心臟的構造

在胸廓內，心臟位於被左右肺部包圍的胸部中央，稍微偏左。上緣與第3肋軟骨相連，下緣的左端則連接第5肋軟骨。大小與拳頭差不多。在重量方面，男性為280～340g，女性為230～280g。上方的圓形部分叫做心底，大型血管會出入此處。朝向左下方的略尖部分叫做心尖。

由於連接心底與心尖的軸會朝左斜下方傾斜50～60度，所以從正面觀看時，右心房與右心室看起來位於前方，左心房與左心室看起來則隱藏在後方。透過左右的心房與心室，心臟會發揮幫浦功能，將血液送往全身。另外，心臟的表面被名為心外膜的心包所覆蓋，用來將養分運送給心臟的冠狀動脈（230頁）會通過此處。

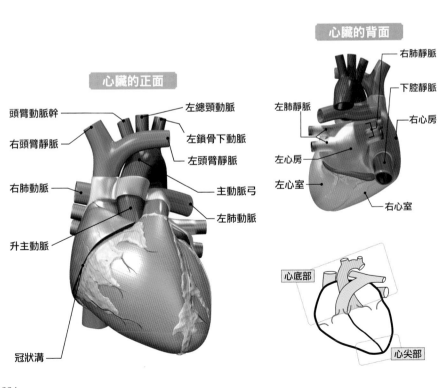

心臟的背面

心臟的正面

頭臂動脈幹
右頭臂靜脈
右肺動脈
升主動脈
冠狀溝

左總頸動脈
左鎖骨下動脈
左頭臂靜脈
主動脈弓
左肺動脈

右肺靜脈
下腔靜脈
右心房
左肺靜脈
左心房
左心室
右心室

心底部
心尖部

心包的構造

　　心臟由被稱為圍心囊的心包所包覆，透過心包，就能將心臟與其他器官隔開。心包是由漿膜心包與纖維心包這2種膜所構成的雙層構造。包覆心臟外側的是強韌的纖維心包。纖維心包由堅硬的結締組織所構成，富有彈性。漿膜心包黏附在纖維心包的背面，增強膜的強度，這2片膜會形成體壁圍心膜。

　　另外，漿膜心包會在主動脈等血管處折回，包覆心肌表面，形成內臟圍心膜。在已形成袋狀的內臟圍心膜與體壁圍心膜之間，會形成名為圍心腔的空間。此處含有從心包分泌出來的少量心包液（漿液）。圍心腔與心包液能夠減緩「心臟在反覆擴張與收縮時所產生的衝擊」。

心壁的構造（參閱下圖）

❶心外膜　屬於漿膜心包的臟層，是附著在心臟表面的漿膜心包，有很薄的單層上皮組織。用來供應心臟養分的冠狀動脈會通過此處。心外膜表面也經常出現很發達的脂肪組織。

❷心肌層　由心肌所構成的厚層，佔據了心壁的大部分空間。雖然心肌與骨骼肌都是橫紋肌，但與消化器官的壁等平滑肌一樣，都是不隨意肌，無法依照自己的意志來活動。另外，心房的肌層是由淺層與深層所構成的2層構造，心室的肌層則由外層·中層·內層這3層所構成，心室的肌層比心房來得厚。

❸心內膜　可分成，由單層扁平上皮所構成的內皮，以及由纖維母細胞、膠原纖維、彈性纖維等所構成的結締組織。用來引發心臟跳動的心臟電傳導系統的纖維也會通過此處。心臟的瓣膜是由心內膜發展而成。

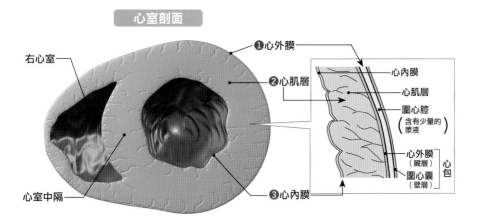

心室剖面

右心室　心室中隔

❶心外膜　❷心肌層　❸心內膜

心內膜　心肌層　圍心腔（含有少量的漿液）　心外膜（臟層）　圍心囊（壁層）　心包

心房與心室的構造

在心臟內，左右兩邊都各有「用來讓血液流入的心房」與「用來送出血液的心室」。心房與心室之間有名為僧帽瓣（左）與三尖瓣（右）的房室瓣，心室與動脈之間有動脈瓣，這4個瓣膜能夠防止血液逆流。

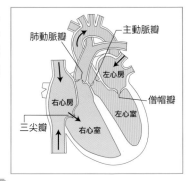

心臟的內部

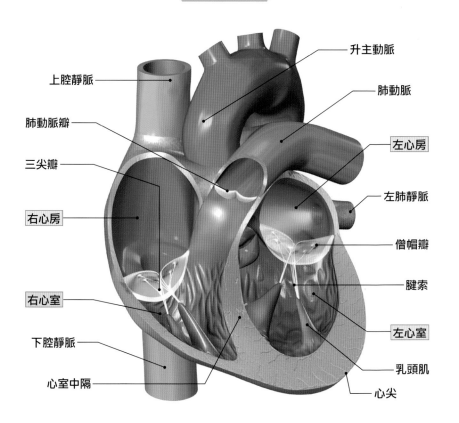

上腔靜脈

肺動脈瓣

三尖瓣

右心房

右心室

下腔靜脈

心室中隔

升主動脈

肺動脈

左心房

左肺靜脈

僧帽瓣

腱索

左心室

乳頭肌

心尖

▌心臟的4個房間

心臟的內部被名為心肌的肌肉分成上下左右4個房間。上面的2個房間叫做「心房」，下面的2個則叫做「心室」。在房間的壁方面，心室比心房來得厚，而且左心房‧左心室的壁比右心房‧右心室來得厚。連接大動脈的左心室的厚度為1～1.2公分，右心房的厚度最薄，約為3公厘。

從全身各處返回心臟的血液，會經由上腔靜脈與下腔靜脈進入右心房，然後形成連接右心室的左右肺動脈，將血液送往肺部。另一方面，從肺部返回心臟的血液，會從左右肺部中各形成2條靜脈（總共4條），進入左心房，通過左心室後，形成升‧降主動脈，讓血液流向全身各處。

▌心臟的4個瓣膜（參閱下圖）

◆ **房室瓣** 位於心房與心室之間的瓣膜叫做房室瓣，左房室瓣叫做僧帽瓣（二尖瓣），右房室瓣叫做叫做三尖瓣。當心房收縮時，心室側的房室瓣會打開，將血液送進心室。當心室收縮，將血液送到動脈時，房室瓣會閉合，防止血液逆流回心房。此時，乳頭肌也會一起收縮，腱索（帶狀結締組織）會支撐房室瓣，確實地將瓣膜關閉。另外，由於僧帽瓣的瓣膜前端（瓣尖）會一分為二，而且形狀很像基督教的主教所戴的帽子，所以因而得名。右房室瓣的瓣葉有3片，所以被稱為三尖瓣。

◆ **動脈瓣** 在心室的出口方面，在從左心室通往主動脈的出口，有主動脈瓣，在從右心室通往肺動脈的出口，則有肺動脈瓣。這2個動脈瓣都各有3片半月狀的半月瓣，能夠避免送往動脈的血液逆流回心室。當心室收縮，內壓提升時，動脈瓣就會打開，將心室內的血液送到動脈（①收縮期），當心室鬆弛時，動脈瓣就會關閉，防止動脈中的血液逆流（②擴張期）。

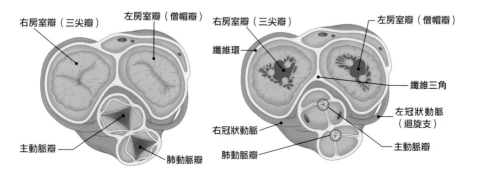

①心臟的橫切面（收縮期）　　②心臟的橫切面（擴張期）

右房室瓣（三尖瓣）　左房室瓣（僧帽瓣）　　右房室瓣（三尖瓣）　　左房室瓣（僧帽瓣）

纖維環

纖維三角

左冠狀動脈（迴旋支）

主動脈瓣　　肺動脈瓣　　右冠狀動脈　　肺動脈瓣　　主動脈瓣

心臟電傳導系統與心臟跳動的原理

　　心肌進行收縮，將血液推向動脈，透過心肌的擴張，心臟會接受來自靜脈的血液。心臟的運動叫做心跳。心跳會以一定的節奏反覆進行，1分鐘內大約會進行60〜80次。在進行心跳時，名為「心臟電傳導系統」的機制會發揮很重要的作用。「心臟電傳導系統」當中有柏金氏纖維，與其他的固有心肌纖維不同，這是一種特殊心肌纖維，即使沒有來自其他地方的刺激，也能依照一定的時間間隔，反覆地產生心跳。當電刺激通過心臟電傳導系統一次，就會產生1次心跳。在保持平靜的狀態下，會以每0.8〜1秒1次的頻率，持續產生心跳。

心臟電傳導系統的構造

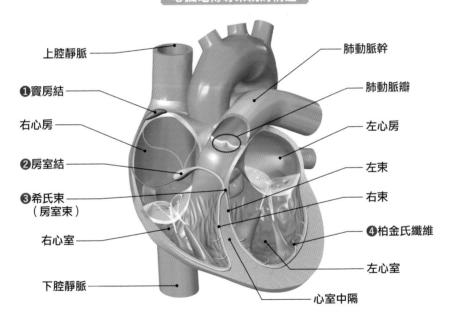

上腔靜脈
❶竇房結
右心房
❷房室結
❸希氏束（房室束）
右心室
下腔靜脈

肺動脈幹
肺動脈瓣
左心房
左束
右束
❹柏金氏纖維
左心室
心室中隔

❶竇房結	小型的心肌細胞塊，位於右心房的上腔靜脈開口部右邊。扮演著節律點（pacemaker）的角色，下達指令給身為心跳起點的心臟，使其收縮。
❷房室結	第一個用來將「來自竇房結的刺激」傳給整個心室的部分。在此處，刺激的傳導速度會變為約10分之1，所以心室與心房的收縮會產生微小的時間差，透過心房收縮而被送進心室內的血液，會藉由比較晚發生的心室收縮，被送進動脈。
❸希氏束	從房室結朝希氏束傳導的刺激，會經由希氏束的左右束，傳給柏金氏纖維，然後抵達整個心臟的心室內膜下方，將刺激傳給心室內肌。
❹柏金氏纖維	分布於左右兩邊的心室肌，是用來傳導「來自房室結心跳的刺激」之最終部分。與其他心肌細胞相比，刺激的傳導速度非常快。

心跳的原理與心跳週期

在能讓心肌有規則地反覆收縮與舒張的心跳機制中，可以分成以下5個階段，而且和「心臟電傳導系統」這個機制有很大的關聯。

❶心房收縮期 竇房結所產生的電刺激從右心房壁的心肌傳到左心房的心肌，心房開始收縮。血液從心房被推到心室，已傳到右心房室心肌的刺激，會傳給位於心室中隔附近的房室結。

❷等容收縮期 藉由心臟電傳導系統，刺激從房室結出發，傳到左右心室的心肌，心室開始收縮。由於心室內壓變得比心房內壓高，房室瓣被關閉，各動脈的瓣膜也保持關閉狀態，所以血液不流動。

❸射血期 動脈瓣膜打開，心室內的血液被推到主動脈內。只要心室持續收縮，導致內壓上昇，各動脈的瓣膜就會打開，血液會一口氣被推出去。

❹等容舒張期 心室結束收縮，透過心肌的放鬆，心室的內壓會下降。結果，雖然動脈瓣被關閉，但是當心室內壓仍比心房內壓高時，房室瓣就不會打開，心室內的血液不會移動。

❺舒張末期（快速充盈期） 只要心室內壓變得比心房內壓低，房室瓣就會打開，血液會開始流入心室。電刺激再次產生，開始下一個週期。

心電圖與心跳週期

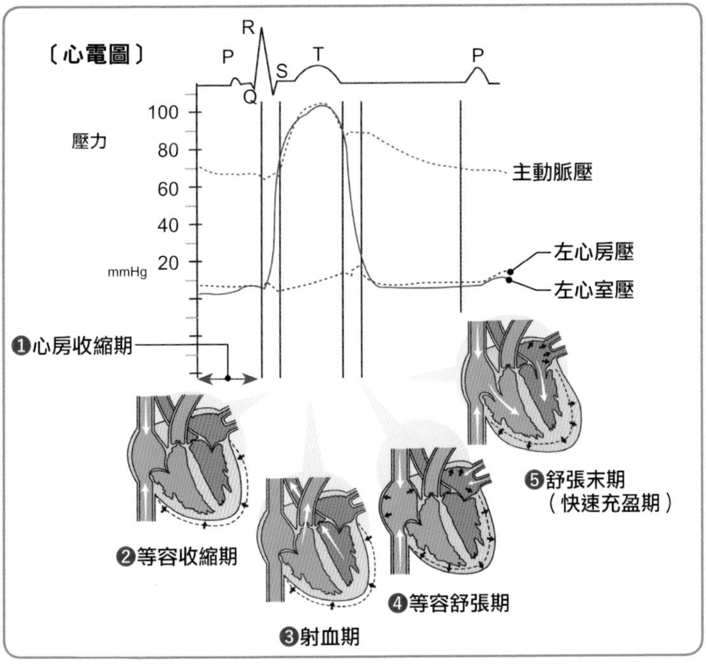

〔心電圖〕

壓力 mmHg

主動脈壓

左心房壓

左心室壓

❶心房收縮期

❷等容收縮期

❸射血期

❹等容舒張期

❺舒張末期（快速充盈期）

心臟的血管

左右成對的冠狀動脈會從主動脈的起始部位冒出來。透過冠狀動脈，可以提供豐富的氧氣與養分給負責送出血液的心臟。冠狀動脈會經過心外膜的結締組織，靜脈血會聚集在位於背面的冠狀竇，然後流入右心房。

● 冠狀動脈的特徵

不斷地持續跳動的心臟，是一種經常需要很多能量的器官。因此，負責提供氧氣與養分給心臟的血管是獨立的，其名為冠狀動脈。在冠狀動脈中，主動脈離開左心室後不久，就會在主動脈瓣的正上方附近產生分支，形成左冠狀動脈與右冠狀動脈。

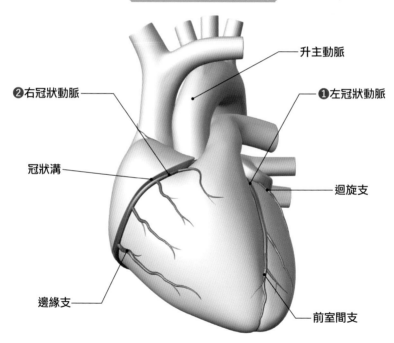

心臟的正面（冠狀動脈）

- 升主動脈
- ❷右冠狀動脈
- ❶左冠狀動脈
- 冠狀溝
- 迴旋支
- 邊緣支
- 前室間支

❶左冠狀動脈	在心臟的正面，可以分成前室間支與迴旋支。前室間支會沿著相當於右心室與左心室交界的前室間溝往下移動。迴旋支則會沿著將心房與心室之間分開的冠狀溝，從左前方繞到後方。之後，左前室間支會一邊產生細微的分支，一邊以心臟左側為中心，分布在各處。
❷右冠狀動脈	沿著冠狀溝，從右前方繞到後方，形成通過後室間溝的後室間支，分布在右心房・右心室以及左心室的背面。

冠狀靜脈的特徵

　　平均每1分鐘約有250毫升的血液流入冠狀動脈，相當於心臟所輸出血液量的3～4%。與其他靜脈相比，回到心臟靜脈的含氧量非常少。心臟所消耗的氧氣量約佔全身氧氣消耗量的1成。

　　冠狀動脈所供應的血液，最後會聚集在位於背側的左房室間溝的冠狀竇，流入右心房。在冠狀竇內，開口部位有瓣膜，大部分的心臟靜脈會聚集在此處。聚集在冠狀竇的靜脈包含了，心大靜脈、心中靜脈、左心室後靜脈等。

❶心大靜脈　始於前室間溝，會沿著左房室間溝，通過後方，流入冠狀竇。

❷心中靜脈　沿著後室間溝，與動脈的後降支一起流入冠狀竇。

❸左心室後靜脈　在左心室背面往上移動的靜脈。

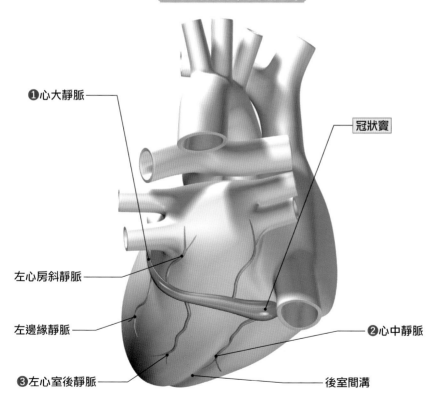

心臟的背面（冠狀靜脈）

❶心大靜脈

冠狀竇

左心房斜靜脈

左邊緣靜脈

❷心中靜脈

❸左心室後靜脈

後室間溝

軀幹的動脈

以「沿著脊椎延伸的降主動脈」為首，軀幹的動脈大多位於人體的深處，並會扮演重要角色，提供養分給用來維持生命活動的內臟。所有動脈都會透過從心臟左心室出發的主動脈來產生分支。

主動脈與其分支

從心臟的左心室出發的主動脈，會往上移動，產生分歧，依序形成主動脈弓⇒頭臂動脈幹⇒左總頸動脈⇒左鎖骨下動脈，然後往下移動，形成胸主動脈⇒腹主動脈，然後分支成左右兩根總髂動脈，與下肢相連。胸主動脈會分支成食道動脈、肋間動脈等，腹主動脈則會分支成腹腔動脈、腸繫膜上動脈、腸繫膜下動脈、腎動脈、精索動脈（或卵巢動脈）、腰動脈等，形成全身血液循環的根基。從主動脈弓出發的總頸動脈會供應養分給頭部與臉部，鎖骨下動脈會分支成腋動脈、肱動脈，到達上臂。另外，從右心室出發的肺動脈會進行肺循環，而且也是分布於軀幹部位的重要動脈。

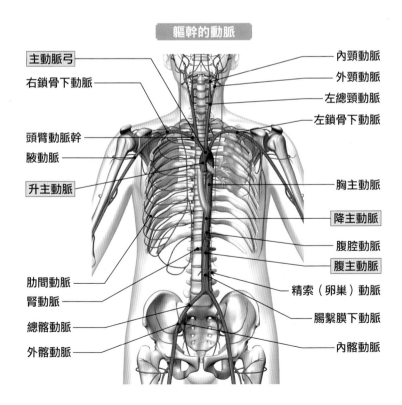

軀幹的動脈

主動脈弓　　　　　　　　　　　　內頸動脈
右鎖骨下動脈　　　　　　　　　　外頸動脈
　　　　　　　　　　　　　　　　左總頸動脈
　　　　　　　　　　　　　　　　左鎖骨下動脈
頭臂動脈幹
腋動脈
　　　　　　　　　　　　　　　　胸主動脈
升主動脈
　　　　　　　　　　　　　　　　降主動脈
　　　　　　　　　　　　　　　　腹腔動脈
　　　　　　　　　　　　　　　　腹主動脈
肋間動脈　　　　　　　　　　　　精索（卵巢）動脈
腎動脈　　　　　　　　　　　　　腸繫膜下動脈
總髂動脈
外髂動脈　　　　　　　　　　　　內髂動脈

軀幹的靜脈

在大部分情況下，用來讓血液返回心臟的靜脈，會沿著同名的動脈分布。另外，根據分布位置，靜脈可以分成，通過皮下組織的皮靜脈、通過肌肉下方的深靜脈，以及用來連接皮靜脈與深靜脈的穿通靜脈。

● 連接腔靜脈的奇靜脈系統

有2條很粗的靜脈附著在右心房的上下。上腔靜脈會收集來自頭部與上肢的血液，下腔靜脈則會收集來自內臟與下肢的血液，然後進入右心房。如同主動脈那樣，上下腔靜脈沒有直接相連，因此為了彌補這一點，此處會有3條名為「奇靜脈系統」的靜脈。奇靜脈始於右邊的腰升靜脈，會收集右半身胸部與腹部後壁的血液，然後流入上腔靜脈。半奇靜脈始於左邊的腰升靜脈，會在第8胸椎附近的高度與奇靜脈相連。副半奇靜脈會在左半身上部直接與奇靜脈會合。半奇靜脈與副半奇靜脈會一起連接上下腔靜脈，形成路徑。

另外，在進入左心房的肺靜脈內，會有來自肺部的動脈血，血中含氧量很豐富。

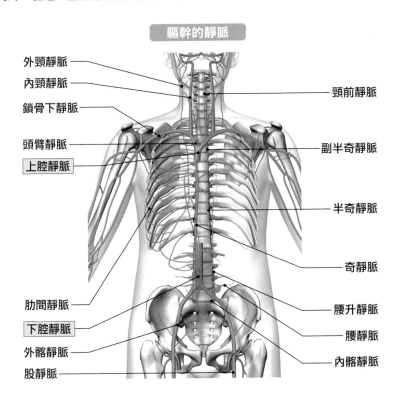

軀幹的靜脈

外頸靜脈
內頸靜脈
鎖骨下靜脈
頭臂靜脈
上腔靜脈
肋間靜脈
下腔靜脈
外髂靜脈
股靜脈

頸前靜脈
副半奇靜脈
半奇靜脈
奇靜脈
腰升靜脈
腰靜脈
內髂靜脈

頭部・頸部的動脈

● 頭部・頸部動脈的特徵

在頭頸部內循環的主要動脈是左右總頸動脈，從這2條動脈中分支出來的動脈，會分布於腦部中。在腦中，從鎖骨下動脈出發的椎動脈，以及從總頸動脈分支出來的內頸動脈，會形成細微分支，並提供養分。

椎動脈進入顱骨內後，左右兩邊的血管就會會合，形成1條腦底動脈。在腦底的前方，內頸動脈主要會形成分支，進行循環。在後方，透過這條腦底動脈而產生的分支會繼續延伸，然後再次分枝成左右兩條血管，形成後大腦動脈。延伸到腦內前方的左右內頸動脈，會在名為後交通動脈的血管內相連。

▌總頸動脈與其分支

總頸動脈包含了，從主動脈弓直接分支出來的左總頸動脈，以及從始於主動脈弓的頭臂動脈幹分支出來的右總頸動脈。兩者皆會在甲狀軟骨上緣的高度分支成外頸動脈與內頸動脈。

內頸動脈往上通過氣管・食道的外側，進入顱骨內，分支成眼動脈後，會在蜘蛛膜下腔分支成後交通動脈與前脈絡叢動脈，然後又會進一步地分支成前大腦動脈與中大腦動脈這2條很粗的終末分支，在腦中循環。

頭部・頸部的動脈（剖面圖）

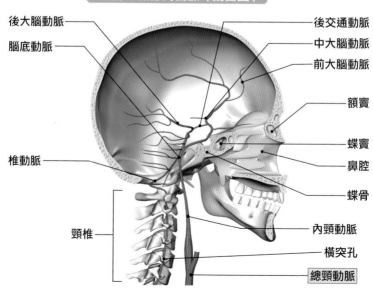

後大腦動脈
腦底動脈
椎動脈
頸椎

後交通動脈
中大腦動脈
前大腦動脈
額竇
蝶竇
鼻腔
蝶骨
內頸動脈
橫突孔
總頸動脈

頭部・頸部的靜脈

頭部・頸部的靜脈的特徵

頭部靜脈與四肢的其他靜脈不同，大部分的分布方式都是獨立的。另外，沒有用來防止血液逆流的瓣膜，也是頭部靜脈的重要特徵之一。

從頭部出發的大部分血液，以及通過臉部表層、頸部等處的血液，會收集來自用來覆蓋硬膜竇表面靜脈的血液，流向內頸靜脈。因此，2條靜脈會與上肢血液所聚集的鎖骨下靜脈會合，形成頭臂靜脈，流入上腔靜脈，返回右心房。

硬膜竇

頭部靜脈的特徵為，硬膜竇的存在。在顱骨與硬腦膜之間，以及正中央區域的左右硬腦膜的閉合部分，有一部分區域會產生很大的空隙（竇），這些空隙被總稱為硬膜竇。硬膜竇的內側與血管一樣，被內皮細胞所覆蓋。在硬膜竇中，除了位於大腦鐮上緣的上矢狀竇、位於下緣的下矢狀竇以外，還有橫竇、乙狀竇、海綿竇、岩上竇、岩下竇等。這些竇會將經過包覆著腦部表面的中小型靜脈後而聚集起來的血液，送到內頸靜脈。

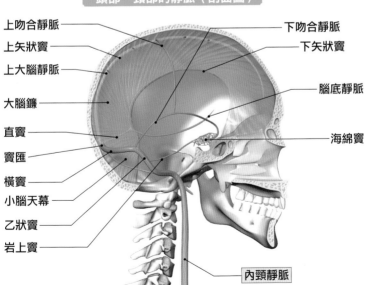

頭部・頸部的靜脈（剖面圖）

- 上吻合靜脈
- 上矢狀竇
- 上大腦靜脈
- 大腦鐮
- 直竇
- 竇匯
- 橫竇
- 小腦天幕
- 乙狀竇
- 岩上竇
- 下吻合靜脈
- 下矢狀竇
- 腦底靜脈
- 海綿竇
- 內頸靜脈

上肢・下肢的動脈

　　在上肢的動脈中，與腋動脈相連的肱動脈會分支成橈動脈、尺動脈、前骨間動脈。這3條動脈會再形成分支，分布於各處。下肢的動脈始於股動脈，會形成膝下動脈、脛前動脈、脛後動脈，連接足部的足背・足底動脈。

● 上肢的動脈

　　朝向上方方向移動的鎖骨下動脈會在鎖骨下緣附近更名為腋動脈，經過胸大肌的外側後，會被稱為肱動脈。此動脈會一邊往下經過肱骨的前方與肱二頭肌的後側，一邊在肘部分支成通過拇指側的橈動脈與通過小指側的尺動脈。這兩條動脈，以及由尺動脈分支而成的前骨間動脈，總共3條動脈，會在手掌部位再度會合，形成深・淺掌動脈弓，動脈會從此處朝著5根手指的方向產生分支。

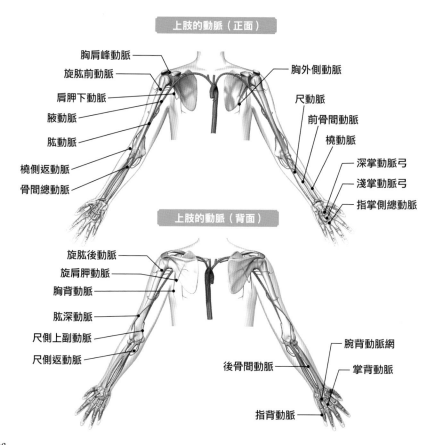

上肢的動脈（正面）

胸肩峰動脈
旋肱前動脈
肩胛下動脈
腋動脈
肱動脈
橈側返動脈
骨間總動脈

胸外側動脈
尺動脈
前骨間動脈
橈動脈
深掌動脈弓
淺掌動脈弓
指掌側總動脈

上肢的動脈（背面）

旋肱後動脈
旋肩胛動脈
胸背動脈
肱深動脈
尺側上副動脈
尺側返動脈

後骨間動脈
指背動脈

腕背動脈網
掌背動脈

● 下肢的動脈

下肢的動脈是由，始於總髂動脈的股動脈之分支所構成。股動脈會一邊形成分支，一邊通過內收肌管，形成膕動脈，然後再形成「往下通過小腿正面的脛前動脈」與「往下通過小腿背後的脛後動脈」，分支成足背·足底動脈。

大腿部位正面有股動脈，後面有由深股動脈分支出來的穿通動脈，小腿正面有脛前動脈，後面則會透過脛後動脈的分支來攝取養分。

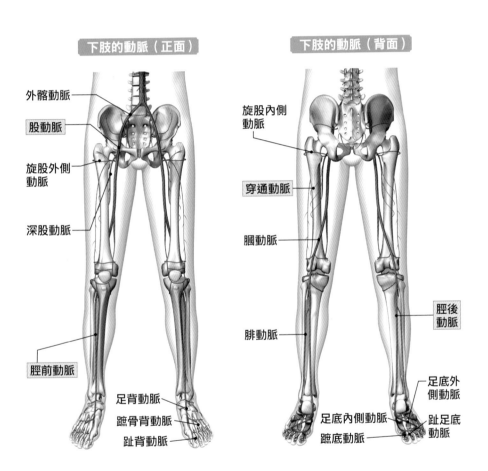

下肢的動脈（正面）

外髂動脈
股動脈
旋股外側動脈
深股動脈
脛前動脈
足背動脈
蹠骨背動脈
趾背動脈

下肢的動脈（背面）

旋股內側動脈
穿通動脈
膕動脈
腓動脈
脛後動脈
足底外側動脈
足底內側動脈
趾足底動脈
蹠底動脈

上肢・下肢的靜脈

在上肢與下肢，有跟著動脈分布的深靜脈，以及皮靜脈。深靜脈與皮靜脈會一起通過位於體內表面附近的皮下組織。在上肢的頭靜脈與肱內靜脈之間，有用來連接這2條皮靜脈的肘正中靜脈。

◗ 上肢的靜脈

橈靜脈與尺靜脈始於手掌的靜脈叢，會通過深・淺掌靜脈弓。兩者會在肘窩會合，形成肱靜脈，流入腋靜脈。

另一方面，通過皮下的皮靜脈包含了頭靜脈與肱內靜脈，兩者皆始於手背靜脈網，會分別流入腋靜脈與肱靜脈。這2條靜脈位於手肘附近，會透過肘正中靜脈來進行聯繫。

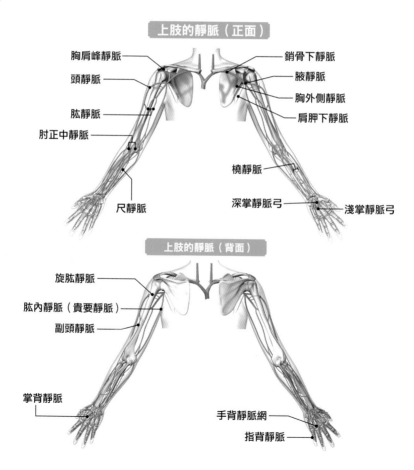

上肢的靜脈（正面）

胸肩峰靜脈
頭靜脈
肱靜脈
肘正中靜脈
尺靜脈

鎖骨下靜脈
腋靜脈
胸外側靜脈
肩胛下靜脈
橈靜脈
深掌靜脈弓
淺掌靜脈弓

上肢的靜脈（背面）

旋肱靜脈
肱內靜脈（貴要靜脈）
副頭靜脈
掌背靜脈
手背靜脈網
指背靜脈

下肢的靜脈

　　下肢的靜脈大致上會跟著同名的動脈來分布，其特徵為，由於距離心臟很遠，所以靜脈內的瓣膜特別多。另外，小腿內有名為大隱靜脈與小隱靜脈的大型皮靜脈。大隱靜脈始於足底靜脈網，往上通過大腿內側面後，會在股靜脈會合。小隱靜脈始於足背靜脈網，往上通過小腿背面後，在膕靜脈會合。

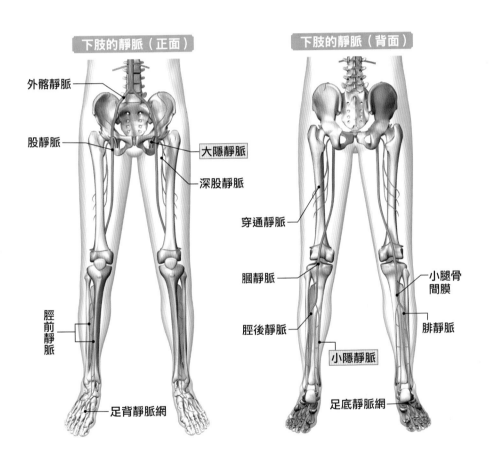

下肢的靜脈（正面）

外髂靜脈

股靜脈

大隱靜脈

深股靜脈

脛前靜脈

足背靜脈網

下肢的靜脈（背面）

穿通靜脈

膕靜脈

脛後靜脈

小隱靜脈

小腿骨間膜

腓靜脈

足底靜脈網

循環系統的主要疾病

心絞痛

狹窄
（血管很狹窄‧缺血狀態）

心肌梗塞

阻塞
（血管阻塞‧心肌壞死）

▌缺血性心臟病（心絞痛‧心肌梗塞）

會使冠狀動脈發生變細（狹窄）、堵塞（阻塞）等情況，導致心肌功能降低或壞死的疾病的總稱。冠狀動脈變細，心肌暫時陷入缺氧狀態的情況叫做心絞痛。冠狀動脈阻塞而導致心肌壞死的情況則叫做心肌梗塞。主要原因為動脈硬化、高膽固醇血症、高血壓、吸菸、肥胖、高血脂症、年齡增長、壓力等都是危險因子。心絞痛發作時，胸部宛如被勒住，壓住般的疼痛會持續幾分～十幾分，透過靜養與三硝酸甘油酯舌下錠，會在幾分鐘內痊癒。心肌梗塞發病時，胸部會長時間持續出現激烈疼痛與壓迫感，無法透過靜養來改善。

在治療心絞痛時，要依照症狀，從藥物療法、冠狀動脈旁路移植（CABG）、氣球血管擴張手術、支架置放術等當中選擇適合的治療方式。在治療心肌梗塞時，要以「緊急醫療救護」為最優先，根據梗塞規模與發病後所經過的時間等來選擇治療法。

▌心肌症

由於心肌細胞本身的異常而導致心臟功能出現障礙的突發性心肌疾病的總稱。可以分成，心肌變厚的肥大型心肌病、心肌變得又薄又大的擴張性心肌病、心肌變硬的限制性心肌症、會使整個右心室出現瀰漫性擴張與收縮功能降低的「致心律失常性右室心肌病（ARVC）」等類型。雖然大多原因不明，但經常出現家族性病例，多見於20～40幾歲這個比較年輕的年齡層。雖然不太會出現主觀症狀，但病情一旦惡化，就可能會引發非常嚴重的鬱血性心臟衰竭等，猝死情況也並不罕見。

在治療方面，由於病因大多不明，所以為了抑制症狀，會跟一般的心臟衰竭一樣，以藥物療法與膳食療法為主。注意事項為，避免激烈運動，不要產生壓力。

▌心臟衰竭

心臟的功能下降，變得無法將充分的血液運送給身體。除了慢性與急性以外，還可以分成右心型與左心型，根據異常所發生的部位，症狀也有所差異。心臟病、血液系統疾病、生活習慣病等是主要因素。會引發呼吸困難、容易疲倦、咳嗽、足部浮腫等症狀。左心側一旦發生心臟衰竭，血液輸送功能就會下降，引發呼吸困難、咳嗽、心悸等症狀。若是右心側的話，靜脈壓就會上升，引發浮腫與體重增加等症狀。

若是急性的話，大多必須住院靜養，除了藥物療法以外，依照導致心臟衰竭的疾病種類，治療方式也會有很大差異。

▌高血壓性心臟病（心臟肥大）

如同字面上的意思，這是高血壓所引起的心臟病。由於高血壓，所以心臟會時常承受負荷，導致心臟功能發生異常。左心室的心臟肥大最常見，會引發冠狀動脈硬化，造成缺血性心臟病。一旦惡化，就會引發心絞痛或心臟衰竭。心臟肥大的初期症狀包含了，心悸、呼吸困難、容易疲倦、足部浮腫等。一旦惡化，呼吸困難症狀會變得嚴重，也會開始咳嗽。其原因為沒有充分控制好血壓，像是沒有接受高血壓治療、中斷治療、擅自停藥等。在治療方面，首先要降低血壓，而且也要運動與改善生活習慣。透過降壓劑來進行藥物治療是最基本的，當症狀出現惡化時，也要同時對心臟衰竭或狹心症進行治療。

變得肥大的心臟

肥大部分

動脈瘤

動脈壁變薄，出現瘤狀隆起的疾病。出現在靜脈內時，就會形成靜脈瘤。罹患風險會隨著年齡增長而增加，多見於腹部主動脈與下肢。原因為動脈硬化與外傷等。如果置之不理的話，就會產生「動脈瘤破裂，引發大出血」的危險。雖然大多沒有症狀，但可以透過超音波檢查、電腦斷層掃描、血管造影檢查等方式來發現。

由於動脈瘤無法透過藥物來治癒，所以基本上會採取人工血管植入手術或導管插入術。

心律不整

在沒有運動、興奮等誘因下，心跳次數與節奏處於不規則的狀態。即使心跳很規律，但竇房結以外的地方會引發興奮，使心跳次數增加或減少，導致傳導速度發生異常的情況，就叫做心律不整。分成先天性與後天性，後天性的原因大多為心臟病。治療藥物的副作用也有可能會引發心律不整。症狀包含了，心悸、頭暈、呼吸困難、昏厥、胸痛等。病情輕微時，大多沒有症狀。似乎有許多人是透過健康檢查來發現的。心律不整的情況分成很多種，有的不用治療，有的很嚴重。依照種類，會使用抗心律不整劑，或是裝設心臟整律器。

瓣膜性心臟病

心臟的瓣膜出現障礙，導致心臟功能發生異常的疾病。可以分成，瓣膜沒有充分打開而導致血液流動變差的「狹窄症」，以及瓣膜沒有完全關閉而導致血液逆流的「閉鎖不全症」。4個瓣膜各自會引發上述的症狀。也會發生2個以上的瓣膜同時發生異常的情況。可分成先天性與後天性。後天性疾病的原因包含了，風濕熱、動脈硬化、心肌梗塞等。在4個瓣膜當中，依照出現異常的瓣膜的種類，症狀也會有所差異。共同症狀為心悸、喘不過氣、疲倦感、胸痛、呼吸困難。一旦惡化，就會併發心臟衰竭、心律不整、血栓栓塞症等。

罹患閉鎖不全症的心臟瓣膜

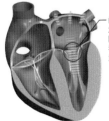

由於僧帽瓣沒有完全關閉，所以會導致血液逆流。

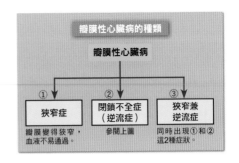

瓣膜性心臟病的種類

瓣膜性心臟病

① 狹窄症
瓣膜變得狹窄，血液不易通過。

② 閉鎖不全症（逆流症）
參閱上圖

③ 狹窄兼逆流症
同時出現①和②這2種症狀。

高血壓（原發性高血壓）

動脈中的壓力高得異常的狀態（最高血壓在140mmHG以上，或是最低血壓在90mmHG以上），是代表性的生活習慣病之一。會出現頭痛、肩酸、耳鳴、頭暈、心悸等症狀。由於這些都不是獨特的症狀，所以很難透過症狀來早期發現。可以分成，原因不名的原發性高血壓，以及腎臟不適、激素分泌異常等所引起的繼發性高血壓，據說有9成病患屬於原發性高血壓。專家認為，生活習慣、年齡增長、遺傳因素等互起作用，就會導致發病。為了避免心臟病（心臟肥大）、腦中風等併發症，透過改善生活習慣來控制血壓是很重要的。

在治療方面，會採取藥物療法，同時也要改善生活習慣，像是減肥、運動、戒菸、減少鹽分攝取、限制飲酒量等。

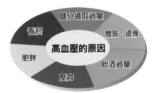

高血壓的原因
鹽分攝取過量
體質・遺傳
香菸
肥胖
壓力
飲酒過量

低血壓

與高血壓相反，此疾病是指血壓遠低於正常值的狀態。不像高血壓那樣有國際標準，大致上的標準為，最高血壓在100～110mmHG。可以分成，原因不明的原發性低血壓，以及自律神經異常、內分泌疾病、血液量減少等所導致的繼發性低血壓。突然站起身時，會出現暈眩等症狀的情況，叫做姿位性低血壓。會出現頭痛、心悸、疲倦感、手腳冰冷等症狀。

在治療方面，和高血壓一樣，要透過改善生活習慣等來改善病情，必要時會採取藥物療法。

惡性淋巴瘤

發生於淋巴系統組織的血液癌症，依照惡性化的細胞的種類與特徵，可以分成約30種類型。大致上可以分成「霍奇金氏淋巴瘤」與「非霍奇金氏淋巴瘤」，在日本，霍奇金氏淋巴瘤的比例約為1成，非霍奇金氏淋巴瘤當中的瀰漫性淋巴瘤佔了很大比例。頸部、腋下、大腿根部等處的淋巴結大多會出現不會疼痛的腫塊，除了發燒、體重減輕、夜間盜汗等症狀以外，也會伴隨著發疹與搔癢症狀。詳細原因並不清楚。

依照淋巴瘤的種類，治療法與復原情況都不同，所以一開始先仔細地找出疾病類型是很重要的。在初期，發病部位較少時，會採取放射線療法。擴散到全身時，則會以化學療法為主，或是進行骨髓移植手術。

膠原病

膠原病不是一種病的名稱，而是「會使皮膚、肌肉、關節等處的組織或血管發炎，導致全身出現異常的疾病」的總稱，種類約有20種。類風濕性關節炎、全身性紅斑狼瘡、貝西氏病等都是原因不明的疾病，必須進行好幾種檢查才能診斷出來。雖然症狀會隨著疾病種類而異，但一開始大多會像感冒那樣，出現發燒、咳嗽、疲倦感，經常會引發關節痛、發疹、腹痛、腹瀉等症狀。雖然詳細原因不清楚，但專家認為，這是免疫功能發生異常而導致自體正常細胞遭受攻擊的自體免疫疾病之一。

在治療上，大多會採取只能抑制症狀的對症治療，透過類固醇、免疫抑制劑、抗癌劑等藥物療法來抑制免疫功能。

血友病

由於血液中缺乏止血時所需的凝血因子，所以一旦出血就要花費很多時間來止血的疾病。依照X染色體中所缺少的因子，可以分成「A型血友病（第八因子缺乏症）」與「B型血友病（第九因子缺乏症）」，A型與B型的發病比例約為5比1。男性大多會發病，女性幾乎不會發病，而是成為帶因者。症狀為，在各個部位產生出血，尤其會引發深部出血。一旦惡化，就會導致變形或攣縮。病情屬於中、輕度時，很少會出血，會出現受傷或拔牙後血不容易止住等情況。

在治療方面，基本上會採用補充療法，透過使用凝血因子製劑來補充缺少的凝血因子。也可採取由自己進行注射的居家自行注射療法。

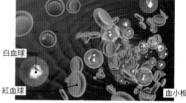

血管內的紅血球‧白血球

白血球

紅血球

血小板

白血病

骨髓中的造血幹細胞發生異常，導致未成熟的血球（芽細胞或白血病細胞）增加，正常血液細胞減少的「血癌」。可分成以急性與慢性為首的許多種類，各類型的治療法與恢復情況都不同。以急性來說，除了會出現貧血所導致的疲倦感、心悸、呼吸困難、臉色蒼白等症狀以外，也容易發生白血球減少所導致的發燒與感染症，而且也會出現鼻血、牙齦流血、容易形成瘀青等症狀。另外，在慢性白血病中，雖然會出現全身疲倦感、體重減少、腹脹感等症狀，但初期不會出現主觀症狀。

在治療方面，急性與慢性皆會採用化學療法與造血幹細胞移植。在治療急性白血病時，進行名為「緩解誘導療法」的治療後，會再進行化學療法。在慢性白血病的治療方面，近年一種名為「伊馬替尼」的藥物很受到矚目。此藥物能與特定基因所製造的蛋白質結合，抑制其功能。

貧血

當血液中的紅血球減少，或是紅血球中的血紅素濃度低於標準值時，就會被視為貧血。在原因方面，發生頻率很高的一般性貧血是「鐵質不足」所引起的缺鐵性貧血。惡性腫瘤與女性的懷孕、分娩也會引發貧血。另外還有白血球或血小板減少所造成的再生不良性貧血，當腎臟、肝臟等處罹患疾病時，也會伴隨著貧血症狀。

由於氧氣無法充分地被運送到體內各處，所以會出現疲倦感、寒症、頭痛、肩痠、頭暈、心悸、呼吸困難、指甲容易破裂、皮膚乾燥等症狀。

在治療方面，如果是某種疾病所引起的，就要優先治療該疾病，並補充缺少的養分。治療缺鐵性貧血時，基本上會服用鐵劑。不過由於鐵質不容易被體內吸收，所以除了要攝取用來幫助吸收鐵質的蛋白質與維生素C，也必須攝取在製造紅血球時不可或缺的維生素B12與葉酸。

生殖系統・泌尿系統・感覺系統

腎臟的構造與功能

　　腎臟是左右成對的腹膜後器官，位於腹膜後方。大小比拳頭略大，重量約130～150克，縱長約12公分，寬度約6公分，厚度約3公分，呈現深褐色的蠶豆種子狀。

　　腎臟這種器官能夠過濾血液中的體內廢物與不需要的物質，製造尿液。不僅能發揮泌尿器官的功能，還能調整體內的水分、體液的pH值（氫離子指數）、血壓等，維持體內的恆定性（體內平衡）。

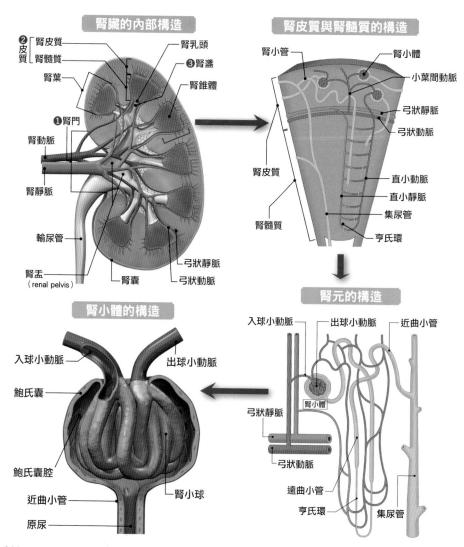

腎臟的內部構造

❷皮質：腎皮質／腎髓質
腎葉
❶腎門
腎動脈
腎靜脈
輸尿管
腎盂（renal pelvis）
腎乳頭
❸腎盞
腎錐體
弓狀靜脈
弓狀動脈
腎囊

腎皮質與腎髓質的構造

腎小管
腎小體
小葉間動脈
弓狀靜脈
弓狀動脈
腎皮質
直小動脈
直小靜脈
集尿管
亨氏環
腎髓質

腎小體的構造

入球小動脈
鮑氏囊
鮑氏囊腔
近曲小管
原尿
出球小動脈
腎小球

腎元的構造

入球小動脈
出球小動脈
近曲小管
弓狀靜脈
腎小體
弓狀動脈
遠曲小管
亨氏環
集尿管

● 腎臟的構造與功能

❶腎門 腎臟內側緣中央部位的凹陷部分。腎動脈、腎靜脈、輸尿管等會出入此處。從腎門進入的血管會在中央區域形成分支。從心臟送出的血液當中，有20～25%會流入用來將血中無用物質製成尿液的腎臟。

❷皮質 腎臟外側有堅固的被膜，表面附近的叫做「腎皮質」，內側的則叫做「腎髓質」。腎皮質內有腎小體與腎小管。腎小體能夠過濾血液，製造出用來當作尿液原料的原尿。腎小管與腎小體相連，分布成蜿蜒狀。在腎髓質內，十幾個圓錐狀的腎錐體會排列在一起，腎錐體的前端會伸出腎竇，並被稱為腎乳頭。另外，在皮質內蜿蜒分布的腎小管，進入腎髓質後，就會筆直地前進，然後在髓質內迴轉，形成亨氏環，回到皮質內，在集尿管會合。

❸腎盞 腎乳頭的前端呈現杯狀。接收從腎乳頭離開的尿液，讓尿液聚集在腎盂。在腎盂內，好幾個腎盞的根部是相連的，這些腎盞還會合而為一，扮演著「連接輸尿管的漏斗」的角色。

▌製造尿液之外的功能

在腎臟內，除了將體內廢物製成尿液，送往膀胱以外，還能夠藉由製造尿液來調整水分與礦物質的量，讓體內的離子保持平衡，也能分泌用來提高血壓的腎素這種酵素，以及具備血管擴張功能的前列腺素，藉此來調整血壓，或是分泌「能對骨髓產生作用，刺激紅血球增生的紅血球生成素」的激素等。腎臟具備各種用來維持體內恆定性的功能。因此，一旦造成腎臟衰竭，就會引發高血壓、貧血等各種症狀，造成全身不適。

▌尿液製造系統

◆腎元 此系統負責腎臟的尿液製造功能。腎元由位於腎皮質的腎小體，以及與腎小體相連的腎小管所構成。以人類來說，左右腎臟加起來，約有200萬個腎元。此處能夠製造用來當作尿液原料的原尿。

◆腎小體 用來製造尿液的袋狀組織。由腎小球和將其包覆的鮑氏囊所構成。腎小球是由捲成毛球狀的微血管所組成。在左右腎臟內，各約有100萬個腎小球。經過腎小球過濾的原尿，會積存在腎小球與鮑氏囊之間所形成的鮑氏囊腔，接著經過腎小管，被吸收‧分泌‧過濾後，形成尿液，被排出體外。用來出入腎小體的小動脈被稱為入球‧出球小動脈。近曲小管會從位於另一側的尿極伸出，一邊蜿蜒地前進，一邊通往髓質，變細後，在亨氏環（Henle loop）迴轉，然後再次變粗，形成遠曲小管，在集尿管會合。

膀胱的構造與功能

　　膀胱是袋狀的器官，在排尿前，能夠暫時存放腎臟所製造的尿液。由平滑肌所組成的膀胱內壁富有伸縮性，只要內部裝滿尿液，內壁就會伸展，變薄。只要膀胱壁透過排尿反射進行收縮，內尿道括約肌就會變得鬆弛，並進行排尿。

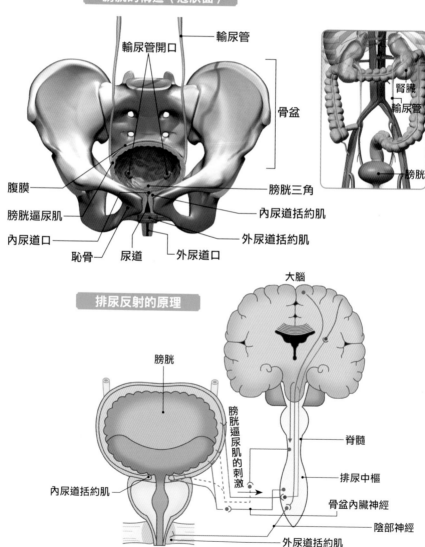

膀胱的構造（冠狀面）

- 輸尿管開口
- 輸尿管
- 骨盆
- 腎臟
- 輸尿管
- 膀胱
- 腹膜
- 膀胱三角
- 膀胱逼尿肌
- 內尿道括約肌
- 內尿道口
- 外尿道括約肌
- 恥骨
- 尿道
- 外尿道口

排尿反射的原理

- 大腦
- 膀胱
- 膀胱逼尿肌的刺激
- 脊髓
- 排尿中樞
- 內尿道括約肌
- 骨盆內臟神經
- 陰部神經
- 外尿道括約肌

● 膀胱的構造

膀胱位於恥骨後方，若是男性的話，膀胱後方會連接直腸，若是女性的話，則會連接子宮與陰道。腎臟所製造的尿液，會通過輸尿管，在排尿前聚集、積存在此處。在膀胱內，座部的後方左右兩邊有2個與左右腎臟相連的輸尿管開口。輸尿管開口的下部有內尿道口，是通往尿道的出口。膀胱壁的外側是平滑肌的肌層，內側則被黏膜覆蓋。在內尿道口的周圍，肌肉的性質會改變，形成內尿道括約肌，用來調整尿液的排泄。在輸尿管內，中途有3個地方會變得狹窄，被稱為生理性狹窄處。因此，該處容易被結石堵塞而為人所知。

▌尿道的排尿反射原理

尿液累積到某種程度後，膀胱平滑肌會將伸展的訊息傳給腦部，形成尿意，腦部會下達抑制排尿的指令。只要達到能夠排尿的狀態後，抑制作用就會消失，該訊息會傳達給排尿中樞。

做好排尿準備時，來自排尿中樞的指令會傳到膀胱壁，平滑肌會收縮。如此一來，就會產生「排尿反射」，使內尿道括約肌鬆弛，同時，外尿道括約肌也會鬆弛，進行排尿。相反地，當排尿準備尚未完成時，交感神經會透過來自大腦皮質的指令而產生作用，使內尿道括約肌收縮，避免尿液漏出，藉由讓膀胱逼尿肌變得鬆弛，並進行伸展，膀胱就會變得能儲存更多尿液。

▌尿道的構造

尿道是連接膀胱與外尿道口的管子。外尿道口是通往體外的開口部位。男性與女性的尿道長度有很大差異。由於男性的尿道會貫穿陰莖，所以長度約為16～20公分。女性的尿道很短，約4公分，會在陰道前庭產生開口。由於男性的尿道較長，且會通過前列腺內部，所以在構造上，抵抗力較強，尿液不易漏出。相對地，女性的尿道短，而且筆直地往下方延伸，再加上用來支撐骨盆內器官的骨盆肌群會因為年齡增長而變得容易鬆弛，所以容易造成漏尿。因此，女性的尿失禁情況壓倒性地多。

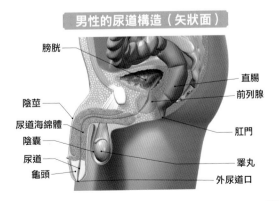

男性的尿道構造（矢狀面）

膀胱
直腸
前列腺
陰莖
尿道海綿體
陰囊
肛門
尿道
睪丸
龜頭
外尿道口

男性生殖器的構造

男性生殖器始於用來製造精子的睪丸，由很長的精子運送管線，以及幾個跟著管線移動的分泌腺所構成。精子從副睪通過輸精管後，被運送到前列腺，與前列腺液會合，形成精液，抵達用來排出精液的外尿道口。身兼生殖器與泌尿器官的陰莖，是由海綿體所構成。

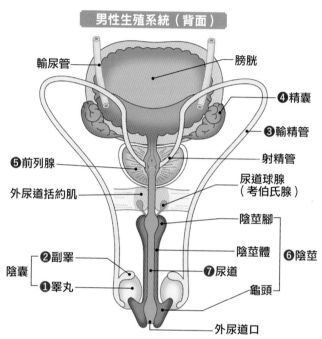

男性生殖系統（背面）

- 輸尿管
- 膀胱
- ❹精囊
- ❸輸精管
- ❺前列腺
- 射精管
- 外尿道括約肌
- 尿道球腺（考伯氏腺）
- 陰莖腳
- 陰莖體
- ❻陰莖
- 陰囊
  - ❷副睪
  - ❶睪丸
- ❼尿道
- 龜頭
- 外尿道口

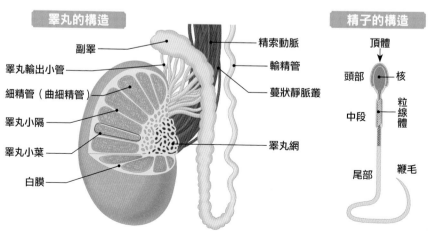

睪丸的構造

- 副睪
- 睪丸輸出小管
- 細精管（曲細精管）
- 睪丸小隔
- 睪丸小葉
- 白膜
- 精索動脈
- 輸精管
- 蔓狀靜脈叢
- 睪丸網

精子的構造

- 頂體
- 頭部
- 核
- 中段
- 粒線體
- 尾部
- 鞭毛

男性生殖器的構造

❶精巢（睪丸） 長度約3～4公分，呈卵形，表面被堅硬的白膜所包覆。過去被稱為睪丸，現在配合女性的卵巢，統一採用精巢，副睪則被稱作精巢上體。

❷副睪 在睪丸被製造出來的精子最初通過的通道，裡面含有名為「副睪管」的細管，愈往下方，會變得愈細，然後連接輸精管。

❸輸精管 用來將副睪所儲藏的精子運送到前列腺的通道。在前列腺前方形成輸精管壺腹後，會貫穿前列腺，與精囊的導管會合，朝尿道打開。

❹精囊 位於膀胱的背面，用來分泌精囊液的袋狀內分泌腺。精囊液佔了精液的一半以上，黏性強，含有精子在運動時所需的養分。

❺前列腺 位於膀胱的正下方，宛如將尿道包圍起來似地附著在尿道上。大小跟栗子果實差不多，會分泌佔據精液約20～30%的前列腺液。

❻陰莖（龜頭·陰莖體·陰莖腳） 可以分成，在前端隆起得很大的龜頭、根部的細尖陰莖腳、位於龜頭與陰莖腳之間的陰莖體這3個部位。內部由尿道海綿體與陰莖海綿體這2種海綿體所構成。陰莖是用來排出精子的生殖器，同時也是用來排尿的泌尿器官。

❼尿道 從前列腺出發，經過包圍外尿道括約肌周圍的泌尿生殖膈膜，進入在尿道海綿體後側隆起的尿道球。接著，通過陰莖的內側，到達龜頭，在龜頭前端形成垂直的裂縫，使外尿道口朝體外產生開口。

睪丸的構造

位於陰囊內的睪丸是被皮膜所包覆的卵狀器官。從睪丸縱隔呈放射狀分布的睪丸小隔，會將睪丸分成200～300個睪丸小葉。1個睪丸小葉內各有2～4條用來製造精子，長度約70～80公分的細精管（曲細精管），兩端會與位於睪丸入口的睪丸網相連。

細精管的管壁被由膠原纖維所構成的基底膜所包圍，外側有間質細胞（萊氏細胞），內側排列著用來當作精子材料的精原細胞。精原細胞會反覆進行細胞分裂，形成精細胞。結束分裂的精細胞會變得成熟，形成精子的形狀，此過程叫做精子發生。

精子的製造原理

男性進入青春期後，精子就會在睪丸中被製造出來。精原細胞要在位於睪丸內的細精管（曲細精管）內花費約70天反覆進行分裂，才能形成精子。接著，精子會通過睪丸輸出小管，被送到副睪，在此處待命，直到透過射精來排出體外。

精子的特徵為，頭部有塞滿基因的核，尾部很長。

女性生殖器與受精原理

女性生殖器以子宮為中心，大部分都位於骨盆腔內。子宮會與陰道這個生殖器相連。由於具備懷孕功能，所以構造比男性來得複雜。

女性生殖器的構造（正中剖面圖）

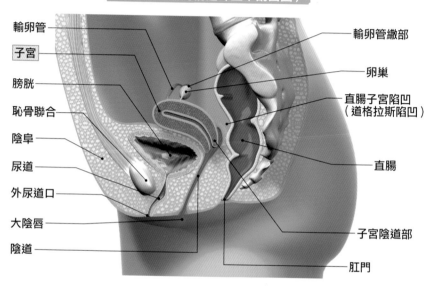

輸卵管
子宮
膀胱
恥骨聯合
陰阜
尿道
外尿道口
大陰唇
陰道

輸卵管繖部
卵巢
直腸子宮陷凹（道格拉斯陷凹）
直腸
子宮陰道部
肛門

子宮（背面）

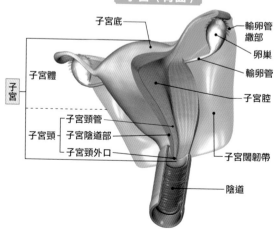

子宮底
子宮體
子宮
子宮頸管
子宮頸 子宮陰道部
子宮頸外口

輸卵管繖部
卵巢
輸卵管
子宮腔
子宮闊韌帶
陰道

■ 子宮的構造

子宮是由很厚的平滑肌壁所構成的袋狀器官，長度7～8公分，寬度約4公分。內部有名為子宮腔的狹窄空間，子宮壁是由黏膜、肌層、漿膜這3層所構成。黏膜被稱為子宮內膜，受精卵會在子宮內膜著床，成長為胎兒。

受精原理

卵子被製造出來，並從卵巢中被排出後，會經由輸卵管繖部進入輸卵管，在輸卵管壺腹與精子進行受精。受精後約1週，只要受精卵在子宮內膜著床，成功懷孕，子宮就會成為用來保護、培育胎兒的袋子。從受精到分娩，約需要266天。

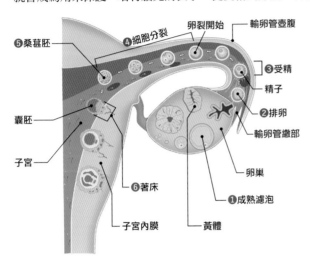

受精卵的成長

❶成熟濾泡
濾泡成熟後，形成直徑約2公分的大型濾泡，變得能夠進行排卵。

❷排卵
卵細胞與周圍的濾泡細胞一起從卵巢中被排出。成熟女性在每個月經周期都會排卵一次，輪流地發生於左右卵巢。

❸受精
精子從陰道進入，到達輸卵管壺腹後，會透過前端所含的蛋白質分解酵素來溶解卵子的屏障，只有1個精子會進入。

❹細胞分裂
成為受精卵後，就會開始進行細胞分裂。受精後4～6日，會形成囊胚。

❺桑葚胚
受精卵分裂，被分成16個以上的細胞。

❻著床
受精後約7日，受精卵會抵達子宮內膜。藉由著床來完成懷孕。

女性的性週期

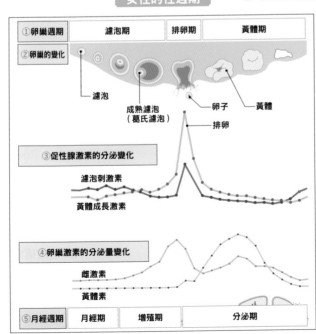

胎盤的構造

受精卵著床後，就會形成用來連接母體與胎兒的胎盤。胎兒會透過臍帶來連接胎盤，呼吸系統、消化系統、泌尿系統等所有功能都會經由此胎盤來進行。不會進行肺呼吸的胎兒的血液循環很獨特，也被稱為胎兒循環。

胎盤的構造

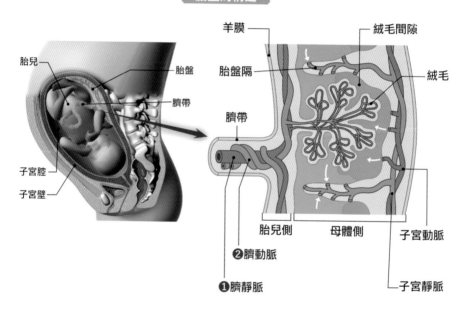

羊膜
絨毛間隙
胎兒
胎盤
胎盤隔
絨毛
臍帶
臍帶
子宮腔
子宮壁
胎兒側
母體側
子宮動脈
❷臍動脈
❶臍靜脈
子宮靜脈

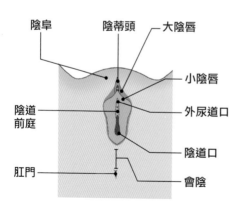

陰阜
陰蒂頭
大陰唇
小陰唇
陰道前庭
外尿道口
肛門
陰道口
會陰

女性的外陰部

位於身體表面的生殖器叫做外陰部，或者稱作外生殖器。以女性來說，從陰阜到會陰的部分，相當於外陰部。從胎兒階段開始，在男女的外陰部中，大致相同的組織會變得發達，大陰唇對應陰囊，陰蒂對應陰莖，男女的外陰部具備相同性，是一樣的器官。

■胎兒與胎盤的血液循環

◆**胎兒循環** 胎盤內聚集了無數血管，裡面有宛如細毛般的絨毛叢生，以及名為胎盤隔的隔膜。名為臍靜脈（臍帶靜脈）的微血管會通過絨毛中，透過母體的血液，將氧氣與養分運送給胎兒。雖然母親與胎兒的血液會被絨毛隔開，但能夠透過薄壁來進行物質交換。由於胎兒還不會進行肺呼吸，肺部內幾乎沒有血液流動，所以會經由2條迂迴路，透過胎盤來接收含有豐富氧氣與養分的血液，將血液送往全身。像這樣，沒有通過肺部，而是由胎盤來代替胎兒肺部的血液循環叫做胎兒循環。

◆**肺循環** 出生後，只要接觸到空氣，新生兒就會立刻開始進行肺呼吸。只要空氣進入肺部內，使肺部擴張，此刺激就會使動脈管關閉，血液會流向肺部，回到左心房的血液會發揮瓣膜的作用，將臍動脈與臍靜脈關閉。如此一來，就會變為擁有肺循環的血液循環。

❶**臍靜脈（臍帶靜脈）** 將含有氧氣與養分的血液從胎盤運往胎兒。呈現鮮紅色。
❷**臍動脈（臍帶動脈）** 將含有廢物的血液從胎兒體內運往胎盤。

■胎兒的發育狀況

未滿8週的嬰兒叫做胚胎，胎齡超過八週的嬰兒叫做胎兒。

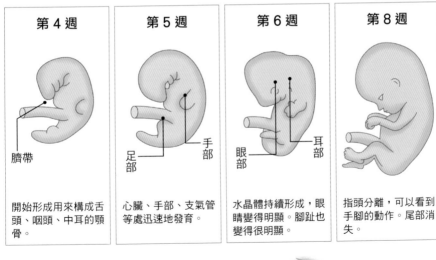

第4週	第5週	第6週	第8週
臍帶	足部　手部	眼部　耳部	耳部
開始形成用來構成舌頭、咽頭、中耳的顎骨。	心臟、手部、支氣管等處迅速地發育。	水晶體持續形成，眼睛變得明顯。腳趾也變得很明顯。	指頭分離，可以看到手腳的動作。尾部消失。

變得接近人類的模樣

內分泌系統與激素的功能

　　激素是用來維持體內恆定性（體內平衡）的體內物質。激素會透過血液或淋巴，被運送到全身各處，對特定器官產生作用。用來製造（分泌）激素的器官叫做內分泌腺，這些器官統稱為內分泌腺系統，或是內分泌系統。

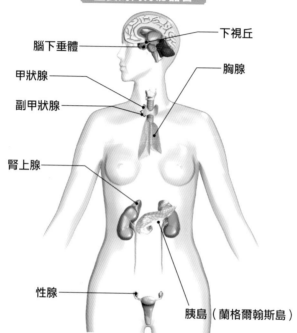

主要的內分泌器官

腦下垂體
下視丘
甲狀腺
胸腺
副甲狀腺
腎上腺
性腺
胰島（蘭格爾翰斯島）

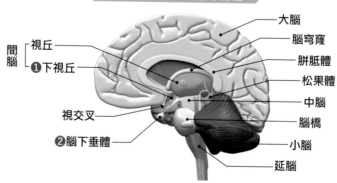

下視丘與腦下垂體的構造

間腦
視丘
❶下視丘
視交叉
❷腦下垂體

大腦
腦穹窿
胼胝體
松果體
中腦
腦橋
小腦
延腦

● 全身的內分泌器官

激素的作用器官叫做該激素的標的器官。激素被血液吸收後，會被運送到標的器官，與自律神經一起調整身體的各種功能。

全身的內分泌腺可以分成，獨立的一個器官，以及屬於其他器官的一部分，且擁有內分泌細胞。前者包含了，腦下垂體、下視丘、松果體、甲狀腺、副甲狀腺、腎上腺等，後者則包含了胰島、卵巢、睪丸、胃腸道、心臟、腎臟等處的激素分泌細胞等。

另外，依照化學結構，激素可以分成，由胺基酸變化而成的胺基酸衍生物激素、蛋白質與胺基酸透過肽鍵結合而成的肽類激素、擁有類固醇基本結構的類固醇激素。

▊ 下視丘與腦下垂體的功能

在內分泌器官中，能夠分泌各種激素，並扮演著內分泌系統中樞角色的就是，位於間腦前部的下視丘，以及宛如垂吊般地位於下視丘下方的腦下垂體。下視丘不僅是內分泌系統的中樞，也是自律神經的中樞。

❶下視丘 下視丘用來掌控本能行為與情緒性行為的自律神經的中樞，同時也是能分泌十幾種激素的內分泌系統的中樞。神經核是神經細胞的集合體。下視丘可以分成13個神經核，各自發揮不同功能，像是製造激素、聯繫大腦邊緣系統和自律神經等。也能分泌「生長激素抑制激素」等用來調整激素的激素。

❷腦下垂體 由於宛如垂吊般地位於下視丘下方，所以因而得名。其構造可以分成，前半部的腦垂腺前葉（腦下垂體前葉），以及後半部的腦垂腺後葉（腦下垂體後葉）。以生長激素為首，腦下垂體前葉會分泌出促甲狀腺激素、促腎上腺皮質激素、濾泡刺激素等用來刺激其他內分泌腺的激素。另一方面，名為「腦下垂體後葉激素」的抗利尿激素與催產素並不是在下垂體製造的，而是在下視丘製造。這些激素會被運送到腦下垂體後葉存放，然後再從該處被送到血液中。

▌甲狀腺與副甲狀腺

甲狀腺位於喉嚨正面，呈H字形。在喉嚨內側，4個副甲狀腺則宛如芝麻顆粒般附著在甲狀腺背面。兩者皆會分泌出用來調整血中鈣濃度的激素。另外，甲狀腺還會分泌出與「代謝的維持‧促進」有關的甲狀腺激素。

❶甲狀腺 名為「甲狀腺濾泡」的球狀袋會聚集起來，宛如要將位於氣管前面的甲狀軟骨圍起來。甲狀腺就是由甲狀腺濾泡所構成的器官。在濾泡中，會積存明膠狀的膠體。透過將濾泡壁圍住的濾泡上皮細胞，甲狀腺能夠合成‧分泌出2種用來促進全身代謝的甲狀腺激素（甲狀腺素與三碘甲狀腺原氨酸）。

❷副甲狀腺 此內分泌腺位於甲狀腺背面，左右兩邊各有一對，上下2個副甲狀腺之間的距離僅有數公厘。由於附著在甲狀腺上，所以被稱為「副甲狀腺」。能分泌具備「促進骨吸收、提升血中鈣濃度」等作用的副甲狀腺素（parathormone），調整體內的鈣質與磷酸。副甲狀腺素的作用與甲狀腺所分泌的降鈣素相反。

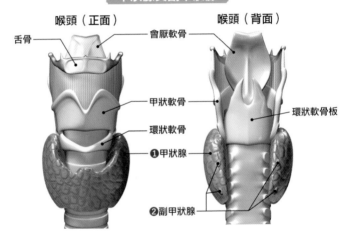

甲狀腺與副甲狀腺

喉頭（正面）　　　　　喉頭（背面）

舌骨　　　　　　　　　會厭軟骨

甲狀軟骨　　　　　　　環狀軟骨板

環狀軟骨

❶甲狀腺

❷副甲狀腺

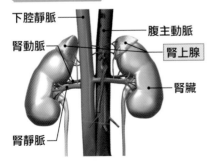

腎上腺的位置

下腔靜脈

腹主動脈

腎動脈

腎上腺

腎臟

腎靜脈

▌腎上腺的功能

腎上腺是小型的內分泌腺，與左右腎臟的上部相連，腎臟看起來宛如戴了帽子。由於位置的關係，所以也被稱為腎上體。內部由表層的皮質與中心部的髓質這2層所構成。兩者皆為內分泌腺，皮質會分泌類固醇激素，髓質則會分泌胺基酸衍生物激素。

胰臟的構造與功能

　　胰臟這種器官具備外分泌功能與內分泌功能。前者是指，分泌含有消化酵素（能消化醣類、蛋白質、脂質）的胰液，經由胰管，將胰液送到十二指腸。後者則是指，分泌胰島素等激素，將激素排到血液中。外分泌部佔據了大部分的體積（95%以上）。

● 胰臟的構造與功能

　　胰臟長度約15公分，位於胃部內側與脊椎之間，看起來宛如深入十二指腸。組織由，用來將胰液運送到十二指腸的外分泌部，以及用來將激素分泌到血液中的內分泌部所構成。在外分泌部，腺泡細胞會聚集起來，製造圓形的腺泡，將胰液分泌到中心部。用來運送胰液的導管離開腺泡後，就會一邊反覆地進行會合，一邊逐漸地變成很粗的胰管，然後在胰頭分支成主胰管與副胰管。主胰管與來自膽囊的總膽管會合，在十二指腸形成開口。此部位叫做十二指腸大乳頭（華特氏乳頭）。副胰管在十二指腸形成的開口部位則叫做十二指腸小乳頭。

　　胰液中含有所有用來消化三大營養素的消化酵素，像是能將醣類分解成麥芽糖的胰澱粉酶、能將麥芽糖變成葡萄糖的麥芽糖酶、能將蛋白質變成胜肽的胰蛋白酶、能將脂質分解成脂肪酸與甘油的胰脂酶等。

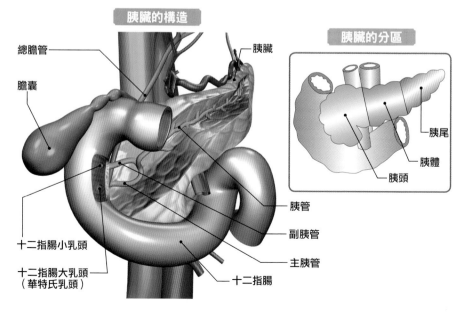

胰臟的構造

總膽管
膽囊
胰臟

十二指腸小乳頭
十二指腸大乳頭（華特氏乳頭）

胰管
副胰管
主胰管
十二指腸

胰臟的分區

胰尾
胰體
胰頭

▌胰島（蘭格爾翰斯島）的構造與作用

　　胰臟的另一個功能就是，將胰島素與昇糖素等激素分泌到血液中的內分泌作用。用來分泌這些激素的內分泌部，會散布在外分泌組織之中，由於看起來像島嶼，所以採用發現者的名字，將其命名為「蘭格爾翰斯島（胰島）」。在胰臟中，雖然內分泌部所佔的比例僅約5%，但胰島有100萬個以上，能分泌出胰島素這種唯一能夠降低血糖值的激素，具備非常重要的作用。

　　在胰島內，依照所分泌的激素種類，可以分成 α 細胞、β 細胞、δ 細胞這3種細胞。

❶α 細胞　透過肝臟內所儲存的肝醣來製造葡萄糖，並送進血液中。透過體內的胺基酸與脂肪來製造葡萄糖。分泌能夠提升血糖值的昇糖素。

❷β 細胞　讓葡萄糖被吸收到肌肉與肝臟內，透過葡萄糖來製造肝醣，並儲存在肝臟內。分泌能夠降低血糖值的胰島素。

❸δ 細胞　分泌體抑素，藉此來阻止胰島分泌胰島素與昇糖素。這些激素會從將島嶼包圍起來的微血管，與血液一起被送往全身。

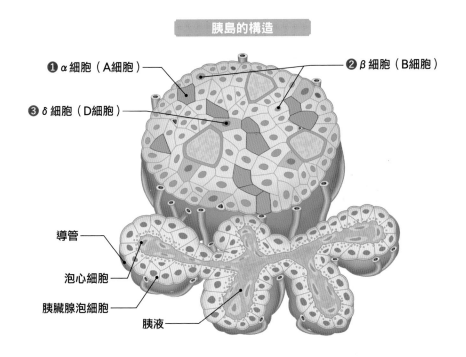

胰島的構造

❶α 細胞（A細胞）

❷β 細胞（B細胞）

❸δ 細胞（D細胞）

導管

泡心細胞

胰臟腺泡細胞

胰液

乳房的功能與淋巴結

女性的隆起乳房是由很發達的皮下組織所構成。由於分娩後要餵嬰兒吃乳汁（母乳），所以乳房內用來製造乳汁的乳腺很發達。乳房內的淋巴結也很發達，所以罹患乳癌時，癌細胞會很容易轉移到腋淋巴結。

● 乳房的構造與機制（參閱下圖）

在女性的乳房中，附著在胸大肌表面的胸肌筋膜上的皮下脂肪很發達，會隆起。乳房中央有色素很深的乳暈與突起的乳頭。隆起部分幾乎都是脂肪，乳腺會聚集在乳頭周圍，擴散成放射狀。乳腺是由乳腺小葉與輸乳管所構成。乳腺小葉是由許多個用來製造乳汁（母乳）的腺泡聚集而成。輸乳管用來運送乳汁。成年女性擁有15～20個乳腺小葉，以及與其相連的輸乳管，輸乳管會在位於乳頭的出乳口形成開口。乳腺會受到激素很大影響，在非懷孕時的濾泡期，有時也會形成大致上只有輸乳管的狀態。

一旦懷孕，雌激素（estrogen）與黃體素（progesterone）的分泌量就會增加，腦下垂體所分泌的泌乳激素也會因此增加，在乳腺小葉，周圍的微血管會製造出乳汁，並經由輸乳管，將乳汁運送到乳頭。在乳頭附近的輸乳管中，有名為輸乳竇的隆起部位，能夠暫時存放排乳前的乳汁。

另外，在乳房內，許多淋巴管會分布成網眼狀，而且大多會進入位於腋下的腋淋巴結。雖然是少數（1%），但是以60～70多歲為主的男性也會罹患乳癌。

乳房的構造與淋巴結

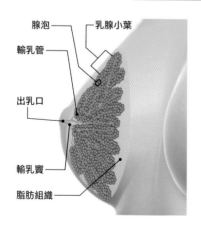

腺泡　　乳腺小葉
輸乳管
出乳口
輸乳竇
脂肪組織

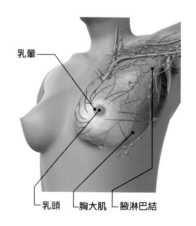

乳暈
乳頭　胸大肌　腋淋巴結

生殖系統・泌尿系統的主要疾病

▎腎炎（急性・慢性）

會使腎小球發炎的疾病，正確的名稱為腎小球腎炎，分成急性與慢性。名為溶鏈菌（溶血性鏈球菌）的細菌所引發的病例佔了約90%以上，大多會出現咽炎或扁桃體炎等，經過1～2週的潛伏期後，會出現「突如其來的血尿、尿液量減少、浮腫、高血壓」等症狀。在浮腫症狀中，以眼瞼浮腫最常發生。若是急性的話，由於症狀會自然痊癒，所以基本治療法為注意保暖、保持靜養、減輕症狀、預防併發症。當孩童出現急性腎炎時，幾乎都會完全治癒。若是成人的話，有相當大的比例會從急性轉變成慢性。除此之外的原因，雖然目前仍不清楚，但慢性腎炎也可能會出現類似急性腎炎的症狀。

在慢性腎炎的治療方面，必須依照腎病的嚴重程度來對日常生活進行限制。進行以高熱量・低蛋白・低鹽的膳食療法，而且要避免過勞，盡量保持靜養。

▎泌尿道結石

在腎臟、輸尿管、膀胱、尿道等尿液通道形成的結石叫做泌尿道結石。依照結石所形成的位置，可以分成腎結石、輸尿管結石、尿道結石、膀胱結石。雖然名稱不同，但都是相同的疾病。另外，依照結石的成分，也可以分成草酸鈣結石、尿酸結石、胱氨酸結石、磷酸銨鎂結石。名為「疝痛」的激烈疼痛與血尿是代表性的症狀。有許多人是在沒有症狀的情況下，透過檢查才發現。主要原因為飲食習慣的西化，患者會有容易罹患動脈硬化等文明病的傾向。

在治療方面，除了手術以外，也會採用「體外震波碎石術」等，從體外施加衝擊波，將結石震碎。當結石小於10mm時，也會採用保守治療法，藉由水分、利尿劑、止痛劑等來讓結石自然排出，並觀察病情變化。

腎結石

泌尿道結石

▎慢性腎臟病（CKD）

會使腎臟功能慢慢地退化，最後導致腎臟衰竭的腎病，統稱為慢性腎臟病。在日本，大約每8個成年人中，就有1人是患者。會由各種疾病所引起，原因與症狀也各不相同。初期幾乎沒有主觀症狀，當貧血、疲倦感、浮腫、夜尿、呼吸困難等症狀出現時，病情大多已惡化到某種程度。腎臟病一旦惡化到某種程度，就不會自然痊癒。一旦形成腎臟衰竭，就必須進行血液透析（洗腎）或腎臟移植。

CKD會由許多疾病所引起，所以要優先治療原本的疾病。由於引發腦中風與心肌梗塞等的風險也會提升，所以重點在於，要盡量地進行早期治療，並透過改善生活習慣與膳食療法等來阻止腎病惡化。

▎膀胱癌

發生於膀胱內壁的癌症。男女性的罹患機率都會隨著年齡增長而增加，約有6成患者的年齡在65歲以上。據說，男性的罹患率約為女性的4倍。雖然詳細原因不清楚，但吸菸與化學物質等被視為危險因子。初期症狀為血尿。如果病灶距離尿道口或膀胱頸很近的話，就會出現膀胱炎的症狀（頻尿、排尿疼痛、殘尿感）。一旦惡化，就會引發下腹部疼痛、排便異常、直腸或子宮出血。輸尿管如果阻塞，就會引發腎積水，導致腎功能下降。

在治療方面，當癌症的擴散範圍較小，浸潤程度較淺時，會採用內視鏡手術。當癌症的擴散範圍很大，浸潤程度很深時，或是已經大範圍地擴散到膀胱黏膜時，就要進行膀胱全切除手術，並同時採用放射線療法、化學療法等。

▎前列腺肥大症

會使前列腺變得肥大，壓迫尿道，引發各種症狀的疾病。罹患率會隨著年齡增長而增加。目前在未滿80歲的男性中，有80％的人會罹患此疾病，但還不清楚詳細原因。會出現尿流細小、不易排出等排尿障礙，也會出現殘尿感、頻尿、夜尿、尿意頻繁等症狀。最嚴重的情況，除了完全尿不出來以外，尿道阻塞也會導致腎功能下降。

前列腺癌

雖然前列腺癌可以分成幾種類型，但大部分都屬於腺癌，一般說到前列腺癌的話，指的就是「前列腺腺癌」。只要過了50歲，罹患率就會增加，過了70歲後，罹患率會提升到2～3成，超過80歲的話，罹患率會達到3～4成。飲食習慣的西化而導致罹患率驟增的癌症。專家認為，原因為基因的異常，也會受到年齡增長與雄激素的影響，但詳細原因還不清楚。初期幾乎沒有症狀，當腫瘤變大，使尿道受到壓迫後，就會產生「尿液不易排出、頻尿、殘尿感」等與前列腺肥大症相同的症狀。一旦惡化，就會出現「排尿疼痛、尿失禁、血尿」等症狀。若變得更加嚴重的話，就會引發「尿不出來、下肢浮腫、癌細胞轉移到胃部所造成的骨頭疼痛」等症狀。

子宮癌

子宮癌可以分成「子宮頸癌」與「子宮體癌」。子宮頸的範圍為，從子宮到陰道。發生於子宮頸的子宮頸癌的罹患機率，從25歲就會開始增加，最常見於40多歲的人。原因是會引發性病的人類乳突病毒（HPV）。初期幾乎沒有主觀症狀，但也可能會出現「陰道異常出血（血崩）、陰道分泌物增加」等情況。

發生於子宮體的子宮體癌可以分成，發生於子宮內膜的子宮內膜癌，以及發生於子宮肌肉的子宮肉瘤。子宮內膜癌佔了子宮體癌的9成以上。最常見於50～60多歲，因為停經等而導致用來抑制子宮內膜增生的黃體素的分泌量減少，而且用來促進子宮內膜增生的雌激素（濾泡激素）的比例提升時，罹患風險就會變高。另外，攝取較多動物性脂肪的人與肥胖也會成為危險因子。子宮體癌的特徵是，從早期就會出現陰道異常出血。有時也會出現「陰道分泌物的異常（顏色、量、氣味）、下腹部疼痛、浮腫、發燒、發冷、性交疼痛、性交後出血」等症狀。

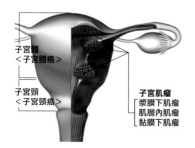

子宮體
<子宮體癌>

子宮頸
<子宮頸癌>

子宮肌瘤
漿膜下肌瘤
肌層內肌瘤
黏膜下肌瘤

乳癌

發生於乳房中之乳腺的惡性腫瘤。近年來，患者驟增，是女性最常罹患的癌症。據說，目前在日本，每16人中，就有1人罹患乳癌。大致上可以分成，進入淋巴管或血管後產生轉移的「浸潤癌」，以及「非浸潤癌」。只要是成年女性（50歲左右罹患風險最高），誰都可能會罹患，可能與卵巢激素有密切關聯。雖然初期不會出現疼痛與身體不適症狀，但由於乳房內會形成腫瘤（腫塊），所以定期地進行自我檢查，就容易早期發現。

甲狀腺功能亢進症

甲狀腺激素分泌過量，導致全身代謝異常昇高的代謝內分泌疾病的總稱。代表性的疾病為巴塞多氏病。名為腦下垂體的內分泌腺會分泌促甲狀腺激素（TSH），刺激甲狀腺，促進甲狀腺激素的分泌。多見於20～30多歲，女性較容易罹患，女性罹患率為男性的3～5倍。另外，年輕人比較容易出現症狀，進入中年後，就不易出現症狀。由於全身的代謝亢進，所以除了「明明很有食慾，食量很大，但體重卻減輕」以外，還會出現甲狀腺腫脹、頻脈、手指顫抖、情緒急躁、容易疲倦、容易出汗等各種症狀。雖然是自體免疫疾病之一，但詳細原因並不清楚。

糖尿病

用來降低血液中的血糖值（葡萄糖濃度）的胰島素無法順利運作，導致血糖值昇高的疾病。可以分成，「胰島素的生成出現異常而引發的1型糖尿病、胰島素不足或作用異常而引起的2型糖尿病、基因異常或其他疾病所引起的糖尿病、懷孕時所出現的糖尿病」這4種。在日本，有95%的患者屬於2型糖尿病。1型糖尿病的原因仍不清楚。2型的主要原因除了內臟脂肪增加與運動不足所導致的肥胖以外，還包含了遺傳、環境、壓力、年齡增長等因素。症狀與程度各有不同，病情輕微時，大多沒有症狀。症狀包含了口渴、尿量・排尿次數增加、體重減少、疲倦感、視力模糊、起立性頭暈、手腳發麻等。在治療方面，若是初期階段的話，要採用膳食療法與運動療法。病情惡化時，必須採用藥物療法。

皮膚的構造與功能

皮膚會包覆身體表面，保護皮膚不受外界的各種刺激影響。皮膚由表皮、真皮、皮下組織所構成，成年人的皮膚表面積約為1.5～1.8平方公尺。不僅能保護身體不受來自外界的刺激、細菌、病毒等影響，還擁有能夠察覺「觸覺、溫覺、冷覺、壓覺、痛覺」這5種皮膚感覺（表面感覺）的受體，而且也具備調節體溫等作用。

● 皮膚的構造

❶表皮　皮膚的最外層，由複層扁平上皮所構成。在複層扁平上皮中，細胞會集結成層，隨著接近表面而變得扁平。基底層位於表皮與真皮的交界。表皮會在此處被製造出來，一邊逐漸地往表層移動，一邊改變模樣，約一個月後，會形成皮垢，從角質層上剝落。表皮是由基底層、棘狀層、顆粒層、角質層所構成。

❷真皮　由膠原纖維等纖維性結締組織所構成。在真皮與表皮的交界部分，會形成到處鑽入表皮內，且名為乳頭的凹凸部分。血管與神經密集分布，用來排汗的汗腺與用來製造體毛的毛囊也位於此處。

❸皮下組織　由結合程度較不緊密的疏鬆結締組織所構成，含有許多會形成皮下脂肪的脂肪細胞。

皮膚的構造

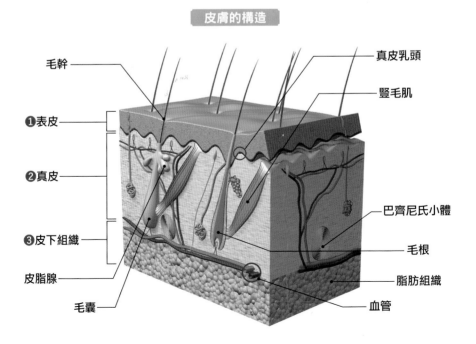

毛幹

❶表皮

❷真皮

❸皮下組織

皮脂腺

毛囊

真皮乳頭

豎毛肌

巴齊尼氏小體

毛根

脂肪組織

血管

排汗機制與汗腺種類（參閱下圖）

皮膚也具備藉由將熱排出體外來保持固定體溫的功能。在皮膚內，血管乳頭中的微血管會將熱排出體外。體溫一旦上昇，汗腺就會分泌汗水。

❶外分泌汗腺 分布於全身的淺層皮膚，會透過蒸發熱來降低身體表面的溫度，更有效率地進行排熱。由於此汗腺是直徑約0.4公厘的小型組織，所以也被稱作「小汗腺」。平均一天會分泌1.5～2公升的汗，並藉此來調節體溫。在分泌出來的汗當中，有99%是水分，雖然含有少許鹽分，但無色無氣味。

❷頂漿汗腺 位於腋下、陰部、乳頭等特定部位的汗腺，約為外分泌汗腺的10倍大，也被稱為「大汗腺」。位於比外分泌汗腺更深的地方，特徵為，分泌量較少，含有脂肪、蛋白質、鐵質、尿素、氨、色素等，呈乳白色，帶有一點黏性。

痛覺的產生原理

痛覺與觸覺這些皮膚感覺是腦部所感受到的感覺。這是因為，「致痛物質」會刺激神經，將痛覺傳遞給腦部。另外，疼痛與交感神經的興奮有關，並會引發肌肉與血管的收縮。結果，肌肉與組織會出現缺氧與受損情況，這些部分會釋放出致痛物質，使人感覺疼痛。

大多都是痛覺受體受到刺激而引發的疼痛，被稱作「傷害感受性疼痛」。可以分成2種，一種是位於末梢神經的痛覺受體察覺到「受傷、摔撞傷、燒燙傷等皮膚直接感受到的刺激」而產生的痛覺。另一種則是，當體內組織出現發炎或受損情況時，細胞會製造出血清素、組織胺、緩激肽等「致痛物質」，讓痛覺受體察覺到而產生的痛覺。

汗腺的構造

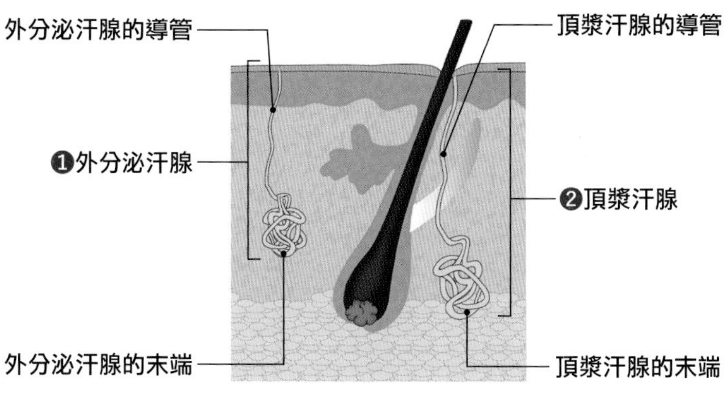

外分泌汗腺的導管 ─── 頂漿汗腺的導管

❶外分泌汗腺

❷頂漿汗腺

外分泌汗腺的末端 ─── 頂漿汗腺的末端

毛與指甲的構造

毛與指甲都是表皮細胞經過角質化後而形成的物質，由蛋白質之一的角蛋白所構成。在毛基質或指甲母質中，每天都會反覆地進行細胞分裂，藉由將角質化的細胞往前推，毛髮或指甲就會持續變長。

● 毛的構造

從毛的表皮往外突出的部分叫做毛幹，位於皮膚內的部分叫做毛根，毛根前端的圓形部分叫做毛球，將周圍包圍起來的組織叫做毛囊。

毛球位於皮膚底下的皮下組織中，在毛球前端的內凹部分，毛母細胞會反覆進行細胞分裂，製造毛髮。此部分叫做毛基質，在毛基質被製造出來的細胞，會經常將角質化的細胞往前推，藉此，毛髮就會逐漸伸長。伸長到某個程度後，毛基質內的細胞就會停止分裂，毛根會脫離毛乳頭往上昇，最後則會脫落。

用來分泌皮脂的皮脂腺，會如同穗子般地附著在毛囊上部。皮脂不僅能使皮膚與毛髮的表面變得柔順有光澤，產生保濕作用，還能使皮脂表面變成酸性，產生保護作用，對抗細菌等。另外，體毛的顏色是由毛母細胞中的黑色素來決定的。

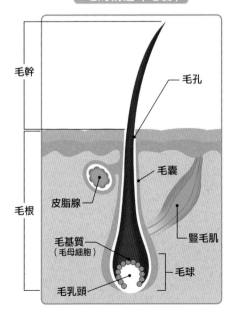

毛的構造（毛髮）

毛幹
毛孔
毛囊
皮脂腺
豎毛肌
毛基質（毛母細胞）
毛球
毛乳頭
毛根

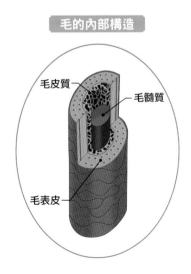

毛的內部構造

毛皮質
毛髓質
毛表皮

● 指甲的構造

　　位於手腳指尖的指甲與毛髮一樣，也是由表皮的角質變化而成的皮膚附屬器官。指甲不僅能保護指尖，還能支撐身體，在進行需要很細心的工作時，也是必要的重要器官。舉例來說，指尖的骨頭只到指甲中間，在沒有骨頭的部分，指甲會支撐指尖內側所承受的力量，而且能夠抓住小東西。腳趾甲的作用為，穩定地支撐身體，在走路時讓身體保持平衡。

　　皮膚的角質經過硬化，並形成板狀後，就會形成在表面露出的指甲主體，該部位叫做指甲體（指甲板）。埋在皮膚內的根部叫做指甲根，被表皮的角質覆蓋，而且一般被稱為軟皮的部分叫做指甲上皮。在根部呈現白色半月狀的部分，是名為指甲弧影的新指甲。由於此部分的皮膚尚未完全角質化，含有許多水分，所以通過指甲下方皮膚血液的紅色透不過來，看起來呈白色。

　　在位於指甲根的指甲生發層，指甲會一邊進行細胞分裂，一邊增生。此部位叫做指甲母質。指甲是由蛋白質之一的角蛋白所構成，含有水分，不過水分的量會受到環境影響。因為環境乾燥而導致水分變少時，指甲會變得又硬又脆。

指甲

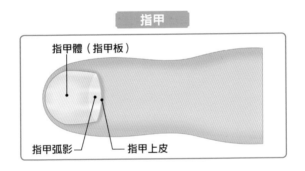

指甲體（指甲板）

指甲弧影　　　　指甲上皮

指甲與指尖的構造

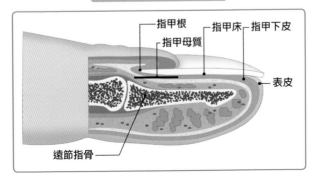

指甲根　　指甲床　指甲下皮
指甲母質

表皮

遠節指骨

265

眼睛的構造

眼睛是一種能透過光線來察覺到物體的顏色、形狀、距離、動作等訊息的感覺器官。在用來獲取各種訊息的感覺器官當中，眼睛負責最重要的任務，透過眼睛所得到的視覺訊息，約占了人類從外界所察覺到的訊息的80%。

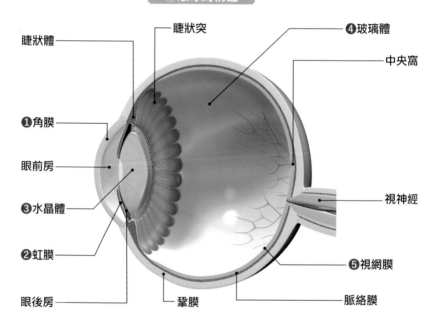

①眼球的構造

睫狀體 / 睫狀突 / ❹玻璃體 / 中央窩 / ❶角膜 / 眼前房 / ❸水晶體 / ❷虹膜 / 眼後房 / 鞏膜 / 視神經 / ❺視網膜 / 脈絡膜

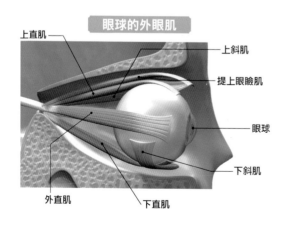

眼球的外眼肌

上直肌 / 上斜肌 / 提上眼瞼肌 / 眼球 / 下斜肌 / 下直肌 / 外直肌

■ 用來支撐眼球的肌肉

在眼球外，上、下、內側、外側都各有一條直肌，上下則各有一條斜肌，加起來共有6條骨骼肌會附著在鞏膜上，用來支撐眼球運動。這些肌肉叫做外眼肌。透過這些肌肉，眼球能夠上下左右地轉動，跟上物體的動作。

🌑 眼球的構造

❶角膜 用來包覆眼球壁外層正面的透明膜。由於能讓光線透過，並使入射光線聚焦，所以角膜會和水晶體一起發揮重要作用。

❷虹膜 位於角膜後方，能夠調整進入眼球內的光線量。其中央有名為瞳孔的開孔。虹膜內有黑色素，能夠決定眼睛的顏色。當光線量較多時，虹膜會透過將瞳孔縮小等方式來調整光線量。

❸水晶體 與角膜一起扮演鏡頭角色的水晶體，會透過名為懸韌帶的纖維來連接睫狀體。藉由改變懸韌帶的厚度來調整遠近。

❹玻璃體 位於水晶體後方的空間，佔據了眼球的大部分。是一種含有膠原蛋白的凝膠狀組織，99%都是水分。除了能夠吸收來自外部的壓力與刺激，保護眼球，還能提供氧氣與養分給幾乎沒有血管的眼球與其周圍，並將廢物運出。

❺視網膜 位於眼球壁最內側的就是視網膜。視網膜位在像是將玻璃體外側包覆起來的位置。雖然是非常薄的膜，但可以分成10層。能夠察覺從角膜或水晶體送過來的光線，然後將光線轉變為信號，傳送到腦部。由於視網膜沒有再生功能，所以萬一受損，就無法修復。

▌視覺的形成原理Ⅰ（參閱下圖）

我們在觀看物體時，會將物體的反射光當成訊息來接收，並將其化為影像。負責此功能的眼睛構造，經常被比喻為精密的相機。

首先，光線通過負責濾鏡功能的角膜，進入眼睛內後，眼睛會透過位於負責鏡頭功能的水晶體前方的虹膜來調整光線量。光線通過水晶體時，會產生折射，然後將位於眼球深處的視網膜當成底片，相連的倒立影像會被送到大腦處理，此時物體才會被當成影像來理解。

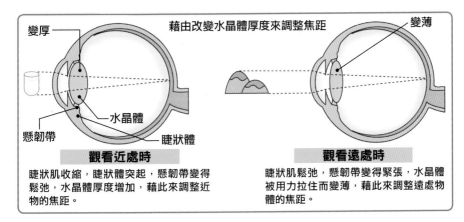

藉由改變水晶體厚度來調整焦距

變厚　　　　　　　　　　　　　　　　　　　　　　　變薄

水晶體

懸韌帶　　　　睫狀體

觀看近處時
睫狀肌收縮，睫狀體突起，懸韌帶變得鬆弛，水晶體厚度增加，藉此來調整近物的焦距。

觀看遠處時
睫狀肌鬆弛，懸韌帶變得緊張，水晶體被用力拉住而變薄，藉此來調整遠處物體的焦距。

● 視覺的形成原理 II

◆視細胞與神經細胞

視網膜內有用來感應光線的視細胞，以及用來傳遞興奮的神經細胞層。透過視細胞，可以將視覺影像轉換成神經信號。

視細胞可以分成圓柱狀的視桿細胞與圓錐狀的視錐細胞這2種。視桿細胞的感光度較高，即使是微弱的光線，也感應得到，分布於整個視網膜內，不過中央窩幾乎沒有視桿細胞。

另一方面，視錐細胞則集中在中央窩，作用為，在明亮處感應顏色。

透過視細胞所獲得的資訊，會經由雙極細胞或無軸突細胞等，傳送給神經節細胞，從此處出現的軸突會形成視神經。

視神經是腦神經之一，不經由脊髓，直接連接腦部。視神經會將「在視網膜內經過轉換的訊息」變換為神經信號，傳送到中樞。從眼球中出現的左右視神經，會在顱骨內透過視神經交叉，到達名為「外側膝狀體」的中繼點，接下來會形成名為「視放射」的神經纖維，到達位於大腦後部枕葉的視覺中樞。傳送到腦部的訊息，雖然上下左右是顛倒的，但會開始被修正，使方向變得正確。

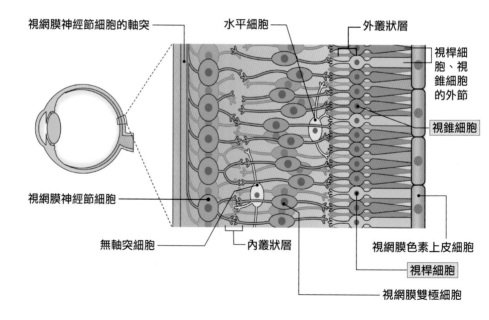

視網膜的構造

視網膜神經節細胞的軸突　　　　水平細胞　　　　外叢狀層

視網膜神經節細胞

無軸突細胞　　　　　　內叢狀層

視桿細胞、視錐細胞的外節

視錐細胞

視網膜色素上皮細胞

視桿細胞

視網膜雙極細胞

▌視神經交叉

從視網膜出發的神經，會在腦部內左右交叉，傳到另一側的腦部。這叫做「視神經交叉」或「視交叉」。以人類來說，會形成「一半的神經到達另一側，剩下的一半則到達同側」的半交叉狀態。在左邊的視野內，會分別映照出左右視網膜的右半部，在右側的視野內，則會映照出左半部。

觀看物體時，從眼球中出現的視神經，有一半會在途中交叉，左側的訊息會集中在右側大腦半球的視覺區，右側的訊息則集中在另一邊的視覺區。這是因為，由於左右眼的位置不同，所以成像的形狀會有些微差異，腦部在將其合而為一時，會利用此功能，來讓人感受到縱深感與立體感。此功能叫做「雙眼視覺功能」。

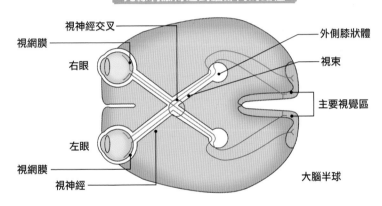

光線刺激傳遞到腦部內的路徑

視神經交叉　　外側膝狀體　　視網膜　　視束　　右眼　　主要視覺區　　左眼　　視網膜　　視神經　　大腦半球

▌大腦的視覺路徑

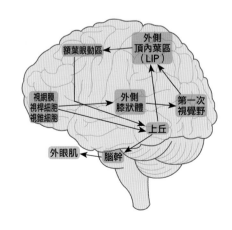

額葉眼動區　　外側頂內葉區（LIP）　　視網膜視桿細胞視錐細胞　　外側膝狀體　　第一次視覺野　　上丘　　外眼肌　　腦幹

在觀看目標物的發光點A時，A會刺激視網膜的視桿細胞與視錐細胞，當視覺訊息被轉換成神經作用模式後，就會依照外側膝狀體、主要視覺區的順序，被傳送到其他的神經元，接受更進一步的訊息處理。訊息從主要視覺區傳送到頂葉聯合區的LIP，以及屬於前額葉皮質（或是前運動區）的額葉眼動區後，會在上丘（中間層）形成眼球運動的指令訊息，藉由從腦幹對具體的肌肉（外眼肌）下達指令，來讓眼睛能夠朝向目標的位置。

耳朵的構造與功能

　　耳朵是掌管聽覺與平衡感的重要感覺器官，可以分成外耳、中耳、內耳。從外耳可以朝內通往中耳、內耳。愈往深處，構造會變得愈複雜。在顳骨內，被耳蝸與半規管等以複雜形狀包住的內耳，被稱作骨性迷路。

耳朵的構造

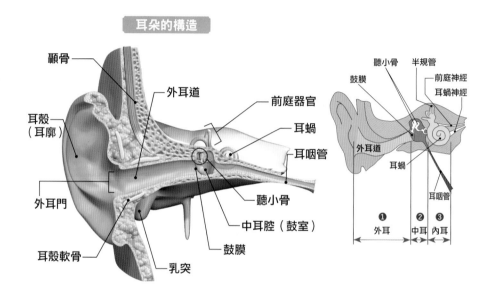

顳骨
外耳道
前庭器官
耳蝸
耳咽管
耳殼（耳廓）
聽小骨
外耳門
中耳腔（鼓室）
鼓膜
耳殼軟骨
乳突

聽小骨　半規管
鼓膜　　前庭神經
　　　　耳蝸神經
外耳道
耳蝸
耳咽管
❶ 外耳　❷ 中耳　❸ 內耳

聽小骨

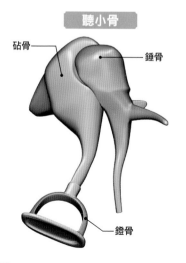

砧骨
錘骨
鐙骨

▌聽小骨的構造與功能

　　位於中耳的聽小骨是由錘骨、砧骨、鐙骨這3塊骨頭所構成。這些骨頭互相連接，位於最外側的錘骨附著在鼓膜背面，位於內側的鐙骨的底部會堵塞住前庭窗。鐙骨的大小約3公厘，是人體內最小的骨頭。當聲音從外部通過外耳，傳到鼓膜時，聽小骨能夠增強聲音的振動，將聲音傳到內耳。

🌓 耳朵的構造

❶外耳　由在臉部兩側突出的耳殼，以及從外耳門延伸到鼓膜的外耳道所構成。能夠經由外耳道，將從空氣中傳遞過來的聲音振動傳給鼓膜。位於外耳道盡頭的鼓膜，是斜向傾斜的薄膜，直徑8～9公厘，厚度0.1公厘，由3層構成，能夠將聲音傳給聽小骨。

❷中耳　由鼓室、聽小骨、耳咽管所構成。鼓室是位於鼓膜背面的空間。聽小骨是由錘骨、砧骨、鐙骨所構成。藉由鼓膜與聽小骨的連鎖反應，從外耳道進入的聲音會被增強（調整），並傳送到內耳的液體中。耳咽管能夠防止鼓膜因為氣壓的急邊變化而受到壓迫或破裂。藉由將平常關閉的耳咽管打開，就能調整鼓室內外的氣壓。

❸內耳　由耳蝸、半規管、前庭所構成，位於耳朵最深處與神經相連。耳蝸掌管聽覺，半規管與前庭掌管平衡感。用來聽取聲音的耳蝸內充滿了淋巴液，從中耳傳送過來的振動，會在此處變成液體的波浪。淋巴液上有用來感應波浪的毛細胞（3萬～4萬），能讓波浪轉變為電子信號，將該信號從聽神經傳送到大腦。

▌膜性迷路（參閱下圖）

　　距離內耳的骨性迷路內側一小段處，有個由膜所構成的壁，名為膜性迷路。壁的內側有內淋巴液，膜與骨頭之間則有名為外淋巴液的液體。

　　膜性迷路由耳蝸、前庭、半規管所構成。耳蝸則由螺旋狀導管所構成。被傳到耳蝸內的聲音振動，會經由耳蝸神經，被傳送到腦部。另外，外半規管負責旋轉運動的平衡感，由橢圓囊和球囊這2個袋子所組成的前庭，則會一邊連接半規管與耳蝸，一邊負責直線運動的平衡感。

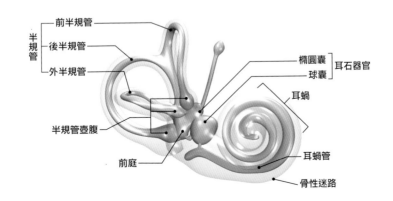

膜性迷路的構造

- 前半規管
- 後半規管
- 外半規管
- 半規管
- 半規管壺腹
- 前庭
- 橢圓囊
- 球囊
- 耳石器官
- 耳蝸
- 耳蝸管
- 骨性迷路

聽覺的產生原理

　　包含聲音的大小、高低、音色差異在內，所有的聲音都是透過空氣的振動來傳遞的。從外耳經由中耳到達耳蝸的空氣振動，會在此處形成電子信號。藉由將電子信號傳到大腦的聽覺區，就能使人聽到聲音。

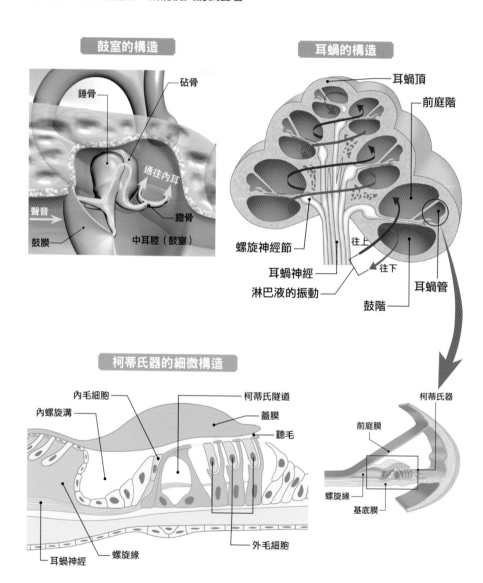

鼓室的構造

- 錘骨
- 砧骨
- 通往內耳
- 聲音
- 鐙骨
- 鼓膜
- 中耳腔（鼓室）

耳蝸的構造

- 耳蝸頂
- 前庭階
- 螺旋神經節
- 耳蝸神經
- 淋巴液的振動
- 往上
- 往下
- 鼓階
- 耳蝸管

柯蒂氏器的細微構造

- 內毛細胞
- 內螺旋溝
- 柯蒂氏隧道
- 蓋膜
- 聽毛
- 螺旋緣
- 外毛細胞
- 耳蝸神經

- 柯蒂氏器
- 前庭膜
- 螺旋緣
- 基底膜

▊ 從外耳道到聽小骨（將聲音轉換為空氣振動）

- **從外耳道到鼓膜** 來自外部的聲音，首先會聚集在耳殼，然後經由外耳道傳到鼓膜。外耳道不僅是通往鼓膜的通道，在裡面還能使聲音產生共振，增強音量。另外，在耳殼內，透過位於表面的凹凸部分，也能讓聲音產生共振，增強音量。
- **從鼓膜到聽小骨** 從外耳進入的聲音，會使鼓膜振動。鼓膜會朝著外耳道，往下傾斜約30度。這是為了有效率地感應從高音到低音的各種音域。鼓膜會將傳送過來的振動，傳送到位於內部的聽小骨。
- **從聽小骨到內耳** 在聽小骨內，錘骨會和鼓膜一起振動，將振動傳到砧骨，然後再從砧骨，經由鐙骨，將振動傳向內耳。有肌肉附著在錘骨與鐙骨上，遇到較大的聲音時，肌肉會反射性地收縮，抑制聲音的傳導，以保護內耳。在擁有聽小骨的鼓室內，振動會進一步地被增強，傳送到內耳的耳蝸時，強度是從耳殼進入時的20倍以上。

▊ 耳蝸的構造（將空氣振動轉換為液體振動）

如同其名，耳蝸呈現蝸牛殼般的形狀，內部有裝了淋巴液的耳蝸管。雖然耳蝸是容積不到0.5毫升的小型感覺器官，但也是被稱為聽覺中樞的重要器官。從鐙骨底部傳到耳蝸前庭階的聲音振動，會沿著耳蝸的螺旋構造往上移動，在位於頂點的耳蝸頂，沿著鼓階往下移動。只要聲音的振動進行傳導，此淋巴液就會搖晃，形成液體振動。

如此一來，透過空氣振動來傳遞的聲音，從此處開始就會轉變為液體振動。人們認為，透過此部分，耳蝸能感應到的頻率是不同的，在耳蝸管入口附近會感應到高頻率，在前端部分則會感應到低頻率。

▊ 柯蒂氏器的細微構造（將液體振動轉換為電子信號，傳送到腦部）

淋巴液一旦產生振動，位於相同導管內的基底板就會搖晃。基底板上有個名為「柯蒂氏器（螺旋器）」的感覺器官。振動會傳到位於柯蒂氏器上的毛細胞。如同其名，毛細胞的頂部有名為聽毛的毛，當聲音的振動傳到耳蝸時，此毛就會感應到振動，將機械性的振動轉換為電子信號，並傳到與毛細胞相連的耳蝸神經。最後，大腦聽覺皮質會分析此電子信號，此時振動才會被當成聲音來理解。

平衡感的原理

　　耳朵不僅能用來聽聲音，也掌管用來保持身體平衡的平衡感。耳朵會透過「位於內耳的外半規管、前半規管、後半規管這3個半規管」，以及「由耳石器官（橢圓囊與球囊）所構成的前庭器官」的作用來維持平衡感。

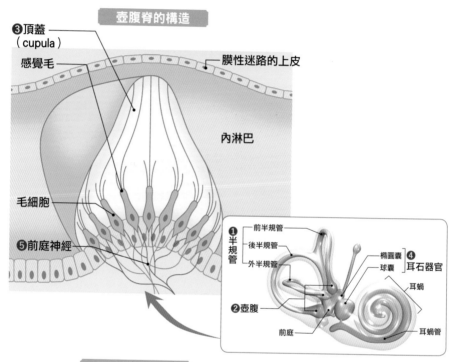

壺腹脊的構造

- ❸頂蓋（cupula）
- 感覺毛
- 膜性迷路的上皮
- 內淋巴
- 毛細胞
- ❺前庭神經

❶半規管
- 前半規管
- 後半規管
- 外半規管

❷壺腹
前庭

❹耳石器官
- 橢圓囊
- 球囊
- 耳蝸
- 耳蝸管

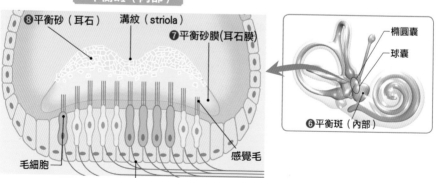

平衡斑（內部）

- ❽平衡砂（耳石）
- 溝紋（striola）
- ❼平衡砂膜(耳石膜)
- 毛細胞
- 感覺毛
- ❺前庭神經

- 橢圓囊
- 球囊
- ❻平衡斑（內部）

▌前庭迷路（半規管・耳石器官）的構造

除了用來聽聲音的聽覺以外，耳朵還有另外一項重要的功能，那就是用來調整身體平衡與姿勢的平衡感。內耳的前庭迷路就是用來掌管此功能的器官之一。

前庭迷路由耳石器官所構成。耳石器官則是由3個半規管（三半規管）、橢圓囊、球囊所構成。半規管能夠感應旋轉運動，耳石器官能夠感應頭部的傾斜。

❶半規管　各半規管由大致上相交成直角的半圓形管所構成，能夠感應立體的旋轉運動，像是頭部轉動時的方向與速度。前半規管與後半規管能夠感應垂直旋轉運動（上下・縱向的旋轉），外半規管則能感應水平旋轉運動（左右・橫向的旋轉）。

❷壺腹　在各半規管的其中一邊的根部，有名為壺腹的隆起部位。管內充滿了淋巴液。在壺腹內，可以看到具備感覺細胞的壺腹脊。感覺細胞會透過淋巴液的流動變化來察覺身體的轉動。感覺細胞所掌握到的淋巴液訊息，會形成電刺激，傳到前庭神經，然後再被傳到腦部。

❸頂蓋（cupula）　在壺腹脊上，頂蓋（cupula）會透過明膠狀物質來包住毛細胞的感覺毛。當頭部轉動時，半規管中的淋巴液就會依照慣性而流向反方向。藉此，頂蓋就會搖晃，並刺激毛細胞，旋轉運動的變化就會被感應到。

❹耳石器官　耳石器官是用來感覺身體傾斜程度與直線運動的器官。耳石器官由蛋形的橢圓囊與球形的球囊所構成，兩者都各自充滿了淋巴液。身體的平衡感就是透過兩者的絕妙互助合作來維持的。

❺前庭神經　內耳的半規管與耳石器官能察覺到維持身體平衡所需的訊息。前庭神經則是用來將此訊息傳到腦部的器官。前庭神經會與耳蝸神經會合，形成內耳神經。

▌用來得知平衡感的前庭（參閱左圖）

除了半規管以外，用來得知頭部或身體傾斜程度與直線運動的是，位於內耳中央部分的前庭。前庭內有2個膜性迷路的袋狀構造，名為橢圓囊與球囊，在其一部分的內壁上，有用來感應頭部傾斜程度的**❻平衡斑**。在平衡斑的毛細胞中，聚集了名為耳石的碳酸鈣結晶。由於耳石會製造**❼平衡砂膜**（耳石膜），所以當人的頭部垂直立著時，橢圓囊的耳石會平躺，球囊的耳石則會垂直站立。頭部一旦傾斜，2個**❽平衡砂**（耳石）就會和囊內的淋巴液一起產生偏移，對感覺毛施加力量。如此一來，毛細胞就會得知其動作。這樣獲得的訊息，會經由從前庭出現的前庭神經，被送往腦幹・小腦，進行訊息處理。

嗅覺與味覺的原理

• **嗅覺**　位於嗅覺上皮的嗅細胞會直接將嗅覺訊息傳送到大腦邊緣系統。大腦邊緣系統是也被稱為「情緒腦」的舊腦，因此，在五感當中，嗅覺被稱為最原始的本能感覺，而且與記憶、情感有密切關聯。

• **味覺**　用來得知味覺的器官是舌頭。舌頭是消化器官的一部分，能夠將食物送進體內，在說話時，也能發揮重要作用。位於舌頭表面的味蕾，能讓人得知甜味、鹹味、酸味、苦味、鮮味。

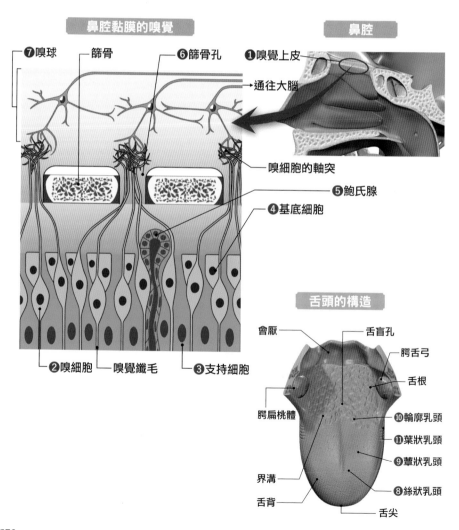

鼻腔黏膜的嗅覺

❼嗅球　　篩骨　　❻篩骨孔

❶嗅覺上皮

→通往大腦

鼻腔

嗅細胞的軸突

❺鮑氏腺

❹基底細胞

❷嗅細胞　嗅覺纖毛　❸支持細胞

舌頭的構造

會厭　　舌盲孔

腭舌弓

舌根

腭扁桃體

❿輪廓乳頭

⓫葉狀乳頭

❾蕈狀乳頭

界溝

❽絲狀乳頭

舌背

舌尖

嗅覺刺激的傳導方式（參閱左圖）

氣味是飄散在空氣中的揮發性化學物質，也是多種分子的混合物。氣味分子會透過外鼻孔，與空氣一起被帶進體內。氣味分子會被位於鼻腔上部的❶**嗅覺上皮**察覺。嗅覺上皮位於左右鼻腔頂部的小區域，僅有約1平方公分。嗅覺上皮內，除了有用來接收氣味分子的❷**嗅細胞**（嗅覺受體細胞），還有❸**支持細胞**、❹**基底細胞**、❺**鮑氏腺**（嗅腺）。

嗅細胞是雙極性的神經細胞，而且會伸出很長的軸突，通過嗅黏液內的支持細胞之間，到達黏液表面。另一方面，嗅細胞的中樞端會通過在鼻腔頂部的篩骨上打開的❻**篩骨孔**，進入顱腔，形成嗅神經，與位於大腦前下部的嗅球進行聯繫。氣味分子會溶進此嗅黏液中，到達位於軸突前端的嗅纖毛，與受體結合成氣味而被感應到，然後被送到❼**嗅球**。在嗅球內經過處理的氣味訊息，會經由嗅徑，被送到大腦邊緣系統與額葉的一部分。大腦邊緣系統是腦中的古老部分，負責掌管情感、本能等。因此，嗅覺被稱為特別原始的感覺。專家認為，嗅覺與人類本能、情感記憶有密切關聯。另外，透過某種特定氣味來喚醒過去記憶的現象叫做「普魯斯特效應」。

舌頭的構造與功能（參閱左圖）

舌頭表面有名為舌乳頭的粗糙突起，依照形狀，可以分成「擁有細微角質化前端的❽**絲狀乳頭**」、「由於沒有角質化，所以血管透明，看起來呈紅色的❾**蕈狀乳頭**」、「在舌根與舌體之間排列成V字形，且外型略大的❿**輪廓乳頭**」、「皺褶狀的⓫**葉狀乳頭**」這4種。其中，除了絲狀乳頭以外，都分布在味蕾上，能夠感覺到甜味、鹹味、酸味、苦味、鮮味這5種味道。

▌味蕾的構造

位於黏膜上皮內的梭形器官，1個味蕾中有幾十個⓬**味覺細胞**。從味覺細胞前端伸出的微纖毛，會透過在舌頭表面打開的味孔，來感覺到溶進乳突側面所積存的唾液與來自食物液體之中的味道物質。另外，味覺細胞會排列成像木桶中的木板那樣，❸**支持細胞**則是用來協助味覺細胞的功能。透過味蕾而接收到的味道，會通過延腦中的孤束核，到達位於大腦顳葉的味覺區，使人感覺到味道。

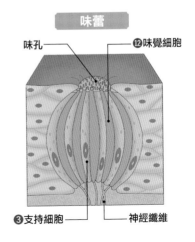

味蕾

味孔 — ⓬味覺細胞

❸支持細胞 — 神經纖維

感覺系統的主要疾病

▌皮膚癌

發生於皮膚的惡性腫瘤的總稱。大致上可以分成，鱗狀細胞癌、基底細胞癌、惡性黑色素瘤（黑色素瘤）。專家認為，紫外線的累積是共同原因，燒燙傷與外傷的傷痕、放射線照射等也會成為病因。近年來，皮膚癌患者的增加已成為話題。

由於皮膚上會形成宛如黑痣或疣的東西，而且會出現隆起、變大、變色等症狀，所以與其他癌症相比，此癌症比較容易早期發現與預防。在鱗狀細胞癌中，皮膚會隆起，形成粗糙的腫塊，一旦惡化，腫塊的中央就會潰爛或化膿，變得容易出血。基底細胞癌容易發生在眼睛周圍、鼻子、上唇周圍，帶有光澤的黑色或灰黑色小痣，會花費好幾年，逐漸地成長。惡性黑色素瘤的特徵為，類似黑痣的腫瘤的邊緣會呈現鋸齒狀，而且顏色不均勻。常發生於腳掌與指甲底下等處，容易轉移，範圍達到直徑5～6公厘以上時，要特別留意。

依照種類、原因、症狀、治療方法都不同。基本治療法為，透過外科手術來切除，也會進行放射線療法與化學療法。

▌異位性皮膚炎

是過敏性疾病之一，會反覆出現伴隨搔癢感的發疹症狀。過去被稱為嬰幼兒的特有疾病，但成年後也可能會出現症狀，會在任何年齡發病。原因是名為「過敏性因素（過敏體質）」的遺傳因素，乾性皮膚與環境等因素也會導致發病。症狀包含了，皮膚處於粗糙乾燥的狀態、紅腫、疙瘩、伴隨強烈搔癢感的腫塊、水疱、糜爛等。在嬰幼兒身上，會出現潮濕的腫塊或疙瘩。到了幼兒、幼童期，整體會變得乾燥，形成痱子般的發疹。在青年期、成年期，皮膚會變得更加乾燥與硬梆梆，手腳會出現凹凸不平的癢疹等。其特徵為，皮膚的症狀會隨著年齡而產生變化。

在治療方面，除了使用類固醇等免疫抑制劑、用來減輕搔癢感的抗組織胺劑來進行藥物療法以外，進行皮膚護理，以及去除汗水、蟎類、灰塵等過敏因素也很重要。

▌舌癌

雖然大約占了口腔癌的一半，但在所有癌症中，比例僅約3％，算是比較罕見的癌症。由於發病範圍約為舌頭的前3分之2（發生在比這更後面時，在分類上則屬於舌根癌），所以比較容易發現。在初期不會感到疼痛，容易發生於舌緣部，只要確認舌頭表面與背面是否有腫塊，就有助於早期發現、預防。一旦惡化，就會伴隨強烈疼痛。雖然詳細原因不清楚，但專家認為，飲酒、吸菸、假牙、蛀牙所導致慢性刺激等會成為病因。

在治療方面，會單獨或搭配進行手術、放射線療法、化學療法。在治療晚期癌，以及頸部淋巴結有出現轉移情況的早期癌時，要透過手術來切除。由於舌頭具備進食、咀嚼、吞嚥、發聲等各種功能，所以手術後，約有8成的人會留下功能障礙。

▌知覺障礙

指的是，對於疼痛、溫度感覺、觸覺或是深層感覺（肌肉、關節的位置覺、深層肌肉痛覺、振動覺）等的敏感度出現異常的狀態。症狀包含了，對刺激異常過敏的感覺過敏、「由於感覺閾值的提升，所以用來感覺熱、疼痛等的神經變得遲鈍」的知覺麻木、會出現「帶有刺痛與觸電感的麻痺感、發熱、疼痛」等症狀的知覺異常。原因除了「梗塞或出血等腦幹部位損傷所造成的腦病變、脊髓損傷或腫瘤所導致的脊髓疾病、神經叢炎等所造成的末梢神經障礙」以外，還有心因性疾病、藥物、毒物。

在治療方面，如果有原因疾病的話，要優先治療該疾病。治療疼痛時，除了以止痛為目的的藥物療法、溫熱療法、冷療、遠紅外線療法、雷射療法等物理治療，也會進行神經節阻斷術等外科療法、運動療法、認知治療、行為治療，以改善症狀。

▌嗅覺障礙

嗅覺障礙的症狀除了「聞不出味道、無法辨別味道」等嗅覺功能下降以外，還包含了「連一點惡臭也忍受不了的嗅覺過敏」、「將原本應該很舒適的氣味聞成惡臭的嗅覺倒錯（異臭症）」等。

佔據了大部分症狀的嗅覺功能降低所導致的嗅覺障礙，依照出現障礙的傳遞途徑所在部位，可以分

成呼吸性嗅覺障礙、末梢性嗅覺障礙、中樞性嗅覺障礙。呼吸性嗅覺障礙的原因為，鼻中隔的彎曲、鼻竇炎、過敏性鼻炎等鼻部疾病。末梢性嗅覺障礙的原因為，嗅覺上皮的異常與嗅神經受損。中樞性嗅覺障礙則是頭部外傷、腦瘤、腦梗塞、年齡增長等原因所造成的。

根據症狀的程度與原因，治療方法會有差異。除了治療原本的疾病，還有藥物療法與手術療法。在藥物療法中，會使用類固醇鼻噴劑。

白內障

水晶體出現混濁，導致物體看起來模糊不清的疾病。白濁症狀會隨著年齡增長而惡化的老年性白內障最常見，50多歲者，有60%的人會出現症狀，60多歲者，會提升到70%，70多歲者，會達到90%。當水晶體的蛋白質產生變性，變得混濁時，就會發病。除了年齡增長以外，原因還有很多種，像是糖尿病、異位性皮膚炎、視網膜剝離、放射線、類固醇等的副作用、營養不良等。最初，水晶體的一部分會開始變得混濁，白濁範圍會逐漸擴大，出現「物體看起來很模糊、刺眼」等症狀。病情一旦變得嚴重，視力就會衰退。

依照發病原因，症狀與惡化速度也有所差異。在初期階段，會使用眼藥水來進行藥物療法，抑制症狀惡化。當病情惡化到某種程度時，就必須透過手術來去除混濁的水晶體，或是移植人工水晶體。

青光眼

眼壓變高而引起視神經異常，導致視力與視野出現障礙的疾病。病情嚴重時，也可能會失明。青光眼可以分成數種類型，其特徵為，無論何種類型，可視範圍都會逐漸變窄。罹患急性青光眼時，眼壓會驟升，引發眼睛痛、頭痛、噁心等症狀。若是慢性的話，病情的進展非常慢，即使出現了會讓一部分視野變得看不見的「視野缺損」，由於藉由用雙眼觀看可以彌補看不到的部分，所以在症狀變得相當嚴重前，有時也不會出現主觀症狀。因此，患者經常會較晚才開始接受治療。因為青光眼而受損的視神經無法復原，失去的視野也無法恢復，所以早期發現，並接受治療，是很重要的。

依照原因與症狀，治療方法會有所差異。以慢性青光眼來說，當視野異常症狀沒有惡化時，一開始會使用點眼藥水等藥物療法。當病情持續惡化時，就要進行雷射療法或手術。另外，眼壓即便一度變得穩定，之後還是會變動，所以終生都必須好好控制眼壓。

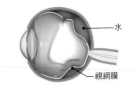

視網膜剝離，水積存在視網膜下方。

視網膜剝離

位於眼球內側的視網膜剝離，水積存在視網膜下方，導致視力下降的疾病。大致上可以分成裂孔性視網膜剝離，以及非裂孔性視網膜剝離。一般來說，提到視網膜剝離時，指的是裂孔性視網膜剝離。裂孔會在視網膜上形成開孔。造成裂孔的原因則是，年齡增長、糖尿病視網膜病變等疾病、頭部或眼球在意外等當中遭受到的物理性衝擊。無論何種類型，契機皆為視網膜的裂縫（視網膜裂孔）。由於不會伴隨疼痛，所以這種疾病很難察覺。也可能會出現飛蚊症這種前兆。如果連黃斑部都剝離的話，視力就會驟降，也可能會失明。

在治療方面，當視網膜上出現裂縫時，會透過雷射光凝療法來堵住裂縫。當視網膜已經剝離時，則要進行能將視網膜固定在原本位置上的玻璃體切除手術或鞏膜環扣手術等。

梅尼爾氏症

罹患此疾病時，會同時出現很強烈的旋轉性眩暈、聽力障礙、耳鳴、耳塞感這4種症狀，而且症狀會反覆出現。原因是內淋巴水腫，指的是用來填滿內耳的淋巴液處於過剩狀態。至於內淋巴水腫的發生原因，目前還不清楚。

特徵為，會突然發生持續30分鐘～數小時的強烈眩暈。會引發噁心、嘔吐、冒冷汗、臉色蒼白、頻脈等症狀。另外，雖然聽力障礙、耳鳴、耳塞感等症狀會和眩暈一起出現，不過隨著眩暈症狀減輕，這些症狀也會消失。發作的間隔實在可以分成很多種，從數日～數年發作一次都有。心理上、生理上的疲勞、壓力、睡眠不足等都會成為起因。

在治療方面，會以藥物療法為主。為了減輕內淋巴水腫，大多會使用利尿劑。當發作很頻繁，聽力障礙惡化速度很快時，就要進行手術。

人體全解剖圖鑑
索引

＊關於第3章「骨頭與關節的構造與作用」，只刊載主要骨頭的部分。

α細胞（A細胞）⋯⋯⋯⋯⋯⋯⋯⋯259
δ細胞（D細胞）⋯⋯⋯⋯⋯⋯⋯⋯**259**
β細胞（B細胞）⋯⋯⋯⋯⋯⋯⋯⋯**259**

1

乙狀結腸⋯⋯⋯⋯⋯⋯ 176・190・191・193
乙狀竇⋯⋯⋯⋯⋯⋯⋯⋯⋯⋯⋯⋯⋯235

2

人字縫⋯⋯⋯⋯⋯⋯⋯⋯⋯⋯⋯⋯ 62・71
十二指腸潰瘍⋯⋯⋯⋯⋯⋯⋯⋯⋯⋯199
十二指腸小乳頭⋯⋯⋯⋯ 188・197・258
十二指腸⋯⋯⋯176・**177**・178・184・186・
　　　　　187・188・**189**・195・197・
　　　　　　　　　　198・199・258
十二指腸大乳頭（華特氏乳頭）⋯⋯⋯⋯ 188・
　　　　　　　　　189・197・258

3

三角肌⋯⋯⋯⋯⋯⋯ 114・115・128・**135**
三尖瓣⋯⋯⋯⋯⋯⋯⋯⋯⋯⋯ 226・227
小圓肌⋯⋯⋯⋯⋯⋯⋯⋯ 128・129・**132**
小角狀軟骨⋯⋯⋯⋯⋯⋯⋯⋯⋯⋯⋯206
小指對指肌⋯⋯⋯⋯⋯⋯ 136・137・**144**
小腸⋯⋯⋯⋯**177**・178・187・**188**・
　　　　　189・190・191・194
小腦⋯⋯⋯⋯ 26・27・34・**40**・**41**・43・
　　　　　　　49・52・275
小隱靜脈⋯⋯⋯⋯⋯⋯⋯⋯⋯⋯⋯239
小葉間膽管⋯⋯⋯⋯⋯⋯⋯⋯⋯⋯196
小葉間動脈⋯⋯⋯⋯⋯⋯⋯⋯ 196・244
小翼⋯⋯⋯⋯⋯⋯⋯⋯⋯⋯⋯⋯⋯ 74
小多角骨⋯⋯⋯⋯⋯⋯⋯⋯⋯ 129・**131**
大陰唇⋯⋯⋯⋯⋯⋯⋯⋯⋯⋯ 250・252
大圓肌⋯⋯⋯⋯⋯⋯⋯⋯ 129・**133**・135
大腸⋯⋯⋯⋯⋯⋯ **177**・**190**・**191**・
　　　　　193・194・200
大腸癌⋯⋯⋯⋯⋯⋯⋯⋯⋯⋯⋯ **200**
大腦⋯⋯⋯⋯⋯ 26・**27**・**28**・**29**・30・
　　　31・32・35・38・39・40・41・
　　　43・191・268・271・272・
　　　　　　　　273・277
大腦基底核⋯⋯⋯⋯ 27・28・**29**・**34**・**35**
大腦皮質 27・28・**29**・**30**・**31**・33・34・
　　　35・39・40・41・49・203・247

大腦髓質⋯⋯⋯⋯⋯⋯⋯ 27・28・29
大腦邊緣系統⋯⋯⋯ 29・**32**・**33**・36・
　　　　　　　　　　276・277
大隱靜脈⋯⋯⋯⋯⋯⋯⋯⋯ 217・239
大翼⋯⋯⋯⋯⋯⋯⋯⋯⋯ 74・125
大翼眶面⋯⋯⋯⋯⋯⋯⋯⋯⋯ 74
大多角骨⋯⋯⋯⋯⋯⋯ 129・**131**
上葉⋯⋯⋯⋯⋯⋯⋯⋯⋯⋯⋯202
上斜肌⋯⋯⋯⋯⋯⋯⋯⋯ 126・266
上顎癌⋯⋯⋯⋯⋯⋯⋯⋯⋯ **212**
上頜骨⋯⋯ 57・63・69・72・77・**78**
上頜竇⋯⋯⋯⋯⋯⋯ 70・211・212
上頜竇裂孔⋯⋯⋯⋯⋯⋯⋯⋯ 77
上矢狀竇⋯⋯⋯⋯⋯⋯⋯⋯⋯235
上腔靜脈⋯⋯⋯ 214・217・226・227・
　　　　　　　　　　228・233
上直肌⋯⋯⋯⋯⋯⋯⋯⋯ 126・266
上鼻甲⋯⋯⋯⋯⋯⋯ 70・75・205
上皮組織⋯⋯⋯ 13・20・20・**21**・22
上鼻道⋯⋯⋯⋯⋯⋯⋯⋯⋯⋯205
下頜骨⋯⋯⋯⋯ 63・69・68・**78**
下矢狀竇⋯⋯⋯⋯⋯⋯⋯⋯⋯235
下斜肌⋯⋯⋯⋯⋯⋯⋯⋯ 126・266
下跳躍關節⋯⋯⋯⋯⋯⋯⋯⋯112
下腔靜脈⋯⋯⋯ 194・195・210・214・
　　217・226・227・233・256
下直肌⋯⋯⋯⋯⋯⋯⋯⋯ 126・266
下鼻甲⋯⋯⋯⋯⋯ 68・69・70・205
下鼻道⋯⋯⋯⋯⋯⋯⋯⋯ 70・205
下葉⋯⋯⋯⋯⋯⋯⋯⋯⋯⋯⋯202
下視丘⋯⋯⋯ 26・27・29・33・38・
　　　　　　39・254・255
弓⋯⋯⋯⋯⋯⋯⋯⋯⋯⋯⋯⋯ 66
弓狀韌帶（黃韌帶）⋯⋯⋯⋯⋯100
口腔⋯⋯⋯⋯ 78・176・177・**179**・
　　180・182・183・192・193・
　　202・205・207・278

口輪匝肌⋯⋯⋯⋯⋯⋯⋯⋯⋯114
口⋯⋯⋯⋯⋯⋯⋯⋯⋯⋯⋯⋯ 66
子宮⋯⋯⋯ 193・247・**250**・251・
　　　　　　　　　　260・261
子宮癌⋯⋯⋯⋯⋯⋯⋯⋯⋯ **261**
子宮腔⋯⋯⋯⋯⋯⋯⋯⋯ 250・252
子宮底⋯⋯⋯⋯⋯⋯⋯⋯⋯⋯250
子宮內膜⋯⋯⋯⋯ 250・251・261
土耳其鞍⋯⋯⋯⋯⋯⋯ 70・74・75

4

支氣管⋯⋯⋯ 183・202・204・206・208・
　　　　　　209・211・212
支氣管炎⋯⋯⋯⋯⋯⋯⋯⋯⋯ **211**
支氣管哮喘⋯⋯⋯⋯⋯⋯⋯⋯ **211**
支持細胞⋯⋯⋯⋯⋯⋯⋯ 276・277
心絞痛⋯⋯⋯⋯⋯⋯⋯⋯⋯ **240**
心律不整⋯⋯⋯⋯⋯⋯⋯ 240・**241**
心外膜⋯⋯⋯⋯⋯ 224・**225**・230
心肌⋯⋯⋯⋯ 20・**21**・23・225・227・
　　　　　228・229・240
心肌梗塞⋯⋯⋯⋯⋯ **240**・241・260
心肌症⋯⋯⋯⋯⋯⋯⋯⋯⋯⋯240
心臟⋯⋯⋯⋯⋯ 21・52・57・90・96・
　　114・117・184・198・204・208・
　　209・210・214・215・215・216・
　　216・217・219・**224**・**225**・226・
　　227・228・230・231・232・233・
　　239・240・241・245
心肌層⋯⋯⋯⋯⋯⋯⋯⋯ 224・**225**
心尖⋯⋯⋯⋯⋯⋯⋯⋯⋯ 224・226
心大靜脈⋯⋯⋯⋯⋯⋯⋯⋯⋯231
心底⋯⋯⋯⋯⋯⋯⋯⋯⋯ 224・224
心內膜⋯⋯⋯⋯⋯⋯⋯ 224・**225**
心臟肥大⋯⋯⋯⋯⋯⋯⋯ **240**・241

心臟衰竭⋯⋯⋯⋯⋯⋯⋯⋯ **240** · 241

心房收縮期⋯⋯⋯⋯⋯⋯⋯⋯⋯229

心包⋯⋯⋯⋯⋯⋯⋯⋯⋯ 224 · **225**

心中靜脈⋯⋯⋯⋯⋯⋯⋯⋯⋯⋯231

牙根尖孔⋯⋯⋯⋯⋯⋯⋯ 180 · **181**

牙根部⋯⋯⋯⋯⋯⋯⋯⋯⋯⋯180

牙周膜⋯⋯⋯⋯⋯⋯⋯⋯ 180 · **181**

牙髓⋯⋯⋯⋯⋯⋯⋯⋯⋯ 180 · **181**

牙槽骨⋯⋯⋯⋯⋯⋯⋯⋯ 180 · **181**

牙齦⋯⋯⋯⋯⋯⋯⋯⋯⋯ 180 · **181**

牙骨質⋯⋯⋯⋯⋯⋯⋯⋯ 180 · **181**

尺靜脈⋯⋯⋯⋯⋯⋯⋯⋯⋯⋯238

尺動脈⋯⋯⋯⋯⋯⋯ 216 · 236 · 238

尺側屈腕肌⋯⋯⋯ 115 · 137 · 137 · **141**

尺側伸腕肌⋯⋯⋯ 115 · 137 · 137 · **142**

尺骨⋯⋯⋯⋯⋯ 80 · 81 · **83** · 85 · 86 ·
　　　　　　　　　　　　　88 · 139

切跡⋯⋯⋯⋯⋯⋯⋯⋯⋯⋯⋯ 66

升結腸⋯⋯⋯⋯⋯⋯ 176 · 190 · 191

升主動脈⋯⋯⋯ 216 · 224 · 226 · 230

內質網⋯⋯⋯⋯⋯⋯⋯⋯⋯⋯ 13

內收大肌⋯⋯⋯⋯⋯⋯⋯ 157 · **162**

內收短肌⋯⋯⋯⋯⋯⋯⋯ 157 · **162**

內收長肌⋯⋯⋯⋯⋯⋯⋯ 157 · **162**

內頸靜脈⋯⋯⋯ 217 · 222 · 233 · 235

內頸動脈⋯⋯⋯⋯⋯⋯⋯ 216 · 234

內呼吸⋯⋯⋯⋯⋯⋯⋯⋯⋯ **204**

內耳⋯⋯⋯⋯ 73 · 270 · **271** · 273 ·
　　　　　　　　　274 · 275 · 279

內耳道⋯⋯⋯⋯⋯⋯⋯⋯⋯⋯ 70

內臟肌⋯⋯⋯⋯⋯⋯⋯ 20 · **21** · 116

內側弓狀韌帶⋯⋯⋯⋯⋯⋯⋯210

內直肌⋯⋯⋯⋯⋯⋯⋯⋯⋯ **126**

內側腿後腱肌群⋯⋯⋯⋯ 165 · 169

內側翼狀肌⋯⋯⋯⋯⋯⋯ 124 · **125**

內彈性膜⋯⋯⋯⋯⋯⋯⋯ 218 · 219

內尿道括約肌⋯⋯⋯⋯⋯ 246 · 247

內尿道口⋯⋯⋯⋯⋯⋯⋯ 246 · 247

內膜⋯⋯⋯⋯⋯⋯⋯ 13 · 218 · 219

內臟胸膜⋯⋯⋯⋯⋯⋯⋯ 208 · 209

水晶體（晶狀體）⋯⋯ 266 · **267** · 279

水平裂⋯⋯⋯⋯⋯⋯ 40 · 202 · 209

中斜角肌⋯⋯⋯⋯⋯ 122 · 123 · **124**

中耳⋯⋯⋯⋯⋯ 73 · 270 · **271** · 272

中腦⋯⋯⋯ 27 · 33 · 35 · 39 · 42 · **43**

中心腱⋯⋯⋯⋯⋯⋯⋯⋯ 153 · 210

中鼻甲⋯⋯⋯⋯⋯⋯ 70 · 75 · 205

中鼻道⋯⋯⋯⋯⋯⋯⋯⋯ 70 · 205

中膜⋯⋯⋯⋯⋯⋯⋯⋯⋯ 218 · 219

中葉⋯⋯⋯⋯⋯⋯⋯⋯⋯⋯202

毛球⋯⋯⋯⋯⋯⋯⋯⋯⋯⋯264

毛根⋯⋯⋯⋯⋯⋯⋯⋯⋯⋯264

毛表皮⋯⋯⋯⋯⋯⋯⋯⋯⋯264

毛髓質⋯⋯⋯⋯⋯⋯⋯⋯⋯264

毛乳頭⋯⋯⋯⋯⋯⋯⋯⋯⋯264

毛囊⋯⋯⋯⋯⋯⋯⋯⋯ 262 · 264

毛基質⋯⋯⋯⋯⋯⋯⋯⋯⋯264

毛細胞⋯⋯⋯⋯⋯ 271 · 273 · 274 · 275

分區⋯⋯⋯⋯⋯⋯⋯⋯⋯ 30 · **31**

不可動性連結（不動關節）⋯⋯ 62 · **63**

不隨意肌⋯⋯⋯⋯ 20 · 21 · 34 · 51 · 116 ·
　　　　　　　　　191 · 192 · 225

不規則骨⋯⋯⋯⋯⋯⋯⋯⋯⋯ 57

方葉⋯⋯⋯⋯⋯⋯⋯⋯⋯ 194 · **195**

孔⋯⋯⋯⋯⋯⋯⋯⋯⋯⋯⋯ 66

巨噬細胞⋯⋯⋯⋯⋯⋯⋯⋯⋯223

比目魚肌⋯⋯⋯⋯⋯ 167 · **168** · 172

手腕關節⋯⋯⋯ 57 · 81 · 83 · **88** · 143

手掌淋巴網狀系統⋯⋯⋯⋯⋯222

5

右心室⋯⋯⋯215・216・224・226・**227**・
　　　　228・232

右心房⋯⋯⋯215・217・224・226・**227**・
　　　　228・230・231・233・235

右冠狀動脈⋯⋯⋯⋯⋯⋯⋯⋯⋯⋯230

右總頸動脈⋯⋯⋯⋯⋯⋯⋯⋯⋯⋯234

右葉⋯⋯⋯⋯⋯⋯194・**195**・197

左冠狀動脈⋯⋯⋯⋯⋯⋯⋯⋯⋯⋯230

左總頸動脈⋯⋯⋯⋯⋯⋯⋯232・234

左心室⋯⋯⋯⋯215・216・224・**226**・
　　　　227・230・231・232

左心室後靜脈⋯⋯⋯⋯⋯⋯⋯⋯⋯231

左心房⋯⋯⋯⋯215・217・224・**226**・
　　　　227・229・233・253

左葉⋯⋯⋯⋯⋯⋯⋯⋯194・**195**

外分泌汗腺⋯⋯⋯⋯⋯⋯⋯⋯⋯⋯263

外肋骨肌⋯⋯⋯⋯⋯⋯⋯⋯⋯⋯⋯210

外陰部⋯⋯⋯⋯⋯⋯⋯⋯⋯⋯⋯⋯252

外眼肌⋯⋯⋯⋯⋯⋯⋯⋯⋯⋯126・266

外呼吸⋯⋯⋯⋯⋯⋯⋯⋯⋯⋯⋯⋯204

外耳⋯⋯⋯73・270・271・272・273

外耳門⋯⋯⋯⋯⋯⋯⋯⋯⋯270・**271**

外耳道⋯⋯⋯⋯73・270・271・**273**

外側弓狀韌帶⋯⋯⋯⋯⋯⋯⋯⋯⋯210

外直肌⋯⋯⋯⋯⋯⋯⋯⋯⋯⋯126・266

外側腿後腱肌群⋯⋯⋯⋯⋯⋯⋯⋯165

外半規管⋯⋯⋯⋯⋯⋯271・274・**275**

外側翼狀肌⋯⋯⋯⋯⋯⋯⋯⋯124・**125**

外彈性膜⋯⋯⋯⋯⋯⋯⋯⋯⋯218・219

外尿道括約肌⋯⋯⋯⋯246・247・248・249

外鼻孔⋯⋯⋯⋯⋯⋯⋯202・205・277

外膜⋯⋯⋯13・178・184・218・219

外眼肌⋯⋯⋯⋯⋯⋯⋯⋯⋯⋯⋯⋯269

外展足拇肌⋯⋯⋯⋯⋯167・172・**173**

外科頸⋯⋯⋯⋯⋯⋯⋯⋯⋯⋯⋯⋯83

外展小指肌⋯⋯⋯⋯⋯⋯⋯167・**172**

外展拇長肌⋯⋯⋯⋯⋯⋯⋯137・**14**3

平滑肌⋯⋯⋯⋯⋯20・21・114・116・118・
　　　　178・187・219・225・
　　　　246・247・250

平衡感⋯⋯⋯⋯⋯⋯41・43・73・270・
　　　　271・**274**・**275**

平衡砂（耳石）⋯⋯⋯⋯⋯⋯274・275

平衡砂膜（耳石膜）⋯⋯⋯⋯274・275

平衡斑⋯⋯⋯⋯⋯⋯⋯⋯⋯274・275

平背⋯⋯⋯⋯⋯⋯⋯⋯⋯⋯⋯⋯⋯98

平面關節⋯⋯⋯⋯⋯⋯**65**・84・100

平滑內質網⋯⋯⋯⋯⋯⋯⋯⋯⋯12・13

可動性連結⋯⋯⋯⋯⋯⋯⋯⋯62・**63**

半規管⋯⋯⋯⋯⋯⋯⋯⋯73・270・271

半規管⋯⋯⋯⋯⋯⋯⋯270・271・**275**

半奇靜脈⋯⋯⋯⋯⋯⋯⋯⋯⋯⋯⋯233

半月褶⋯⋯⋯⋯⋯⋯⋯⋯⋯⋯190・191

半腱肌⋯⋯⋯⋯⋯⋯⋯115・157・**165**

半膜肌⋯⋯⋯⋯⋯⋯⋯⋯⋯157・**165**

生殖細胞⋯⋯⋯⋯⋯⋯⋯⋯⋯⋯18・19

生長激素⋯⋯⋯⋯⋯⋯⋯⋯⋯⋯⋯255

生理性狹窄處⋯⋯⋯⋯⋯⋯⋯**185**・247

主動脈⋯⋯⋯195・208・210・214・216・
　　　　225・227・229・230・
　　　　232・233・241

主動脈弓⋯⋯⋯185・216・232・234

主動脈瓣⋯⋯⋯⋯⋯⋯226・227・230

主要運動區⋯⋯⋯⋯⋯⋯⋯⋯30・**31**

主要視覺區⋯⋯⋯⋯⋯⋯30・**31**・269

白質⋯⋯⋯27・28・41・43・45・46

白內障⋯⋯⋯⋯⋯⋯⋯⋯⋯⋯⋯**279**

白髓⋯⋯⋯⋯⋯⋯⋯⋯⋯⋯⋯⋯⋯198

白膜⋯⋯⋯⋯⋯⋯⋯⋯⋯⋯⋯248・249

白血球⋯⋯⋯⋯16・198・**220**・221・
　　　　223・242

白血病⋯⋯⋯⋯⋯⋯⋯⋯⋯⋯⋯**242**

索引

283

布洛卡區⋯⋯⋯⋯⋯⋯⋯⋯⋯⋯ 30・**31**

6

肋間外肌⋯⋯⋯⋯⋯ 146・147・**152**・
　　　　　　　　　　　203・210

肋鎖韌帶⋯⋯⋯⋯⋯⋯⋯⋯⋯⋯⋯ 84

肋椎關節⋯⋯⋯⋯⋯⋯⋯⋯⋯⋯ **99**

肋間淋巴結⋯⋯⋯⋯⋯⋯⋯⋯⋯222

肋骨⋯⋯⋯⋯ 57・90・91・94・96・**97**・
　　　99・123・124・130・134・135・
　　　　　149・152・153・154・
　　　　195・203・208・209

肋横膈隱窩⋯⋯⋯⋯⋯⋯⋯⋯⋯209

肋頸⋯⋯⋯⋯⋯⋯⋯⋯⋯⋯⋯⋯ 97

肋頸嵴⋯⋯⋯⋯⋯⋯⋯⋯⋯⋯⋯ 97

肋間內肌⋯⋯⋯⋯⋯⋯⋯ 147・**152**

耳蝸⋯⋯⋯ 73・270・271・272・**273**

耳蝸管⋯⋯⋯⋯⋯73・271・272・273

耳蝸神經⋯⋯ 73・271・272・273・275

耳蝸頂⋯⋯⋯⋯⋯⋯⋯⋯⋯ 272・273

耳殼⋯⋯⋯⋯⋯⋯⋯ 270・271・273

耳殼軟骨⋯⋯⋯⋯⋯⋯⋯⋯⋯270

耳咽管⋯⋯⋯⋯⋯⋯ 73・270・271

耳咽管咽口⋯⋯⋯⋯ 182・183・205

耳石器官⋯⋯⋯⋯⋯⋯⋯ 274・**275**

肌滑車⋯⋯⋯⋯⋯⋯⋯⋯118・119・

肌肉動脈⋯⋯⋯⋯⋯⋯⋯⋯ 218・219

肌原纖維⋯⋯⋯⋯118・**119**・120

肌凝蛋白絲⋯⋯⋯⋯118・**119**・120

肌支持帶⋯⋯⋯⋯⋯⋯⋯118・**119**

肌外膜⋯⋯⋯⋯⋯⋯⋯⋯118・**119**

肌纖維束⋯⋯⋯⋯⋯⋯⋯ 119・153

肌纖維⋯⋯⋯⋯ 117・118・119・120

肌層⋯⋯⋯⋯178・184・186・187・189・
　　　　193・199・225・247・250

肌肉組織⋯⋯⋯ 13・20・20・**21**・22

肌內膜⋯⋯⋯⋯⋯⋯⋯⋯⋯ 118・119

肌動蛋白纖維⋯⋯⋯⋯ 118・**119**・120

孖下肌⋯⋯⋯⋯⋯⋯⋯⋯⋯ 157・**161**

孖上肌⋯⋯⋯⋯⋯⋯⋯⋯⋯ 157・**161**

自由下肢骨⋯⋯⋯ 102・103・104・107

自發性氣胸⋯⋯⋯⋯⋯⋯⋯⋯ **213**

自由上肢骨⋯⋯⋯⋯⋯⋯ 80・81・83

自律神經⋯⋯⋯ 21・38・39・45・48・
　　　　49・50・51・192・193・
　　　　　203・241・255

皮下脂肪⋯⋯⋯⋯⋯⋯ 119・257・262

皮下組織⋯⋯⋯⋯ 20・23・119・233・
　　　　　238・**262**・264

皮膚⋯⋯⋯⋯23・24・49・61・122・193・
　　　262・263・264・265・278

皮膚癌⋯⋯⋯⋯⋯⋯⋯⋯⋯⋯ **278**

有絲分裂⋯⋯⋯⋯⋯⋯⋯⋯⋯ 16・17

有髓神經纖維⋯⋯⋯⋯⋯⋯⋯⋯ 47

舌癌⋯⋯⋯⋯⋯⋯⋯⋯⋯⋯⋯ **278**

舌骨⋯⋯⋯⋯⋯ 69・**77**・182・184・256

舌頭⋯⋯⋯⋯179・182・202・213・276・
　　　　　277・278

舌尖⋯⋯⋯⋯⋯⋯⋯⋯⋯⋯⋯276

血漿⋯⋯⋯⋯⋯⋯⋯ 23・**220**・221

血小板⋯⋯⋯⋯⋯⋯ 198・**220**・242

血友病⋯⋯⋯⋯⋯⋯⋯⋯⋯⋯242

血紅素⋯⋯⋯⋯ **204**・220・221・242

甲狀腺⋯⋯⋯ 21・254・255・**256**・261

甲狀腺功能亢進症⋯⋯⋯⋯⋯⋯261

甲狀腺激素⋯⋯⋯⋯⋯ 39・256・261

甲狀軟骨 77・182・202・206・207・256

交感神經⋯⋯⋯ 39・49・**51**・247・263

交叉控制⋯⋯⋯⋯⋯⋯⋯⋯⋯ 29

味覺⋯⋯⋯⋯33・37・49・179・**276**

味覺細胞⋯⋯⋯⋯⋯⋯⋯⋯ 276・277

味蕾⋯⋯⋯⋯⋯⋯⋯⋯⋯ 276・**277**

伏隔核⋯⋯⋯⋯⋯⋯⋯⋯⋯⋯⋯ 32・**33**

囟門⋯⋯⋯⋯⋯⋯⋯⋯⋯⋯⋯⋯⋯ 71

尖⋯⋯⋯⋯⋯⋯⋯⋯⋯⋯⋯⋯⋯⋯ 66

成熟濾泡⋯⋯⋯⋯⋯⋯⋯⋯⋯⋯⋯251

成骨細胞⋯⋯⋯⋯⋯⋯⋯ 23・59・61

扣帶回⋯⋯⋯⋯⋯⋯ 29・32・**33**・34

多裂肌⋯⋯⋯⋯⋯⋯⋯ 146・147・**150**

灰質⋯⋯⋯ 27・28・33・35・41・43・

44・**45**・**46**・49

7

吞嚥⋯⋯⋯43・124・125・177・179・

182・**183**・278

坐骨⋯⋯⋯⋯⋯⋯⋯ 103・**106**・161

羽狀肌⋯⋯⋯⋯⋯⋯⋯⋯ 116・**117**

尾葉⋯⋯⋯⋯⋯⋯⋯⋯⋯ 194・**195**

肛門外括約肌⋯⋯⋯⋯ 191・192・193

肛門⋯⋯⋯51・176・178・190・191・

192・**193**・247・250・252

肛管⋯⋯⋯⋯⋯⋯⋯⋯ 190・192・193

肛提肌⋯⋯⋯⋯⋯⋯⋯⋯⋯⋯⋯192

肛門柱⋯⋯⋯⋯⋯⋯⋯⋯ 192・193

肛門竇⋯⋯⋯⋯⋯⋯⋯⋯⋯⋯⋯192

肛門內括約肌⋯⋯⋯⋯ 191・192・193

角質化⋯⋯⋯⋯⋯⋯ 264・265・277

角切跡⋯⋯⋯⋯⋯⋯⋯⋯⋯⋯⋯186

角膜⋯⋯⋯⋯⋯⋯⋯⋯⋯ 266・**267**

含氣骨⋯⋯⋯⋯⋯⋯⋯⋯⋯⋯⋯ 57

肝炎⋯⋯⋯⋯⋯⋯⋯⋯⋯⋯⋯**200**

肝癌（肝臟癌）⋯⋯⋯⋯⋯⋯⋯**200**

肝硬化⋯⋯⋯⋯⋯⋯⋯⋯⋯⋯⋯200

肝臟⋯⋯⋯⋯⋯ 24・176・177・187・

194・**195**・196・197・198・200・

210・214・219・242・259

肝固有動脈⋯⋯⋯⋯⋯⋯⋯ 194・196

肝小葉⋯⋯⋯⋯⋯⋯⋯⋯⋯⋯⋯196

肝纖維囊⋯⋯⋯⋯⋯⋯⋯⋯⋯⋯196

吸入性肺炎⋯⋯⋯⋯⋯⋯ 183・**212**

吸氣⋯⋯⋯ 124・152・153・**203**・

210・277

伸小指肌⋯⋯⋯⋯⋯⋯⋯ 137・**143**

車軸關節⋯⋯⋯⋯⋯⋯⋯⋯ **65**・85

足弓⋯⋯⋯⋯⋯⋯⋯⋯⋯⋯⋯⋯169

足底靜脈網⋯⋯⋯⋯⋯⋯⋯⋯⋯239

足底動脈⋯⋯⋯⋯⋯⋯⋯⋯ 236・237

足背靜脈網⋯⋯⋯⋯⋯⋯⋯⋯⋯239

足背動脈⋯⋯⋯⋯⋯ 216・236・237

角蛋白⋯⋯⋯⋯⋯⋯⋯⋯ 264・265

豆狀核⋯⋯⋯⋯⋯⋯⋯ 29・34・**35**

豆狀突⋯⋯⋯⋯⋯⋯⋯⋯⋯⋯⋯ 73

卵巢⋯⋯⋯⋯⋯⋯⋯ 250・251・255

卵巢動脈⋯⋯⋯⋯⋯⋯⋯⋯⋯⋯232

亨氏環⋯⋯⋯⋯⋯⋯⋯⋯⋯ 244・245

希氏束（房室束）⋯⋯⋯⋯⋯⋯228

尾核⋯⋯⋯⋯⋯⋯⋯⋯⋯ 28・34・**35**

尾骨⋯⋯⋯⋯51・54・55・90・91・

92・**95**・100・102・104・

106・111・159

尿道海綿體⋯⋯⋯⋯⋯⋯⋯ 247・249

尿道⋯⋯⋯⋯21・246・247・**249**・250・

260・271

伸趾短肌⋯⋯⋯⋯⋯⋯ 166・167・**174**

伸趾長肌⋯⋯⋯⋯ 114・166・167・

伸拇長肌⋯⋯⋯⋯⋯⋯⋯ 137・**143**

伸足拇長肌⋯⋯⋯⋯ 166・167・**171**

伸拇短肌⋯⋯⋯⋯⋯⋯⋯ 137・**144**

伸足拇短肌⋯⋯⋯⋯ 166・167・**174**

170・171

肘正中靜脈⋯⋯⋯⋯⋯⋯⋯⋯⋯238

肘淋巴結⋯⋯⋯⋯⋯⋯⋯⋯⋯⋯222

肘關節⋯⋯⋯ 65・83・**85**・138・139・

140・141・142

肘肌⋯⋯⋯⋯⋯⋯⋯⋯⋯ 137・**139**

低血壓⋯⋯⋯⋯⋯⋯⋯⋯⋯⋯ **241**

8

阿基里斯腱⋯⋯⋯⋯⋯⋯ 115・167・168

阿茲海默型失智症⋯⋯⋯⋯⋯⋯ 52

延腦⋯⋯⋯ 27・42・**43**・44・45・277

股外側肌⋯⋯⋯114・156・157・**163**

股中間肌⋯⋯⋯⋯⋯⋯⋯ 157・**163**

股骨（大腿骨）⋯⋯⋯ 54・55・56・57・
62・102・103・**107**・108・
110・111・156

股骨頸⋯⋯⋯⋯⋯⋯⋯⋯⋯⋯107

股四頭肌⋯⋯⋯ 108・110・157・163・
164・167

股靜脈⋯⋯⋯⋯⋯⋯ 217・233・239

股直肌⋯⋯⋯114・156・157・**163**

股動脈⋯⋯⋯⋯⋯ 216・236・237

股二頭肌⋯⋯⋯⋯ 114・157・**165**

股方肌⋯⋯⋯⋯⋯⋯⋯ 157・**160**

股薄肌⋯⋯⋯⋯⋯⋯⋯ 157・**164**

股內側肌⋯⋯⋯114・156・157・**164**

岩上竇⋯⋯⋯⋯⋯⋯⋯⋯⋯235

岩下竇⋯⋯⋯⋯⋯⋯⋯⋯⋯235

奇靜脈⋯⋯⋯⋯⋯⋯⋯⋯⋯233

空腸⋯⋯⋯⋯ 176・184・188・**189**

乳化⋯⋯⋯⋯⋯⋯⋯⋯⋯⋯177

乳癌⋯⋯⋯⋯⋯⋯⋯ 257・**261**

乳腺⋯⋯⋯⋯⋯⋯⋯⋯ 257・261

乳腺小葉⋯⋯⋯⋯⋯⋯⋯⋯257

乳頭⋯⋯⋯⋯⋯ 257・262・277

乳頭肌⋯⋯⋯⋯⋯⋯⋯ 226・227

乳頭狀體⋯⋯⋯⋯⋯ 32・**33**・37

乳突⋯⋯⋯⋯⋯⋯⋯⋯⋯⋯ 94

乳糜池⋯⋯⋯⋯⋯⋯⋯⋯⋯222

乳房⋯⋯⋯⋯⋯ 134・**257**・261

肩關節⋯⋯⋯ 57・65・81・82・83・84・
87・128・132・135・138

肩胛下肌⋯⋯⋯ 128・129・132・**133**

肩胛骨⋯⋯⋯ 80・81・**82**・83・84・87・
128・131・133・138

肩胛骨頸⋯⋯⋯⋯⋯⋯⋯⋯ 82

肩鎖關節⋯⋯⋯ 80・81・82・84・87

肩鎖韌帶⋯⋯⋯⋯⋯⋯⋯⋯ 84

肩旋板⋯⋯⋯⋯⋯⋯⋯ 128・132

肩帶⋯⋯⋯⋯⋯ 80・81・82・128

肱肌⋯⋯⋯⋯⋯⋯ 136・137・**139**

肱骨⋯⋯⋯ 57・80・81・**83**・85・87・
132・133・135・236

肱三頭肌⋯⋯⋯⋯⋯ 117・136・137・
138・139

肱靜脈⋯⋯⋯⋯⋯ 217・238・238

肱動脈⋯⋯⋯⋯⋯⋯⋯ 216・236

肱二頭肌⋯⋯ 114・115・117・133・136・
137・**138**・139・140・236

肱內靜脈（貴要靜脈）⋯⋯⋯⋯238

肱橈肌⋯⋯⋯ 114・136・137・**139**

青光眼⋯⋯⋯⋯⋯⋯⋯⋯⋯279

突⋯⋯⋯⋯⋯⋯⋯⋯⋯⋯ 66

直竇⋯⋯⋯⋯⋯⋯⋯⋯⋯235

直腸⋯⋯⋯ 176・177・178・190・191・
192・**193**・247・260

直腸子宮陷凹（道格拉斯陷凹）⋯⋯⋯⋯250

直腸膀胱陷凹⋯⋯⋯⋯⋯⋯193

直頸症⋯⋯⋯⋯⋯⋯⋯⋯ 98

免疫功能⋯⋯⋯⋯ 189・**205**・222・
223・242

盲腸⋯⋯⋯ 176・190・191・200

房室結⋯⋯⋯⋯⋯⋯⋯ **228**・229

房室瓣⋯⋯⋯⋯⋯ 226・**227**・229

表皮⋯⋯⋯ 20・24・**262**・264・265

非特異性防禦機制⋯⋯⋯⋯⋯223

泌尿道結石‧‧‧‧‧‧‧‧‧‧‧‧‧‧‧‧‧‧‧‧‧‧‧‧‧‧‧‧‧‧‧260

泌尿生殖膈膜‧‧‧‧‧‧‧‧‧‧‧‧‧‧‧‧‧‧‧‧‧‧‧‧‧249

底‧‧‧‧‧‧‧‧‧‧‧‧‧‧‧‧‧‧‧‧‧‧‧‧‧‧‧‧‧‧‧‧‧‧‧‧‧‧‧ 66

屈足拇長肌 ‧‧‧‧‧‧‧‧‧‧‧‧‧‧‧ 167‧**171**‧172

屈趾長肌‧‧‧‧‧‧‧‧‧‧‧‧‧‧‧‧‧‧ 167‧171‧**172**

屈拇短肌‧‧‧‧‧‧‧‧‧‧‧‧‧‧‧‧‧ 137‧136‧**144**

屈足拇短肌‧‧‧‧‧‧‧‧‧‧‧‧‧‧‧‧‧‧‧ 167‧**172**

屈趾短肌‧‧‧‧‧‧‧‧‧‧‧‧‧‧‧‧‧‧‧‧‧ 167‧**173**

屈指淺肌‧‧‧‧‧‧‧‧‧‧‧‧‧‧‧‧‧ 136‧137‧**141**

長骨‧‧‧‧‧‧‧‧‧‧‧‧‧‧‧‧‧‧‧‧‧ **57**‧83‧107

知覺障礙‧‧‧‧‧‧‧‧‧‧‧‧‧‧‧‧‧‧‧‧‧‧‧‧‧‧‧‧‧278

咀嚼肌‧‧‧‧‧‧‧‧‧‧‧‧‧‧‧‧‧‧‧ 122‧124‧125

垂直板‧‧‧‧‧‧‧‧‧‧‧‧‧‧‧‧‧‧‧‧‧‧‧‧‧‧‧ 75‧77

受精‧‧‧‧‧‧‧‧‧‧‧‧‧‧‧‧ 18‧19‧250‧**251**

受精卵‧‧‧‧‧‧‧‧‧‧‧‧‧‧‧‧‧‧ 15‧251‧252

抑制性 T 細胞 ‧‧‧‧‧‧‧‧‧‧‧‧‧‧‧‧‧‧‧‧‧‧223

枕葉‧‧‧‧‧‧‧‧‧‧‧‧‧‧‧‧‧‧‧‧ 30‧31‧268

恆定性（體內平衡）‧‧‧‧‧‧‧‧‧39‧50‧51‧

244‧254

![9]

胃‧‧‧‧‧‧‧176‧177‧178‧179‧184‧185‧

186‧**187**‧189‧194‧195‧199‧

210‧214‧258

胃炎‧‧‧‧‧‧‧‧‧‧‧‧‧‧‧‧‧‧‧‧‧‧‧‧‧‧‧‧‧‧ **199**

胃潰瘍‧‧‧‧‧‧‧‧‧‧‧‧‧‧‧‧‧‧‧‧‧‧‧‧‧‧‧‧ **199**

胃癌‧‧‧‧‧‧‧‧‧‧‧‧‧‧‧‧‧‧‧‧‧‧‧‧‧‧‧‧‧‧ **199**

胃體‧‧‧‧‧‧‧‧‧‧‧‧‧‧‧‧‧‧‧‧‧‧‧‧‧ 186‧187

胃底‧‧‧‧‧‧‧‧‧‧‧‧‧‧‧‧‧‧‧‧‧‧‧‧‧‧‧‧‧186

咽頭‧‧‧‧‧‧‧77‧176‧177‧178‧179‧

182‧**183**‧202‧205‧206‧**207**

咽扁桃體‧‧‧‧‧‧‧‧‧‧‧‧‧‧‧‧‧‧‧‧‧ 182‧183

前運動區‧‧‧‧‧‧‧‧‧‧‧‧‧‧‧‧‧‧‧‧‧‧ 30‧**31**

前胸鎖韌帶‧‧‧‧‧‧‧‧‧‧‧‧‧‧‧‧‧‧‧‧‧‧‧‧ 84

前鋸肌‧‧‧‧‧‧‧‧‧‧‧‧‧‧‧‧‧‧‧‧‧‧‧‧‧‧‧‧130

前脛腓韌帶‧‧‧‧‧‧‧‧‧‧‧‧‧‧‧‧‧‧‧‧‧‧‧‧112

前骨間動脈‧‧‧‧‧‧‧‧‧‧‧‧‧‧‧‧‧‧‧‧‧‧‧‧236

前斜角肌 ‧‧‧‧‧‧‧‧‧‧‧‧‧‧‧‧‧‧ 122‧**123**

前斜角肌結節‧‧‧‧‧‧‧‧‧‧‧‧‧‧‧‧‧‧‧‧‧‧ 97

前庭階‧‧‧‧‧‧‧‧‧‧‧‧‧‧‧‧‧‧‧‧‧ 272‧273

前庭器官‧‧‧‧‧‧‧‧‧‧‧‧‧‧‧‧‧‧‧‧‧‧‧‧‧270

前庭小腦‧‧‧‧‧‧‧‧‧‧‧‧‧‧‧‧‧‧‧‧‧‧‧‧‧ 41

前庭神經‧‧‧‧‧‧‧‧‧‧‧‧‧‧‧‧ 73‧274‧**275**

前庭皺褶‧‧‧‧‧‧‧‧‧‧‧‧‧‧‧‧‧‧‧‧‧‧‧‧‧206

前庭迷路‧‧‧‧‧‧‧‧‧‧‧‧‧‧‧‧‧‧‧‧‧‧‧‧‧275

前半規管‧‧‧‧‧‧‧‧‧‧‧‧‧‧ 271‧274‧275

前脈絡叢動脈‧‧‧‧‧‧‧‧‧‧‧‧‧‧‧‧‧‧‧‧‧234

前列腺‧‧‧‧‧‧‧‧‧‧‧‧ 193‧247‧248‧**249**‧

260‧261

前列腺癌‧‧‧‧‧‧‧‧‧‧‧‧‧‧‧‧‧‧‧‧‧‧‧‧‧261

前列腺肥大症‧‧‧‧‧‧‧‧‧‧‧‧‧‧‧‧‧‧‧‧‧260

玻璃體‧‧‧‧‧‧‧‧‧‧‧‧‧‧‧‧‧‧‧ 266‧**267**

胞嘧啶‧‧‧‧‧‧‧‧‧‧‧‧‧‧‧‧‧‧‧‧‧‧‧‧ 14‧15

咽鼓管圓枕‧‧‧‧‧‧‧‧‧‧‧‧‧‧‧‧‧‧ 182‧205

柯蒂氏器（螺旋器）‧‧‧‧‧‧‧‧‧‧ 272‧**273**

後半規管‧‧‧‧‧‧‧‧‧‧‧‧‧‧ 271‧274‧**275**

後下鋸肌⋯⋯⋯⋯⋯⋯⋯ **152**・147・152

後上鋸肌⋯⋯⋯⋯⋯⋯⋯⋯ 147・**152**

後斜角肌⋯⋯⋯⋯⋯⋯⋯⋯⋯ 122・**124**

後交通動脈⋯⋯⋯⋯⋯⋯⋯⋯⋯234

後脛腓韌帶⋯⋯⋯⋯⋯⋯⋯⋯⋯112

背闊肌⋯⋯ 115・128・129・133・

　　　　　　　　 135・153

虹膜⋯⋯⋯⋯⋯⋯⋯⋯⋯ 266・**267**

括約肌⋯⋯⋯⋯⋯⋯ 186・187・193

冠狀溝⋯⋯⋯⋯⋯⋯⋯⋯⋯⋯230

冠狀靜脈⋯⋯⋯⋯⋯⋯⋯⋯⋯231

冠狀竇⋯⋯⋯⋯⋯⋯⋯⋯⋯⋯231

冠狀動脈⋯⋯ 224・225・**230**・231・240

冠狀縫⋯⋯⋯⋯⋯⋯⋯ 62・68・71

面顱⋯⋯⋯⋯⋯⋯⋯⋯⋯⋯⋯ 69

肺⋯⋯⋯⋯ 21・24・57・90・96・183・

　　　202・203・204・205・206・207・

　　　208・**209**・210・212・213・

　　　　　 224・227・253

肺炎⋯⋯⋯⋯⋯⋯⋯⋯⋯⋯ **212**

肺癌⋯⋯⋯⋯⋯⋯⋯⋯⋯⋯ **212**

肺結核⋯⋯⋯⋯⋯⋯⋯⋯⋯⋯ **212**

肺循環⋯⋯⋯⋯ **215**・217・232・**253**

肺靜脈⋯⋯202・214・215・217・233

肺尖⋯⋯⋯⋯⋯⋯⋯⋯⋯ 208・209

肺底⋯⋯⋯⋯⋯⋯⋯⋯⋯⋯⋯209

肺動脈⋯⋯⋯ 202・214・215・216・

　　　　　 226・227・232

肺動脈瓣⋯⋯⋯⋯⋯⋯⋯ 226・227

肺泡⋯⋯⋯⋯ 21・202・204・209・

　　　　　 212・215

肺門⋯⋯⋯⋯⋯⋯⋯⋯⋯⋯⋯209

紅核⋯⋯⋯⋯⋯⋯⋯⋯⋯ 42・43

紅骨髓⋯⋯⋯⋯⋯⋯⋯ 57・58・59

紅髓⋯⋯⋯⋯⋯⋯⋯⋯⋯⋯⋯198

紅血球⋯⋯⋯59・198・204・218・219・

　　　　 220・221・242・245

食道⋯⋯⋯⋯176・**177**・178・179・182・

　　　183・**184**・**185**・186・187・

　　　　 199・202・206・207・

　　　　 208・210・234

食道癌⋯⋯⋯⋯⋯⋯⋯⋯⋯⋯ **199**

拇對指肌⋯⋯⋯⋯⋯⋯⋯ 137・**144**

扁桃體⋯⋯⋯⋯ 29・32・33・36・**37**

扁骨⋯⋯⋯⋯⋯⋯⋯⋯⋯ **57**・106

柏金氏纖維⋯⋯⋯⋯⋯⋯⋯⋯228

促腎上腺皮質激素⋯⋯⋯⋯⋯255

指甲母質⋯⋯⋯⋯⋯⋯⋯ 265・265

指甲弧影⋯⋯⋯⋯⋯⋯⋯⋯⋯265

指甲體（指甲板）⋯⋯⋯⋯⋯⋯265

指甲根⋯⋯⋯⋯⋯⋯⋯⋯⋯⋯265

指甲床⋯⋯⋯⋯⋯⋯⋯⋯⋯⋯265

指甲上皮⋯⋯⋯⋯⋯⋯⋯⋯⋯265

指間關節⋯⋯⋯⋯⋯⋯⋯ 64・**88**

指骨⋯⋯⋯⋯⋯⋯ 54・81・**86**・141

染色體⋯⋯⋯⋯⋯ 13・14・**15**・16・

神經膠細胞⋯⋯⋯⋯⋯⋯ 23・28・29

神經細胞⋯⋯⋯23・27・29・33・35・

　　　　 37・41・45・46・**47**・49・

　　　　 255・268・277

神經組織⋯⋯⋯⋯⋯ 13・20・22・**23**

神經膠質細胞⋯⋯⋯⋯⋯ **23・29**・45

神經元⋯⋯ **23**・27・28・29・46・47・

　　　　　 48・49・269

胎兒循環⋯⋯⋯⋯⋯⋯⋯ 252・**253**

胎盤⋯⋯⋯⋯⋯⋯⋯⋯⋯ 252・253

韋尼克區 ………………………………… 30 · **31**

迴旋肌 ……………………………… 147 · **151**

迴腸 ………… 176 · 188 · **189** · 190 · 191

海馬體 ……………23 · 28 · 29 · 32 · 33 ·
　　　　　　　　　　　　　　　36 · **37**

海馬溝 ……………………………………… 36

海馬下腳 ………………………………… 36

海馬旁迴 …………………… 32 · **33** · 36

海綿質 ……………………………………… 59

海綿竇 …………………………………… 235

閉孔外肌 ……………………………… 157 · **161**

閉孔內肌 ……………………………… 157 · **161**

閉孔 ………………………………… 104 · 106

特異性防禦機制 ………………………… 223

降結腸 ……………………… 176 · 190 · 191

降主動脈 ……………… 206 · 216 · 227 · 232

骨盆帶 ……………… 102 · 103 · 156 · 157

骨骼肌 ………… 20 · **21** · 35 · 40 · 114 ·
　　　　115 · 116 · 117 · **118** · **119** ·
　　　　　　　　　　　178 · 225 · 266

骨間膜 ……………… 62 · **85** · 143 · 144

骨性聯合 ……………………………………… 63

骨質 ………………………………… 58 · **59** · 61

骨髓 ………………23 · 24 · 57 · 58 · 59 ·
　　　　　106 · 220 · 242 · 245

骨骼組織 ……………………23 · 61 · 181

骨胳軟骨 ……………………… **59** · 60 · 61

骨盆 ……………… 54 · 57 · 90 · 95 · 102 ·
　　　104 · 105 · 106 · 111 · 135 · 149 ·
　　　　　　　　153 · 156 · 159 · 247

骨縫 ……………………………… 63 · 68 · **71**

骨盆腔 ……………………………… 57 · 250

骨盆底肌 ……………………………………… 150

骨膜 ……………………… 58 · **59** · 60 · 61

骨性迷路 ……………………… 73 · 270 · 271

眼眶 …………… 68 · **72** · 75 · 76 · 126

眼球 ………… 41 · 43 · 72 · 126 · **266** ·
　　　　　　267 · 269 · 279

眼球運動 …… 41 · 43 · 126 · 266 · 269

眼動脈 ……………………………………… 234

胸棘肌 ……………………………… 147 · **148**

胸廓 ……………………54 · 82 · 90 · 91 · 94 ·
　　　96 · 97 · 99 · 128 · 152 · 153 ·
　　　　203 · 208 · 209 · 210 · 224

胸導管 ……………………………………… 222

胸腔 ………… 203 · **208** · 209 · 210 · 213

胸最長肌 ……………… 147 · 148 · 149

胸鎖關節 ……………… 80 · 81 · 84 · 87

胸式呼吸 ……………………………………… 203

胸髂肋肌 ……………………… 147 · 149

胸椎 ……………… 90 · 91 · 92 · **94** · 96 · 97 ·
　　　　98 · 99 · 100 · 131 · 134 ·
　　　　135 · 148 · 149 · 150 · 151 ·
　　　　152 · 158 · 184 · 208 · 209

胸鎖乳突肌 …………114 · 122 · **123** · 131

胸骨 ……………… 56 · 57 · 90 · 91 · 94 · 96 ·
　　　　97 · 99 · 208 · 209 ·
　　　　　　　123 · 134 · 153

胸半棘肌 ……………………… 147 · **151**

胸膜腔 ……………………… **208** · 209

胸肋關節 ……………………………………… 99

胸肋三角 ……………………………………… 210

氣管 ………… 182 · 183 · 184 · 202 · 203 ·
　　　205 · 206 · **207** · 208 ·
　　　　　212 · 234 · 256

砧骨 ………… 73 · 270 · 271 · 272 · 273

缺血性心臟病 ……………………………… 240

殺手 T 細胞 ……………………………… 223

核染質（染色質） ……………13 · 15 · 17

核醣體 ……………………………… 12 · 13

射血期 ……………………………………… 229

高血壓（原發性高血壓） …………………… **241**

高血壓性心臟病⋯⋯⋯⋯⋯⋯⋯⋯ **240**

高基氏體⋯⋯⋯⋯⋯⋯⋯ 12・**13**・17

胰島（蘭格爾翰斯島）⋯⋯⋯⋯ 255・**259**

幽門⋯⋯⋯⋯ 177・178・186・187・
188・189

胼胝體⋯⋯⋯ 28・29・32・33・34・38

蚓狀肌⋯⋯⋯⋯⋯⋯⋯⋯ 167・**173**

恥骨⋯⋯⋯ 62・103・**106**・154・161・
246・153・247・252

恥骨肌⋯⋯⋯⋯ 157・162・**164**

唐氏症⋯⋯⋯⋯⋯⋯⋯⋯⋯⋯⋯ **24**

桑葚胚⋯⋯⋯⋯⋯⋯⋯⋯⋯⋯⋯251

紋狀體⋯⋯⋯⋯⋯⋯⋯ 28・29・35
17・18・19

脊髓⋯⋯⋯ 23・26・27・41・43・44・
45・46・48・49・54・
57・100・151・268

脊（嵴）⋯⋯⋯⋯⋯⋯⋯⋯⋯⋯ 66

脊椎骨⋯⋯ 45・56・**92**・93・94・150・
151・152・210

脊髓圓錐⋯⋯⋯⋯⋯⋯⋯⋯⋯⋯ 45

脊柱⋯⋯⋯ 57・90・91・**92**・93・95・
98・100・128・146・148・
149・150・151・158

真皮⋯⋯⋯⋯⋯⋯⋯⋯ 20・23・**262**

消化酵素⋯⋯⋯177・185・187・197・258

脂肪組織⋯⋯⋯⋯⋯⋯ **23**・225・257・262

異位性皮膚炎⋯⋯⋯⋯⋯⋯⋯ **278**・279

頂漿汗腺⋯⋯⋯⋯⋯⋯⋯⋯⋯⋯263

頂蓋（cupula）⋯⋯⋯⋯⋯ 274・**275**

頂葉⋯⋯⋯⋯⋯⋯⋯⋯⋯⋯ 30・31

頂葉聯合區⋯⋯⋯⋯⋯⋯ 30・**31**・269

動脈瓣⋯⋯⋯⋯⋯⋯⋯ 226・**227**・229

動脈⋯⋯⋯195・214・215・**216**・218・
219・226・**227**・228・231・
232・234・236・237・241

動脈瘤⋯⋯⋯⋯⋯⋯⋯⋯⋯⋯⋯241

胸腺嘧啶⋯⋯⋯⋯⋯⋯⋯⋯ 14・15

細胞質⋯⋯⋯⋯⋯ **13**・47・46・220

細胞質分裂⋯⋯⋯⋯⋯⋯⋯ 16・**17**

細胞性免疫⋯⋯⋯⋯⋯⋯⋯⋯⋯223

細胞分裂⋯⋯⋯ 13・15・**16**・17・18・
19・249・251・264・265

細胞膜⋯⋯⋯⋯⋯⋯⋯ 12・**13**・47

細精管（曲細精管）⋯⋯⋯⋯ 248・249

液態組織⋯⋯⋯⋯⋯⋯⋯⋯⋯⋯ 20

旋前圓肌⋯⋯⋯⋯⋯⋯⋯ 137・**140**

旋前方肌⋯⋯⋯⋯⋯ 136・137・**140**

基因⋯⋯⋯**14**・**15**・18・19・242・
249・261

基因組⋯⋯⋯⋯⋯⋯⋯⋯⋯⋯⋯ 15

陰莖⋯⋯⋯⋯⋯ 247・248・**249**・252

陰莖海綿體⋯⋯⋯⋯⋯⋯⋯⋯⋯249

陰莖腳⋯⋯⋯⋯⋯⋯⋯⋯ 248・249

陰道前庭⋯⋯⋯⋯⋯⋯⋯⋯ 247・252

陰囊⋯⋯⋯⋯⋯ 247・248・249・252

鳥喙突⋯⋯⋯82・84・87・130・133・138

旋後肌⋯⋯⋯⋯⋯⋯⋯⋯⋯ 137・**140**

眶底⋯⋯⋯⋯⋯⋯⋯⋯⋯⋯⋯⋯ 78

視桿細胞⋯⋯⋯⋯⋯⋯⋯⋯⋯⋯268

視錐細胞⋯⋯⋯⋯⋯⋯⋯⋯⋯⋯268

視交叉⋯⋯⋯⋯⋯⋯⋯⋯ 254・269

視丘⋯⋯⋯⋯ 26・27・28・29・33・34・
35・38・39・42・43・254

視丘下核⋯⋯⋯⋯⋯⋯⋯⋯⋯⋯ 28・**35**

視覺聯合區⋯⋯⋯⋯⋯⋯⋯⋯⋯ 30・**31**

視網膜⋯⋯⋯⋯⋯⋯ 31・266・267・268・
269・279

視網膜剝離⋯⋯⋯⋯⋯⋯⋯⋯⋯⋯279

視神經交叉⋯⋯⋯⋯⋯⋯⋯ 268・**269**

間腦⋯⋯⋯⋯⋯ 27・32・38・**39**・235

間葉⋯⋯⋯⋯⋯⋯⋯⋯⋯⋯⋯⋯⋯ 61

基底細胞⋯⋯⋯⋯⋯⋯⋯⋯⋯ 276・277

球窩關節（杵臼關節）⋯⋯ **65**・84・87・111

球囊⋯⋯⋯⋯⋯⋯⋯ 271・274・275

距骨頸⋯⋯⋯⋯⋯⋯⋯⋯⋯ 108・109

淋巴液⋯⋯214・222・271・273・275

淋巴管⋯⋯59・181・189・195・209・
222・257・261

淋巴結⋯⋯⋯⋯ 24・212・220・222・
242・257

淋巴球⋯⋯⋯198・205・220・222・223

脛骨⋯⋯⋯ 54・55・102・103・**107**・
108・110・112・169・172

脛骨粗隆⋯⋯⋯⋯⋯⋯⋯⋯ 107・110

脛骨體⋯⋯⋯⋯⋯⋯⋯⋯⋯⋯⋯107

脛股關節⋯⋯⋯⋯⋯⋯⋯⋯⋯⋯110

脛舟部⋯⋯⋯⋯⋯⋯⋯⋯⋯⋯⋯112

脛跟部⋯⋯⋯⋯⋯⋯⋯⋯⋯⋯⋯112

脛腓關節⋯⋯⋯⋯⋯⋯⋯⋯⋯⋯110

脛距後部⋯⋯⋯⋯⋯⋯⋯⋯⋯⋯112

脛後肌⋯⋯⋯⋯⋯⋯⋯⋯ 167・**171**

脛後靜脈⋯⋯⋯⋯⋯⋯⋯⋯ 217・239

脛後動脈⋯⋯⋯⋯⋯ 216・236・237

脛距前部⋯⋯⋯⋯⋯⋯⋯⋯⋯⋯112

脛前肌⋯⋯⋯⋯ 166・167・**169**・171

脛前靜脈⋯⋯⋯⋯⋯⋯⋯⋯ 217・239

脛前動脈⋯⋯⋯⋯⋯ 216・236・237

軟膜⋯⋯⋯⋯⋯⋯⋯⋯⋯ 27・45・52

軟腭⋯⋯⋯⋯⋯⋯ 179・182・183・206・
207・213

軟骨膠⋯⋯⋯⋯⋯⋯⋯⋯⋯⋯ 58・**59**

軟骨內骨化⋯⋯⋯⋯⋯⋯⋯ 60・**61**

軟骨關節⋯⋯⋯⋯⋯⋯⋯⋯⋯⋯ 63

軟骨組織⋯⋯⋯⋯⋯⋯⋯⋯⋯ **23**・61

排尿反射⋯⋯⋯⋯⋯⋯⋯⋯ 246・247

淺肌膜⋯⋯⋯⋯⋯⋯⋯⋯⋯⋯⋯119

淺掌靜脈弓⋯⋯⋯⋯⋯⋯⋯⋯⋯238

淺鼠蹊淋巴結⋯⋯⋯⋯⋯⋯⋯⋯222

深肌膜⋯⋯⋯⋯⋯⋯⋯⋯⋯⋯⋯119

深掌靜脈弓⋯⋯⋯⋯⋯⋯⋯⋯⋯238

深鼠蹊淋巴結⋯⋯⋯⋯⋯⋯⋯⋯222

粗隆⋯⋯⋯⋯⋯⋯⋯⋯⋯⋯⋯⋯ 66

粗糙內質網⋯⋯⋯⋯⋯⋯⋯⋯ 12・13

深股動脈⋯⋯⋯⋯⋯⋯⋯⋯⋯⋯237

連續性微血管⋯⋯⋯⋯⋯ 218・**219**

淚骨⋯⋯⋯⋯⋯⋯⋯⋯ 69・72・**76**

淚囊窩⋯⋯⋯⋯⋯⋯⋯⋯⋯⋯⋯ 76

梨狀肌⋯⋯⋯⋯⋯⋯ 157・**160**・161

通透性微血管（窗型微血管）⋯ 218・**219**

梅尼爾氏症⋯⋯⋯⋯⋯⋯⋯⋯ **279**

粒線體⋯⋯⋯⋯ 12・**13**・21・120・248

麥芽糖酶⋯⋯⋯⋯⋯⋯⋯⋯⋯⋯258

梭形肌⋯⋯⋯⋯⋯⋯⋯⋯ 116・**117**

貧血⋯⋯⋯⋯⋯⋯ **242**・245・260

排卵⋯⋯⋯⋯⋯⋯⋯⋯⋯⋯ 250・251

斜膕韌帶⋯⋯⋯⋯⋯⋯⋯⋯⋯⋯110

斜線⋯⋯⋯⋯⋯⋯⋯⋯⋯⋯⋯⋯ 78

斜肌⋯⋯⋯⋯⋯⋯ 186・178・187

斜裂⋯⋯⋯⋯⋯⋯⋯⋯⋯ 202・209

斜角肌⋯⋯⋯⋯⋯⋯⋯⋯⋯⋯⋯122

斜方肌⋯⋯⋯⋯ 115・129・131・**134**・
150・152

造牙本質細胞⋯⋯⋯⋯⋯⋯⋯⋯181

副睪⋯⋯⋯⋯⋯⋯⋯⋯⋯ 248・**249**

副甲狀腺⋯⋯⋯⋯⋯⋯⋯ 255・**256**

副交感神經⋯⋯⋯⋯⋯⋯⋯ 39・49・50・**51**

胰液⋯⋯⋯⋯177・189・197・258・259

胰管⋯⋯⋯⋯⋯⋯ 188・189・197・258

胰臟⋯⋯⋯ 176・177・188・189・197・
　　　　　198・255・**258**・259

胰島素⋯⋯⋯⋯⋯⋯⋯ 258・259・261

犁骨⋯⋯⋯⋯⋯⋯⋯⋯⋯⋯⋯ 69・**76**

犁骨翼⋯⋯⋯⋯⋯⋯⋯⋯⋯⋯⋯ 76

胸小肌⋯⋯⋯⋯⋯⋯⋯⋯⋯ 128・**130**

胸大肌 114・128・130・**134**・257・257

趾骨⋯⋯⋯⋯⋯⋯⋯ 102・103・108

喉頭⋯⋯⋯ 182・183・184・202・205・
　　　　　206・**207**・213・256

喉頭癌⋯⋯⋯⋯⋯⋯⋯⋯⋯⋯⋯ **213**

12

腋靜脈⋯⋯⋯⋯⋯⋯⋯⋯⋯ 217・238

腋動脈⋯⋯⋯⋯⋯⋯ 216・232・236

腋淋巴結⋯⋯⋯⋯⋯⋯⋯ 222・257

琺瑯質⋯⋯⋯⋯⋯⋯⋯⋯ 180・**181**

喙肩韌帶⋯⋯⋯⋯⋯⋯⋯⋯⋯⋯ 84

喙鎖韌帶⋯⋯⋯⋯⋯⋯⋯⋯⋯⋯ 84

喙肱韌帶⋯⋯⋯⋯⋯⋯⋯⋯⋯⋯ 84

喙肱肌⋯⋯⋯⋯⋯⋯ 128・129・**133**

黃骨髓⋯⋯⋯⋯⋯⋯⋯⋯ 57・58・59

舒張末期（快速充盈期）⋯⋯⋯229

棘⋯⋯⋯⋯⋯⋯⋯⋯⋯⋯⋯⋯⋯ 66

棘下肌⋯⋯⋯⋯ 128・129・**132**・132

棘上肌⋯⋯⋯⋯ 128・129・**132**・132

鳥嘌呤⋯⋯⋯⋯⋯⋯⋯⋯⋯ 14・15

腔⋯⋯⋯⋯⋯⋯⋯⋯⋯⋯⋯ 66・72

腎小體⋯⋯⋯⋯⋯⋯⋯⋯ 244・**245**

腎靜脈⋯⋯⋯⋯⋯⋯ 244・245・256

腎髓質⋯⋯⋯⋯⋯⋯⋯⋯ 244・245

腎錐體⋯⋯⋯⋯⋯⋯⋯⋯ 244・245

腎臟⋯⋯⋯⋯⋯⋯ 198・214・219・241・
　　　　　242・**244**・**245**・246・
　　　　　247・255・256・260

腎竇⋯⋯⋯⋯⋯⋯⋯⋯⋯⋯⋯⋯245

腎動脈⋯⋯216・232・244・245・256

腎乳⋯⋯⋯⋯⋯⋯⋯⋯⋯⋯ 244・245

腎盞⋯⋯⋯⋯⋯⋯⋯⋯⋯ 244・**245**

腎盂⋯⋯⋯⋯⋯⋯⋯⋯⋯⋯ 244・245

腎皮質⋯⋯⋯⋯⋯⋯⋯⋯⋯ 244・245

腎門⋯⋯⋯⋯⋯⋯⋯⋯⋯⋯ 244・**245**

腎元⋯⋯⋯⋯⋯⋯⋯⋯⋯⋯ 244・**245**

腎葉⋯⋯⋯⋯⋯⋯⋯⋯⋯⋯⋯⋯244

腎上腺⋯⋯⋯⋯⋯⋯⋯ 254・255・**256**

腎炎⋯⋯⋯⋯⋯⋯⋯⋯⋯⋯⋯ **260**

腎小球⋯⋯⋯⋯⋯ 219・244・245・260

結節⋯⋯⋯⋯⋯⋯⋯⋯⋯⋯⋯⋯ 66

結腸帶⋯⋯⋯⋯⋯⋯⋯⋯⋯ 190・**191**

結締組織（支撐組織）⋯⋯⋯ 20・22・**23**・
　　　　　61・63・118・119・181・
　　　　　209・225・230

結腸袋⋯⋯⋯⋯⋯⋯⋯⋯⋯ 190・191

減數分裂⋯⋯⋯⋯⋯ 16・17・18・**19**

提肩胛肌⋯⋯⋯⋯⋯⋯⋯⋯ 129・**131**

提上眼瞼肌⋯⋯⋯⋯ 126・126・266

鉤骨⋯⋯⋯⋯⋯⋯⋯⋯⋯⋯ 86・144

鉤骨鉤⋯⋯⋯⋯⋯⋯⋯⋯⋯⋯⋯ 86

黑色素⋯⋯⋯⋯ 35・43・264・267

無絲分裂⋯⋯⋯⋯⋯⋯⋯⋯⋯⋯ 16

壺腹⋯⋯⋯⋯⋯⋯ 271・274・**275**

黃體素⋯⋯⋯⋯⋯⋯ 251・257・261

腓腸肌⋯⋯⋯⋯⋯⋯ 115・166・167・
　　　　　168・172

脾動脈⋯⋯⋯⋯⋯⋯⋯⋯⋯⋯⋯198

脾臟⋯⋯⋯⋯⋯ 176・195・**198**・220

脾靜脈⋯⋯⋯⋯⋯⋯⋯⋯⋯⋯⋯198

腓骨⋯⋯⋯⋯ 54・55・102・103・**107**・
　　　　　108・110・112・169・170・171

腓骨頸…………………………………………107

腓骨頭尖………………………………………107

腓骨長肌………………114・166・167・**169**

腓骨短肌………………………167・**170**

殼核…………………………………34・**35**

等容舒張期……………………………………229

等容收縮期……………………………………229

嵌合關節…………………62・63・181

椎動脈…………………………………234

掌長肌…………………………137・**141**

掌骨………81・**86**・141・142・143・144

掌動脈弓………………………………236

著床……………250・251・251・252

單層扁平上皮………………………**21**・225

短骨…………………………………**57**・86

腔靜脈………………………208・233

第三腓骨肌……………………167・**170**

跗骨………………103・108・112

疏鬆結締組織………………**23**・219・262

象牙質………………………180・181

硬腦膜…………………………………235

硬性胃癌…………………………………**199**

硬膜…………………………27・44・45

硬膜竇…………………………………235

硬腭…………………179・182・206

透明軟骨…………………60・61・63

透明軟骨聯合…………………………63

腕骨………56・80・81・83・**86**・88

絨毛………177・188・189・252・253

絲狀乳頭…………………………276・277

黑質…………………29・35・42・43

13

會陰……………………………………252

愛德華氏症候群……………………………24

惡性淋巴瘤………………………………242

腺嘌呤…………………………………14・15

過敏性鼻炎……………………**211**・279

運動神經…………………44・48・**49**

腹外斜肌……114・134・146・147・
153・154

腹腔動脈………………………………232

腹膜後器官……………………………244

腹內斜肌…………………147・**154**

腹橫肌…………………117・**154**

腹腔………………203・208・210

腹腔動脈………………………………232

腹式呼吸…………153・**203**・210

腹直肌…………114・146・147・**153**

腹膜炎……………………………**200**

解剖頸…………………………………83

腦下垂體………21・38・254・**255**

腦下垂體後葉激素…………………255

腦橋…………27・42・43・83・254

腦……15・23・26・**27**・57・234・
235・269・275

腦回………………………31・33・41

腦下垂體………38・**39**・254・255・
257・261

腦幹…………26・27・29・33・34・
35・40・41・42・**43**・49・
203・269・275・278

腦穹隆…………32・33・36・37

腦梗塞…………………………**52**・279

腦瘤…………………………**52**・279

腦底動脈………………………………234

腦底靜脈………………………………235

腦顳…………………………………69

腦葉……………………………………… 31
腦垂腺前葉（腦下垂體前葉）………255
腦垂腺後葉（腦下垂體後葉）………255
滑液囊……………………………… 84・**119**
嗅覺………… 32・33・37・38・39・**276**
嗅覺障礙………………………… 212・278
　　　　　　　　　　　　　　210・277
嗅球……………… 32・75・276・277
嗅細胞……………………… 276・277
嗅徑……………………………… 32・277
嗅覺上皮……… 32・205・276・277・279
嗅神經………………… 75・277・279
嗅腦………………………………… **32**・33
腰靜脈…………………………………233
腰動脈…………………………………232
腰肋三角……………………………210
腰升靜脈……………………………223
腰小肌…………………………… 157・**158**
腰椎……… 44・90・91・92・**94**・95・
　　　　100・135・148・149・150・
　　　　152・153・154・158・210
腰髂肋肌…………………………… 147・**149**
腰方肌…………………… 147・**154**・210
腰大肌…………………… 157・**158**・210
睪丸………… 19・247・248・**249**・255
睪丸小葉…………………………… 248・249
睪丸小隔…………………………… 248・249
睪丸網……………………………… 248・249
睪丸輸出小管 ……………………… 248・249
溝 ………………………………………… 66
腱鞘……………………………… 118・**119**
會厭………182・183・206・207・276
會厭皺褶……………………………206
溶酶體……………………………… 12・13
葉狀乳頭…………………………… 276・277
睫狀體…………………………………… 43
微絨毛………………12・188・189・277

微血管………209・214・215・216・217・
　　　　218・**219**・220・222・245・
　　　　253・257・259・263
賁門………………… 178・184・186・187
豌豆骨………………………………… 86・141
腸淋巴幹……………………………222
腸繫膜………………………………188
腸繫膜上動脈………………………232
腸繫膜下動脈………………………232
感覺神經……………………………… 48・**49**
僧帽瓣……………………… 226・227・241
睡眠呼吸中止症……………………213
圍心腔……………………………… 208・225
圍心囊…………………………………225
韌帶聯合…………………………… 62・63
韌帶……………… 84・88・98・100・110・
　　　　　　　　111・112・119
腮腺…………………………………179
腮腺淋巴結…………………………222
鼓膜………… 73・270・271・272・273
嗜中性白血球……………………… 220・223
嗜酸性白血球………………………220

14

雌激素（濾泡激素）················ 251·
　　257·261

窩·································· 66

蓋·································· 66

蜘蛛膜下腔出血···················· 52

鼻腔················ 70·74·75·76·
　179·182·183·202·**205**·207·
　209·211·234·276·277

鼻腔底···························· 78

鼻孔···························· 32

鼻後孔······················ 179·205

鼻甲···························· 205

鼻骨························ 69·**76**

鼻前庭························· 205

鼻黏膜······················ 205·211

鼻竇··········· 57·**70**·211·212

鼻竇炎························ **211**·279

鼻翼大軟骨························ 76

鼻翼小軟骨························ 76

膀胱·········· 193·245·**246**·**247**·
　248·249·250·260

膀胱炎······················ **260**

膀胱癌······················ **260**

膀胱三角························ 246

膀胱逼尿肌··················· 246·247

慢性腎臟病（CKD）··········· **260**

慢性阻塞性肺病（COPD）········ **212**

輔助性 T 細胞··················· 223

腿後腱肌群··················· 156·165

端粒······················ 18·**19**

端粒酶······················ 18·19

蒼白球······················ 34·35

精子·················· 248·**249**·251

精索動脈··················· 232·248

精原細胞······················· 249

精囊······················ 248·**249**

種子骨········ 54·**57**·108·**119**·144

種子骨········ 56·108·114·118·**119**

複層柱狀上皮··················· 20·**21**

複層扁平上皮··················· 184·262

15

駝背···························· 98

鞍狀關節··················· 65·84·88

膜性結締組織···················· 63

膜內骨化························ 61

膜性迷路·············· **271**·274·275

膕肌······················ 167·**169**

膕靜脈······················ 217·239

膕動脈······················ 236·237

膝關節········· 57·62·65·63·64·
　102·103·**110**·163·164·

顳肌··················· 114·122·124·125

顳葉··················· 30·31·37·277

顳葉聯合區··················· 30·**31**

漿膜··············· 193·199·208·250

漿膜心包························ 225

漿液···························· 208

踝關節（距骨小腿關節）··········· 112

齒突尖························· 93

齒槽部························· 78

齒冠······················ 180·181

齒冠部························· 180

樞椎···························· 93

嘶啞······················ 207·213

誤嚥······················ **183**·212

膠原纖維··················· 63·219·225

膠原病························· **242**

樞紐關節··················· **65**·112

蝶骨·············· 69·72·**74**·234

蝶竇口⋯⋯⋯⋯ 70・74・205・211・234
骶髂關節⋯⋯⋯111165・166・168・169
輪廓乳頭⋯⋯⋯⋯⋯⋯⋯⋯⋯ 276・277

16

澱粉酶⋯⋯⋯⋯⋯⋯⋯⋯⋯⋯⋯258
橫膈膜⋯⋯⋯147・150・**153**・176・184・
185・186・195・203・
208・209・**210**
橫結腸⋯⋯⋯⋯⋯ 176・187・190・191
橫竇⋯⋯⋯⋯⋯⋯⋯⋯⋯⋯⋯⋯235
橫向足弓⋯⋯⋯⋯⋯⋯⋯⋯⋯⋯109
橫紋肌⋯⋯⋯ 20・21・35・116・185・
225・193
寰椎⋯⋯⋯⋯⋯⋯⋯⋯⋯⋯⋯⋯ 93
寰椎十字韌帶⋯⋯⋯⋯⋯⋯⋯⋯100
橋腦基底部⋯⋯⋯⋯⋯⋯⋯⋯⋯ 43
鋸肌⋯⋯⋯⋯⋯⋯⋯⋯⋯⋯ 116・**117**
輸尿管⋯⋯244・245・246・247・260
輸尿管開口⋯⋯⋯⋯⋯⋯⋯ 246・247
輸乳管⋯⋯⋯⋯⋯⋯⋯⋯⋯⋯⋯259
輸乳竇⋯⋯⋯⋯⋯⋯⋯⋯⋯⋯⋯259
輸卵管⋯⋯⋯⋯⋯⋯⋯⋯⋯ 250・251
輸卵管繖部⋯⋯⋯⋯⋯⋯⋯ 250・251
輸卵管壺腹⋯⋯⋯⋯⋯⋯⋯⋯⋯251
輸精管⋯⋯⋯⋯⋯ 248・248・**249**
輸精管壺腹⋯⋯⋯⋯⋯⋯⋯⋯⋯249
頸⋯⋯⋯⋯⋯⋯⋯⋯⋯⋯⋯ 66・122
頸棘肌⋯⋯⋯⋯⋯⋯⋯⋯⋯ 147・148
頸最長肌⋯⋯⋯⋯ 147・**148**・149
頸神經⋯⋯⋯⋯⋯⋯⋯⋯⋯⋯ 45・50
頸髓⋯⋯⋯⋯⋯⋯⋯⋯⋯⋯⋯ 44・45
頸靜脈切跡⋯⋯⋯⋯⋯⋯⋯⋯⋯ 96
頸髂肋肌⋯⋯⋯⋯⋯⋯⋯⋯⋯⋯147
頸椎前彎⋯⋯⋯⋯⋯⋯⋯⋯⋯⋯ 98

頸椎⋯⋯⋯⋯⋯⋯ 55・90・91・92・**93**
94・100・124・131・148・
150・151・152・234
頸半棘肌⋯⋯⋯⋯⋯⋯⋯ 147・**151**
頸夾肌⋯⋯⋯⋯⋯⋯⋯⋯⋯ 147・**150**
頸部淋巴結⋯⋯⋯⋯⋯⋯⋯ 222・278
靜脈⋯⋯⋯ 123・193・195・196・198・
209・214・215・216・**217**・218・
219・222・227・228・231・
233・235・238・239・241
靜脈角⋯⋯⋯⋯⋯⋯⋯⋯⋯ 217・222
靜脈叢⋯⋯⋯⋯⋯⋯⋯⋯⋯ 192・238
靜脈瓣⋯⋯⋯⋯⋯⋯⋯⋯⋯ **217**・219
篩骨⋯⋯⋯ 56・57・68・69・70・72・
75・76・276・277
篩骨孔⋯⋯⋯⋯⋯⋯⋯⋯⋯ 277・276
篩骨垂直板⋯⋯⋯⋯⋯⋯⋯⋯⋯ 70
篩竇⋯⋯⋯⋯⋯⋯⋯⋯⋯⋯ 70・211
篩板⋯⋯⋯⋯⋯⋯⋯⋯⋯⋯ 75・205
篩骨蜂窩⋯⋯⋯⋯⋯⋯⋯⋯⋯⋯ 75
篩骨迷路⋯⋯⋯⋯⋯⋯⋯⋯⋯⋯ 75
頭臂靜脈⋯⋯⋯⋯⋯⋯ 217・233・235
頭臂動脈幹⋯⋯⋯ 216・224・232・234
頭狀骨⋯⋯⋯⋯⋯⋯⋯⋯⋯⋯⋯ 86
頭靜脈⋯⋯⋯⋯⋯⋯⋯⋯⋯ 217・238
頭半棘肌⋯⋯⋯⋯⋯⋯⋯ 147・**151**
頭夾肌⋯⋯⋯⋯⋯⋯⋯⋯⋯ 147・**150**
頭⋯⋯⋯⋯⋯⋯⋯⋯⋯⋯⋯⋯⋯ 66
聯合區⋯⋯⋯⋯⋯⋯⋯⋯⋯ **31**・37
橢圓囊⋯⋯⋯⋯⋯⋯⋯ 271・274・275
橢球關節⋯⋯⋯⋯⋯⋯⋯⋯⋯ **65**
緻密結締組織⋯⋯⋯⋯⋯⋯⋯ **23**
緻密質（密骨質）⋯⋯⋯⋯⋯⋯ 59
激素⋯⋯⋯⋯⋯ 13・23・38・39・42・
195・220・245・**254**・255・
256・258・259
鮑氏囊腔⋯⋯⋯⋯⋯⋯⋯⋯ 244・245

鮑氏腺（嗅腺）⋯⋯⋯⋯⋯⋯⋯⋯ 276・277

鮑氏囊⋯⋯⋯⋯⋯⋯⋯⋯⋯⋯⋯⋯ 244・245

橈骨⋯⋯⋯⋯⋯ 80・81・**83**・85・86・88

橈骨頸⋯⋯⋯⋯⋯⋯⋯⋯⋯⋯⋯⋯⋯⋯ 83

橈靜脈⋯⋯⋯⋯⋯⋯⋯⋯⋯⋯⋯⋯⋯238

橈動脈⋯⋯⋯⋯⋯⋯⋯⋯⋯⋯ 216・236

橈尺關節⋯⋯⋯⋯⋯⋯⋯⋯ 64・83・**85**

橈側屈腕肌⋯⋯⋯⋯⋯⋯⋯⋯ 137・**141**

橈側伸腕短肌⋯⋯⋯⋯⋯⋯⋯ 137・**142**

橈側伸腕長肌⋯⋯⋯⋯⋯⋯⋯ 137・**142**

糖尿病⋯⋯⋯⋯⋯⋯⋯⋯⋯⋯ **261**・279

錘骨⋯⋯⋯⋯⋯ 73・270・271・272・273

錘骨柄⋯⋯⋯⋯⋯⋯⋯⋯⋯⋯⋯⋯⋯ 73

錐突⋯⋯⋯⋯⋯⋯⋯⋯⋯⋯⋯⋯⋯⋯ 77

錐體束⋯⋯⋯⋯⋯⋯⋯⋯⋯⋯⋯ 43・49

闌尾炎⋯⋯⋯⋯⋯⋯⋯⋯⋯⋯⋯ **200**

彈性纖維⋯⋯⋯⋯⋯⋯⋯⋯⋯ 219・225

彈性組織⋯⋯⋯⋯⋯⋯⋯⋯⋯⋯⋯217

隨意肌⋯⋯⋯⋯ 20・21・116・191・192

鞘⋯⋯⋯⋯⋯⋯⋯⋯⋯⋯⋯⋯⋯⋯⋯ 66

蕈狀乳頭⋯⋯⋯⋯⋯⋯⋯⋯⋯ 276・277

闊筋膜張肌⋯⋯⋯⋯⋯⋯⋯⋯ 157・**160**

17

關節軟骨⋯⋯⋯⋯⋯⋯⋯⋯⋯⋯ 59・63

翼狀韌帶⋯⋯⋯⋯⋯⋯⋯⋯⋯⋯⋯100

翼狀突⋯⋯⋯⋯⋯⋯⋯⋯⋯⋯ 74・125

翼管⋯⋯⋯⋯⋯⋯⋯⋯⋯⋯⋯⋯⋯ 74

環狀軟骨⋯⋯182・184・206・207・256

環狀褶⋯⋯⋯⋯⋯⋯⋯⋯⋯⋯ 188・189

縫匠肌⋯⋯⋯⋯⋯ 114・156・157・**164**

黏膜下組織⋯⋯⋯⋯⋯⋯⋯⋯⋯⋯187

黏膜固有層⋯⋯⋯⋯⋯⋯ 178・184・187

黏膜上皮組織⋯⋯⋯⋯⋯⋯⋯ 178・184

總肝管⋯⋯⋯⋯⋯⋯⋯⋯ 194・195・197

總頸動脈⋯⋯⋯⋯⋯⋯⋯ 206・232・**234**

總膽管⋯⋯⋯⋯188・189・194・197・258

總髂靜脈⋯⋯⋯⋯⋯⋯⋯⋯⋯⋯⋯217

總髂動脈⋯⋯⋯⋯⋯⋯⋯ 216・232・237

薦骨尖⋯⋯⋯⋯⋯⋯⋯⋯⋯⋯⋯⋯ 95

薦底⋯⋯⋯⋯⋯⋯⋯⋯⋯⋯⋯⋯ 95・98

薦翼⋯⋯⋯⋯⋯⋯⋯⋯⋯⋯⋯⋯⋯ 95

薦骨（骶骨）⋯⋯⋯⋯55・63・90・91・92・

95・98・100・102・104・

105・106・111・135・149・

150・159・160・193

聲帶褶⋯⋯⋯⋯⋯⋯⋯⋯⋯ 182・206・**207**

聲門⋯⋯⋯⋯⋯⋯⋯⋯⋯⋯⋯ 206・**207**

聲門裂⋯⋯⋯⋯⋯⋯⋯⋯⋯⋯ 206・207

臀小肌⋯⋯⋯⋯⋯⋯⋯⋯⋯⋯ 157・**159**

縱向足弓⋯⋯⋯⋯⋯⋯⋯⋯⋯⋯⋯109

臀大肌⋯⋯⋯⋯⋯⋯⋯⋯⋯ 115・157・**159**

臀中肌⋯⋯⋯⋯⋯⋯⋯⋯ 157・**159**・160

膽管⋯⋯⋯⋯⋯⋯⋯⋯⋯⋯⋯ 195・200

膽汁⋯⋯⋯⋯ 177・189・195・196・**197**

膽石症⋯⋯⋯⋯⋯⋯⋯⋯⋯⋯⋯ **200**

膽囊⋯⋯⋯⋯176・189・194・195・**197**・

200・258

膽囊管⋯⋯⋯⋯⋯⋯⋯⋯⋯⋯⋯197

18

臍靜脈（臍帶靜脈）………………… 252・**253**

臍帶……………………………………252

臍動脈（臍帶動脈）………………… 252・**253**

鎖骨………54・61・80・81・82・84・96・
128・130・208・209

鎖骨下肌………………………… 128・**130**

鎖骨下靜脈………………… 217・222・233・
235・238

鎖骨下動脈………… 216・232・234・236

鎖骨間韌帶…………………………… 84

鎖胸筋膜………………………………130

鎖骨切跡………………………………96

髁狀突………………………………… 66

龜頭………………………… 247・248・**249**

額竇………70・75・78・205・211・234

額葉…………………………30・31・277

額葉聯合區………… 30・**31**・33・269

雞冠………………………………………75

顎骨………………… 69・72・**77**・182

濾泡刺激素…………………………255

蹠肌………………………………… 167・**168**

蹠腱膜…………………………………173

蹠方肌………………… 167・173・**174**

蹠屈肌………………………… 168・170

蹠骨………………… 103・108・109・112・
169・170・171

軀幹………………… 55・80・82・**90**・96・
102・106・115・128・146・
150・153・154・165・
216・222・232

19

髂骨………… 57・103・105・**106**・111・
149・150・160・163・164

髂肌………………………… 156・157・**158**

髂骨翼………………………… 104・159

類固醇激素………………………… 255・256

瓣膜性心臟病……………………………241

20

懸雍垂………………… 179・182・206

嚼肌………………… 122・124・179

蘭格罕氏細胞組織球增生症………… **24**

鐙骨………… 73・270・271・272・273

鐙骨頸………………………………… 73

鐙骨底………………………………… 73

竇狀隙………………………… 196・219

竇房結…………………… **228**・229・241

竇狀微血管………………… 218・**219**

竇………………………………………66

竇匯…………………………………235

22

囊……………………………………… 66

聽毛……………………………………273

聽小骨………………… **73**・270・271・273

聽覺區………………………… 30・**31**・272

23

體液免疫…………………………………… **223**

體壁胸膜………………………………… 208・209

體（主幹）………………………………… 66

體細胞分裂………………………… 16・17・19

體循環（大循環）………………… **215**・217

體感區……………………………………… 30・**31**

纖維母細胞………………… 23・219・225

纖維心包………………………………225

纖維性關節……………………………… 63

纖維軟骨………………………………… 63

纖維軟骨聯合…………………………… 63

鱗狀縫……………………………… 62・68・71

24

髕骨（膝蓋骨）……………… 56・103・**108**・
110・119・167・54・102

髕骨尖……………………………………108

髕骨底……………………………………108

25

髖骨……………… 63・92・95・102・103・
104・106

髖關節………… 57・62・65・102・**111**・
158・159・160・161・162・
163・164・165

顱骨（頭蓋骨）………… 26・27・51・52・
54・55・57・61・**68**・71・
72・78・92・234・268

顱頂……………………………………… 57・63

顱底……………………………………… 32・74

27

顴骨………………………………… 69・72・**76**

TITLE

人體全解剖圖鑑

STAFF　　　　　　　　　　　　　　　　ORIGINAL JAPANESE EDITION STAFF

出版	三悅文化圖書事業有限公司	カバーデザイン	野村幸布
監修	有賀誠司　岩川愛一郎	本文デザイン・ＤＴＰ	松下隆治・金井春夫
作者	水嶋章陽	イラスト	青木宣人
譯者	李明穎	CG制作	３Ｄ人体動画制作センター　佐藤眞一
監譯	大放譯彩翻譯社	編　集	日本メディア・コーポレーション（石田）
		編集協力	石森康子・塩飽みれい

總編輯	郭湘齡
責任編輯	黃美玉
文字編輯	徐承義　蔣詩綺
美術編輯	陳靜治
排版	二次方數位設計
製版	昇昇興業股份有限公司
印刷	桂林彩色印刷股份有限公司

法律顧問	經兆國際法律事務所　黃沛聲律師

戶名	瑞昇文化事業股份有限公司
劃撥帳號	19598343
地址	新北市中和區景平路464巷2弄1-4號
電話	(02)2945-3191
傳真	(02)2945-3190
網址	www.rising-books.com.tw
Mail	deepblue@rising-books.com.tw

本版日期	2019年7月
定價	480元

國家圖書館出版品預行編目資料

人體全解剖圖鑑 / 水嶋章陽作；有賀誠
司, 岩川愛一郎監修；李明穎譯. -- 初版.
-- 新北市：三悅文化圖書, 2017.09
304面；14.8 X 21　公分
ISBN 978-986-94885-5-6(平裝)

1.人體解剖學 2.圖錄

394.025　　　　　　　　　106013244